插图本

# 太空探测简史

【美】约瑟夫·A.安吉洛◎著
迟文成◎丛书主译
宋　涛◎译

上海科学技术文献出版社
Shanghai Scientific and Technological Literature Press

图书在版编目（CIP）数据

插图本太空探测简史 /（美）约瑟夫·A. 安吉洛著；迟文成
主译 . 一上海：上海科学技术文献出版社，2022
（太空探索）
ISBN 978-7-5439-8398-4

Ⅰ.① 插… Ⅱ.①约…②迟… Ⅲ.①空间探索—历史—
普及读物 Ⅳ.① V11-49

中国版本图书馆 CIP 数据核字（2021）第 154342 号

选题策划：张　树
责任编辑：付婷婷
封面设计：留白文化
校　　订：李宇轩

插图本太空探测简史
CHATUBEN TAIKONG TANCE JIANSHI
[美]约瑟夫·A. 安吉洛　著　迟文成　丛书主译　宋　涛　译
出版发行：上海科学技术文献出版社
地　　址：上海市长乐路 746 号
邮政编码：200040
经　　销：全国新华书店
印　　刷：商务印书馆上海印刷有限公司
开　　本：720mm×1000mm　1/16
印　　张：19
字　　数：317 000
版　　次：2022 年 1 月第 1 版　2022 年 1 月第 1 次印刷
书　　号：ISBN 978-7-5439-8398-4
定　　价：78.00 元
http://www.sstlp.com

# 内容简介

······················································································

　　本书向读者介绍了现代天文学和天体物理学知识，从光学天文学、伽马射线天文学、X射线天文学到红外线天文学、紫外线天文学；还介绍了众多正在执行天文观测任务的太空天文台，如美国国家航空航天局著名的哈勃太空望远镜、康普顿伽马射线天文台、钱德拉X射线天文台、斯皮策太空望远镜和即将升空的詹姆斯·韦伯太空望远镜等。

　　通过阅读本书，读者不仅可以了解天文学的发展史，还可以了解太空天文学的最新进展和未来发展趋势。那些正在运行的航天器不仅是人类智慧的结晶，而且也是人类科学发展的伟大成就。本书有许多精美的插图和珍贵的照片，还有许多杰出的太空科学家的生平业绩简介。

# 主译的话

当我们抬起双眼仰望星空之时，我们一定会惊叹于星空的美丽，并对太空充满敬畏与好奇。虽然，人类无时无刻不受着地球重力的束缚，但从来没有停止过对太空的向往、对飞行的渴望。世界航天技术的突飞猛进使人类文明编年史从国家疆域、地球视野进入"光速世界"。

为了满足广大航天爱好者特别是青少年对最新航天技术及太空知识的渴求，上海科学技术文献出版社从美国 Facts On File 出版公司引进这套"太空探索"系列丛书，旨在介绍世界最新的航天技术和太空科普知识。

本丛书共6册，不仅向人们介绍了众多科学原理和科技实践活动，还向人们介绍了太空科技对现代人类社会的诸多影响。从火箭推进原理到航天器发射装置，从航天实验设备到宇航员，从卫星到外空生命，丛书以其广博丰富的科普内容，向读者展现了一个神秘璀璨的世界。

受上海科学技术文献出版社的委托，我组织了此次丛书的翻译工作。这是一项责任重大、意义深远的工作。为了把原著的内容科学、准确地传递给我国读者，每本书的译者都做了许多译前准备工作，查阅了大量相关资料、核校相关术语。在近3个月的工作中，他们一丝不苟的态度，严谨、科学的精神令我感动，也使我对该丛书的成功翻译、出版充满信心。诚然，受译者专业知识的局限，书中难免有不足之处，望读者给予理解和支持。

迟文成

# 前　言

·······························

世界上很难说有什么事情是绝对不可能的，因为昨天的梦想不仅是今天的希望，而且也是明天的现实。

　　　　——罗伯特·哈金斯·戈达德（Robert Hutchings Goddard，
美国物理学家，现代火箭技术之父）

"太空探索"是一套综合性的科普读物。它向人们介绍了众多科学原理和科技实践活动，以及太空科技对现代人类社会的诸多影响。实际上，太空科学涵盖了许多不同学科的科学探索。例如，它涉及利用火箭推进原理使航天器进入外层空间的发射装置；又如，它涉及在太空中或在其他星球上执行航天任务的各种航天器；此外，它还会涉及执行一系列航天任务的航天器上所搭载的各种实验设备和宇航员。人类正是通过这些设备和宇航员实现了各项航天目标。在太空时代，与火箭有关的航天技术不断地帮助人类实现新的梦想。本丛书向人们介绍了与上述技术相关的人物、事件、发现、合作和重要实验。同时，这些科普读物还有火箭推进系统是如何支持人类的太空探索和航天计划的相关内容。这些计划已经并将继续改变人类文明的发展轨迹。

人类航天技术的发展史、天文学的发展史和人类对航天飞行的兴趣密不可分。许多古代民族针对夜空出现的奇异光线创作出流传千古的神话传说。例如，古希腊神话传说中关于伊卡洛斯（Icaross）和代达罗斯（Daedalus）的故事：从前，有一位老人，他非常渴望摆脱地球引力的束缚，在天空中自由地飞翔。自从人类社会进入文明时代以来，巴比伦人、玛雅人、中国人和埃及人都研究过太空，并有太阳、月亮、可观测的行星和"固定的"恒星的运动过程的相关记载。任何短暂的天文现象，例如彗星的经过、日食的出现或超新星的爆炸，都会在古代人类社会中引起人们的不安。人类的恐惧不仅仅是由于这些天文现象看上去十分可怕，而且是由于在当时这些天文现象既是无法预测的又是无法解释的。

古希腊人和他们的"地心说"理论对早期天文学和西方文明的出现产生了重大的影响。在大约公元前 4 世纪，古希腊的众多哲学家、数学家和天文学家分别系统地阐述了"地心说"的宇宙理论。根据他们的理论，地球是宇宙的中心，其他的天体都是围绕地球运行的。在大约公元 150 年的时候，古希腊一位伟大的天文学家托勒密（Ptolemy）对"地心说"理论进行了加工完善，从而使其成为一套完整的思想体系。在接下来相当长的历史时期内，这一思想体系一直在西方社会处于权威的地位。16 世纪，尼古拉斯·哥白尼（Nicolaus Copernicus）提出了"日心说"的理论，从而结束了"地心说"理论长期以来对人们思想的统治。17 世纪，伽利略（Galileo Galilei）和约翰尼斯·开普勒（Johannes Kepler）利用天文观测证明了"日心说"理论。同时，他们所进行的天文观测也为科学革命的到来奠定了坚实的基础。17 世纪晚期，艾萨克·牛顿（Isaac Newton）爵士最终完成了这场科学革命。牛顿在著名的《自然哲学的数学原理》一书中系统地总结了基本的物理学原理。利用这些原理，人们可以解释众多天体是如何在宇宙中进行运动的。在人类科学发展史上，牛顿的地位是难以超越的。

18 世纪和 19 世纪的科学发展为航天技术在 20 世纪中叶的出现打下了扎实的基础。正如本丛书所讲述的那样，航天技术的出现从根本上改变了人类历史的发展进程。一方面，带有核弹头的现代军用火箭使人们不得不重新定义战略战争的本质。实际上，这也标志着人类在历史上第一次研发出可以毁灭自身的武器系统。另一方面，科学家们可以利用现代火箭技术和航天技术将机器人探测器发射到太阳系的所有主要行星上，从而使那些遥远而陌生的世界在人们的眼中变得像对月球一样熟悉。航天技术还在"阿波罗号"成功登月的过程中发挥了关键作用。成功登月是人类迄今为止所取得的最伟大的科学成就。20 世纪初，俄罗斯的航天预言家康斯坦丁·E. 齐奥尔科夫斯基（Konstantin E. Tsiolkovsky）大胆地预言：人类不会永远地被束缚在地球上。当宇航员尼尔·阿姆斯特朗（Neil Armstrong）和埃德温·奥尔德林（Edwin Aldrin）在 1969 年 7 月 20 日踏上月球的表面时，他们也将人类的足迹留在了另一颗星球上。在经过几百万年漫长的等待之后，随着生命的不断进化，终于有一种高级的生命形式实现了从一个星球到另一个星球的迁移。在宇宙长达 140 亿年的历史当中，这种迁移是第一次发生吗？或许，如许多外空生物学家所说，高等生命形式在不同星球之间的迁移是各大星系内部经常发生的现象。对于上述问题，科学界目前尚无定论。

不过，科学家们在航天技术的帮助下，正努力在其他星球上寻找各种生命形式。有趣的是，随着航天技术的不断发展，宇宙既是人类太空旅行的目的地，又是人类命运的最终归宿。

"太空探索"丛书适合所有对太空科技、现代天文学和太空探索感兴趣的读者。

# 简　介

........................................................................................

现代天体物理学依靠自身的力量给人类带来了人类历史上迄今为止最伟大的科学成就——人们对于整个宇宙的演变过程达成了共识。《插图本太空探测简史》一书论述了那些被放置在地球大气层上方的天文观测工具在这次人类重大智慧革命中所发挥的重要作用。在 20 世纪中叶，两个不同领域的科技进步成果偶然相遇，它们就是远程遥感技术和航天飞行技术。通过远程遥感技术，科学家发明了能够在整个电磁光谱范围内发现并分析各种辐射现象的敏感度极高的设备。航天飞行的实现使天文学家和天体物理学家把高度精密的远程遥感设备放置在地球大气层上方，让它们来完成那些超出地球范围的任务。这两项技术的结合给观测天文学领域带来了重大变革——它们在影响力方面虽然无法超越当年伽利略发明的天文望远镜，但也足以和它相提并论。伽利略在 1610 年用第一部原始的天文望远镜仰望苍穹，正是依靠这个原始设备，伽利略给人类带来了一系列惊人的发现，这其中包括月球上的山脉、许多新星和木星的四大卫星。为了纪念伽利略，今天的天文学家们以伽利略的名字来命名这四大卫星。伽利略在观测天文学领域内所取得的成就为哥白尼的太阳中心说提供了直接证据，而正是太阳中心说这一富有激情的理论点燃了 17 世纪科学革命的火焰。

自从 20 世纪 60 年代以来，出现了一系列越来越精密的轨道天文台。它们的出现极大地丰富了伽利略留给人们的天文财富。几乎所有天文学家收到的关于遥远天体的信息都是通过观测电磁辐射这种方式获得的。关于宇宙射线微粒方面的信息显然是个特例。同样例外的还有那些被宇航员们带回地球的物质标本，它们来自其他的星球，被广泛应用于各种科学研究。同理，美国国家航空航天局的"星尘号"把标本送回地球，也给科学家提供了亲自考察原始的外星球物质的特殊机会。不过，在绝大多数情况下，正是远程遥感技术的革新为科学家研究宇宙的形成和发展提供了出乎意料的全新视角。

电磁光谱的每一部分都能揭示出关于宇宙中的物理状态和物理过程的独特信息。例如，红外线辐射表明存在着温度较低的物体释放出来的热量。它使天文学家能够透过那些不透明的云层看到某个星球的发源地，这些云层是由灰尘和气体构成的。紫外线辐射的存在可以让科学家了解到关于某个星球近期演变的信息。X射线和伽马射线可以让科学家了解到能够释放出巨大的能量天体运动和天体现象，例如超新星、脉冲星和活跃的银河系核心。在银河系核心里，有可能隐藏着若干个极其巨大的黑洞。

《插图本太空探测简史》一书描述了许多历史事件、科学原则和科技突破。正是由于这些重大突破，才使得众多复杂的轨道天文台诞生，它们促使人类对于宇宙、宇宙的起源和宇宙的未来命运等问题的理解发生了重大改变。正如伽利略当年第一次使用天文望远镜观测夜空一样，光学天文学又一次取得了巨大的进步。不过，这次进步是由于一些高清晰度的光学设备在地球大气层的上方投入使用。例如，自从1990年发射升空以来，哈勃太空望远镜（Hubble Space Telescope）对天文学的发展作出了巨大的贡献；"钱德拉号"X射线观测台（Chandra X-ray Observatory）对X射线天文学的发展作出了巨大的贡献；康普顿伽马射线观测台（Compton Gamona Ray Observatory）对伽马射线天文学的发展作出了巨大的贡献；斯皮策太空望远镜（Spitzer Space Telescope）对红外天文学的发展作出了巨大的贡献。上面提到的四大正在运行的天文台，被认为是美国国家航空航天局最重要的天文台。当然，本书中提到的重要航天器还有许多。

在《插图本太空探测简史》一书中，包括一些精心挑选出来的介绍太空观测台的文章。它们所介绍的太空观测台，有的是历史上曾经使用过的，有的是现在正在使用的，还有的是未来将会投入使用的。这些文章使读者们了解到自从1957年太空时代开启以来在太空天文探测器领域中已经取得的巨大成就。同时，读者们还可以了解到该领域的未来发展趋势。全书还特意安排了大量的附加材料，对于一些基本的科学概念和观测技术进行深入讨论。书中还包括一些重要的物理学家和天文学家的简介。这样一来，读者们可以从天文航天器的发展和使用的角度来了解人类发展的历史。

特别重要的是，人们应该意识到：在 21 世纪和未来的日子里，那些为太空观测而专门设计的精密天文观测设备将会继续给人类提供大量的基础科学数据，给人类带来更多惊人的科学发现。那些有志成为天文学家、天体物理学家和宇宙物理学家的高中生和大学生们，如果能够意识到这些科研探索活动的意义，将会从中获取未来事业发展的灵感。他们会深刻地认识到这样的职业选择有着多么重要的意义。天文学、天体物理学和宇宙物理学在未来所取得的进步将会展示出人类在科学技术、社会和心理等方面的发展动力。在人类发展史的这个特定时期，带有天文观测设备的航天器在不断地给人类带来重大发现，使人们在研究宇宙的运行方式时拥有新的视角。同时，这些航天器带回来的数据使科学家能够更好地解释那些长期以来一直困扰人类的基本问题。例如，宇宙的本质是什么？宇宙是如何产生和活动的？宇宙未来的最终命运是什么？这一系列的问题自从人类诞生以来就一直困扰着我们。

为了使人们更加深刻地理解科技对人类社会发展的影响，《插图本太空探测简史》一书首先论述了 20 世纪中叶以来天文领域的新发现对人类发展的影响。接下来向人们展示了在更远的未来，针对太空观测所设计的这些观测设备在人类的发展过程中将会发挥怎样的作用。例如，谁能预测出如果在地球附近（100 光年左右的范围内）发现了类似地球的星球，会对人类发展产生怎样的令人难以置信的影响？今后，更加先进的科学观测设备将会允许科学家考察更多的可供人类居住的候选星球。到那时，那些外空生物学家也许真的能够谨慎地解答这个历史悠久的哲学问题：在这个庞大的宇宙空间里地球是唯一有生命存在的星球吗？

本书还会使人们明白：现代天文航天器的发展会给人类带来众多技术问题和社会问题，同时还会给人类带来经济上的负担。本书在附加材料中探讨了一些与现行的天文观测系统的使用和发展密切相关的社会问题，人类急需找到解决这些问题的答案。

《插图本太空探测简史》一书的内容是精心挑选出来的。本书旨在帮助那些对天文学、天体物理学和宇宙物理学感兴趣的学生和老师，使他们了解太空天文观测台和太空探测机器人是什么样的，它们从哪里来？它们的工作原理和重要意义分别是什么？这本书的附录部分还包括大事年表，为进一步研究本领域提供历史素材和现实素材。所有这些，对于那些需要更多地了解相关信息的人都是非常有参考价值的。他们可以从中了解到更多的与天文观测和太阳系调查有关的术语、讨论题目和历史事件。这里提到的太阳系调查正是由位于地球大气层上方的那些航天器来完成的。

# 目　录

**1**
从原始人石刻到斯
皮策天文望远镜

　　人类必须超越地球，到达大气层的顶端或更远的地方。因为只有这样，人类才能够充分地理解他所生活的那个世界。

——苏格拉底

天文学是人类科学的一个分支学科，它主要研究不同天体的大小、构成、位置、起源和运动。如果我们追溯到古代，会发现天文学是人类历史上最悠久的科学之一。在17世纪人们可以使用天文望远镜之前，天文观测实践只能依靠肉眼来进行；或者通过使用一些现在早已废弃不用的天文观测工具，如星盘、十字杆等；有时还要应用越来越复杂的数学计算。随着天文望远镜的诞生，出现了光学天文学。这门极富影响力的学科极大地加速了科技革命的发展，促进了现代科学的繁荣。

　　随着1957年"斯普特尼克一号"（Sputnik 1）的发射升空，太空时代真的到来了。从此，天文学家们可以从整个电磁光谱的范围来观测宇宙。他们可以访问太阳系中许多以前从未去过的外星球。今天的现代天文学包括许多分支学科和子学科，如天体测定学、伽马射线天文学、X射线天文学、紫外线天文学、视觉天文学、红外线天文学、微波天文学、雷达天文学和无线电天文学。与之密切相关的科学领域包括高能天文物理学、宇宙射线物理学、微中子物理学、太阳物理学、浓缩物质物理学、太空科学、行星地质学、外空生物学和宇宙生成学。

## ◎从原始人石刻到《天文学大成》（ *The Almagest* ）

　　史前山洞里的壁画（大约可以追溯到3万年前）有力地证明了早期人类已经开始观测星星并把这种观测活动融入当时的文化当中。早期的许多民族还在石头上雕刻了许多天文标志，也就是说所的原始人石刻，至今我们还可以在许多原始仪式的场所和遗址处发现这些石刻。许多古代文明的纪念碑和用于举行仪式的建筑都排成特定的行列，这里或许蕴含某种天文含义。一些人认为最古老的天文观测台是英国的史前巨石柱。对史前巨石柱的现代研究表明，它所存在的地点在公元前 2000 年左右时曾经被当作是古代的天文日历。

埃及人和玛雅人也使用建筑物的行列排列来帮助天文观测和日历推算。现代天文学家发现无论是位于埃及基沙的大金字塔，还是位于墨西哥尤卡坦半岛的乌斯马尔地区的玛雅文化遗址建筑，都拥有具有天文学内涵的行列排列。玛雅文化时期的许多天文学家对当太阳经过中美洲地区特定纬度上空的时刻（当时被称为"天顶通道"，zenial passages）非常感兴趣。玛雅人还对金星这颗行星表现出了极大的兴趣，他们对金星的崇拜不亚于太阳。玛雅人通晓天文，可以计算出 1 000 年内行星的运动和日食、月食等天文现象。

对于许多古代民族来讲，太阳、月亮和其他行星的运动，以及某些星座的出现，都被当成是自然形成的天文历法，人们用它们来调整日常生活。正因为人类无法到达这些天体，也无法正确认识它们，许多神话传说和朴素的天文学就在这样的背景下产生了。在人类古代文化中，天空被当作众多神仙的住处，太阳和月亮也经常被奉为神灵。

虽然没有一个人类学家确切地知道早期的人类究竟是如何看待天空的，但是透过澳大利亚土著的文化，我们可以大致了解到早期人类是如何解释太阳、月亮和其他行星的。澳大利亚土著的文化有四万多年的历史，通过神话传说、舞蹈和歌曲等形式被一代一代地传了下来。澳大利亚土著文化是历史最悠久的、存在时间最长的文化。在它的宇宙观中，蕴含着人类、自然和天空的密切联系。"梦境"的概念是这种古代文化的基础。"梦境"代表遥远的过去。当时，神灵祖先创造了世界。澳大利亚土著文化中拥有许多神话传说、舞蹈和歌曲，它们向人们展示了在遥远的过去，那些神灵祖先是如何创造了自然界，并在人类与天空和人类与自然之间建立起了密切的联系。在澳大利亚土著文化中，认为太阳是一个女人。每天，她在位于东方的营地里醒来以后，便会点燃一个火把，并手举它穿过天空。反之，月亮被当作一个男人。由于月亮的运行周期恰好与女人的生理周期相吻合，人们把月亮和生育联系起来，并认为月亮拥有某种魔力。这些古代民族认为：日食是代表男人的月亮和代表女人的太阳的结合。

对于古埃及人来讲，拉（Ra）是无所不能的太阳神，它创造了世界，并且每天都要穿越天空。古埃及的法老把自己当成太阳神的儿子，这一称谓正是他权力的象征。在希腊神话中，阿波罗是太阳神，它的双胞胎姐妹阿特米斯（罗马神话中叫戴安娜）是月亮女神。

自从史前时期以来，天文观测就开始在人类文化的进化过程中发挥重要作用。考古天文学给予天文学家许多帮助，他们把今天人类所掌握的宇宙天体知识同古代人认识天空和解释神秘天体的方式联系起来。精密的天文观测计算机应用软件和恒星投光仪（正如人们在天文馆里所见到的）使那些现代研究者可以再现当年古代人眼里的神秘夜空。

无论是在古代还是在今天，以地面为观测点的天文学研究都使用了许多天文观测方法。天文星座便是其中的一种方法，它可以帮助人们对有趣的星星进行整理分类，这些星星在夜空中看起来位置是相对固定的。（古希腊天文学家把这些在夜空中徘徊的星星称为 planetes，英文 planet 一词便是来自上面那个词。）星座是指由那些最明亮的恒星在相对较小的夜空范围内构成的用肉眼容易识别的轮廓。然而，在最初的时候，没有任何完整的系列星座可以被所有的天文学家所一致识别。世界不同地区的早期天文学家通常用本地区文化和神话中的某个英雄、某个事件或某种生命来命名这些星座。

在当代天文学中仍然被使用的那些关于星座的天文遗产，可以追溯到公元前2500 年左右。当时，在美索不达米亚地区有许多天文观测者，利用恒星的存在来讲述神话故事，来表达对英雄和令人敬畏的生命的尊重。例如，猎人（Orion）和大熊（Ursa）星座。同时，他们还可以利用恒星的存在来提醒每一代人，让他们不要忘记：天穹是众神的家。在当时的美索不达米亚社会中，（肉眼观测）天文学、神学、宗教和文化价值观是交织在一起的。

早期的希腊天文学家采用了这些在美索不达米亚地区发现的星座，并把它们同希腊的神话和宗教信仰结合起来，最终确立起一套由 48 个星座构成的天文系统。出生在奈得斯的欧多克斯（Eudoxus）（约公元前 400—公元前 347）是最早把这些古代星座正式编辑成书的希腊人之一。大约在一个半世纪以后，出生在尼西亚的依巴谷（Hiippar chus）（约公元前 190—公元前 120）进一步强化了欧多克斯的具有先驱性的研究成果。依巴谷被研究自然科学发展史的史学家们称为古希腊最伟大的天文学家。他在观测领域内留给后人的宝贵遗产是一本于公元前 129 年完成的恒星目录，书中列举了 850 颗固定的恒星。依巴谷还把用肉眼观测到的夜空中的星星分为 6 个光度等级，从最暗的（用肉眼最难识别）到最亮的（也被称为第一级光度）。最后，希腊天文学家托勒密（Ptolemy）（约公元 100—170）在公元 150 年左右，在他的天文学巨著《天文学大成》中提出了 48 个古代星座的学说。书中所提到的这 48 个古代星座的存在形式和今天人们所了解到的完全一致。早期的希腊天文学家还深刻地意识到：这 48 个古代星座并不能代表夜空中所有的恒星。他们甚至用一个特殊的词汇来特指那些光亮暗淡的恒星在夜空中所占据的空间，这个词便是未形成的（"amorphotoi"，相当于英语中的 unformed 一词），这些光亮暗淡的恒星位于成群的耀眼的恒星之间。正是这些耀眼的恒星，构成了那些古代星座。

这些古代星座都被今天的天文学家所正式承认，除了一个星座以外。看起来有点笨重的南船座被拆分成 4 个星座（下文马上会讨论到）。按照习惯，当天文学家们正式提到一个星座时，他们会使用它的正式名称。例如，当提到"半人马座"这个星座时，他们会使用"The Centaur"这种说法。同样的道理，当天文学家们希望描述某个星座内部的天体时，他们会使用该星座的拉丁名称的所有格形式。例如，天文学家们用 Alpha Centauri 来描述"半人马座"中最明亮的两颗恒星。

罗马帝国的天文学家们非常乐意接受并使用希腊的天体研究数据和星座研究成果。他们的主要贡献是用罗马（拉丁）名称来命名许多人们熟知的天体。这一习惯直到今天还被天文学家所沿用。作为罗马帝国统治下的和平时期的文化的一部分，对古希腊 48 个星座的使用很快传遍了地中海周围的文明（西方）国家。

随着罗马帝国的衰落，中世纪的黑暗时期来到了西欧各国。然而，希腊的天文知识不仅被保留下来，而且还在阿拉伯国家广为流传。阿拉伯国家的天文学家们发现了托勒密的天文学巨著，然后把它用阿拉伯语翻译过来，并重新命名为《天文学大成》（*The Almagest*）。这样一来，他们把古希腊 48 个星座作为天文遗产保留了下来。通过补充一些新发现的恒星的名字和更为准确的观测结果，阿拉伯国家的天文学家们使古希腊人用肉眼观测到的天文学成果变得更加精炼和充实了。

## ◎当代天文学中的星座

随着人们从黑暗的中世纪苏醒过来，古代天文学在天体研究方面的遗产也回到了欧洲。它们在经历了文艺复兴时期后，开始为科学革命的到来开辟道路。在科学革命的开始阶段，人们突然对天文学表现出极大的兴趣。在这期间，德国天文学家约翰·巴耶（Johann Bayer）（1572—1625）于 1603 年出版了《测天图》。这本书实际上是第一个涵盖整个天体领域的重要恒星目录。巴耶用图示的方式向人们介绍了两千多颗用肉眼可以观测到的恒星，并采用希腊字母（如 α、β 和 γ）来命名每个星座的主要恒星。这里所采用的顺序是大致根据这些恒星的亮度从高到低进行排列的。巴耶还在古希腊人关于 48 个星座的天文遗产的基础上，进一步补充了位于南半球的 12 个新的星座，它们分别是：天燕座、蜓座、剑鱼座、仙鹤座、水蛇座、印第安座、苍蝇座［最初被巴耶称为 Apis（蜜蜂的意思）］、孔雀座、凤凰座、三角座、南三角座、杜鹃座、飞鱼座。

出生在波兰的德国天文学家约翰尼斯·赫维留（Johannes Hevelius）（1611—1687）利用一个新发明的天文望远镜，填补了北半球天体范围内的一些空白（amorphotoi）。他先后发现了以下这些新星座：猎犬座、蝎虎座、天猫座和小狮座。后来，在 18 世纪，法国天文学家尼古拉·路易·德·拉卡伊利（Nicolas Louis de Lacaille）（1713—1762）描述出他所发现的位于南半球的 14 个新星座，并用这一时期的科学制品和工具来命名。他所发现的新星座包括：唧筒座、雕具座、圆规座、天炉座、时钟座、山案座、显微镜座、矩尺座、南极座、绘架座、罗盘座、网罟座、玉夫座和望远镜座。拉卡伊利是一个对技术问题要求非常细的人。因此，他为这些新星座所选用的名字，都是经过长时间斟酌以后精心挑选出来的。为了反映一些细节问题，拉卡伊利所采用的这些名字原本往往很长。例如，Antlia（气泵）是为了纪念英国天文学家罗伯特·伯耶尔（Robert Boyle）（1627—1691）所发明的气泵装置。Fornax 实际上是指"实验室里的火炉"。根据各国达成的协议，现代天文学家们一般采用拉卡伊利最初使用的新星座名称的简写形式。例如，当提到"天炉座"这个星座时，用"furnace"来代替"laboratory furnace"。这样做是为了便于技术上的交流，这一做法本身并不代表人们在试图贬低拉卡伊利的重要研究成果。

拉卡伊利和同一时代的天文学家们对南船座［伊阿宋（Jason）和阿尔戈（Argonauts）乘坐的船］这个笨重的古代星座进行了拆分。他把这个位于南半球的巨大星座内的众多恒星分配给 4 个相对较小的、便于管理的小星座。这些星座的名字依旧保留了原有的航海内涵。例如：龙骨（Carina），船尾（Puppis），航海指南针（Pyxis）和帆（Vela）。今天的天文学家们所使用 88 个星座在 1929 年被国际天文组织正式认可。

## ◎天体测定学和"伊巴谷号"宇宙飞船

天体测定学是天文学的一个分支学科,它主要涉及天体的运动和位置的准确测量。天文学家经常把天体测定学再细分为两个主要领域:地球天体测定(讲述天体在整个大的天空领域的位置和运动)和小范围天体测定(主要涉及在天文望远镜的观测视野内如何测量天体的相对位置和运动——换句话讲,在天文望远镜的瞬间视野内如何测量天体的相对位置和运动)。

进行天体测定实践的天文学家通常关心那些能够使天体的位置随时间而改变的天文现象。具体说来,就是天体随时间的推移而变化。当天文学家想要准确地确定行星、恒星和其他天体的位置时,他们往往要借助于摄影测定的方法。这时所得到的相关天体的位置,是以照片底片上出现的该天体的位置或高分辨率的电子影像为依据的。

测定一颗星星的三角视差是准确测定局部银河系内的距离唯一可靠的方法。以地面为基础的天体测定受到几方面因素的限制,如大气层的不稳定,每个观测点的非常有限的观测视野,观测仪器的弯曲部分对观测结果的影响。以太空为基础的天体测定可以有效地克服上述缺点。同时,它还为地球天体测定提供了许多内在的优势,特别是同地面定点(小范围)观测相比。"伊巴谷号"卫星第一次以太空为基础完成了天体观测任务。它的成功说明如果卫星从两个不同的角度同时对天体进行不间断的扫描,完全可以达到千分之一毫秒的准确性。

欧洲航天局(ESA)于 1989 年发射了"伊巴谷号"(Hipparcos)宇宙飞船。"伊巴谷号"测量了许多恒星的位置、距离、运动、亮度和颜色。这个宇宙飞船准确地描述了超过 10 万颗恒星,而且达到超过以往 200 倍的准确率。天文学自古以来就是宇宙研究的基础科学,因此,这次成功发射代表了一次巨大飞跃,它将对天文学的每个分支领域产生重要的影响。伊巴谷是"高精确度视差收集卫星"的同义词。这个名字也非常像一位古希腊天文学家伊巴谷的名字,生活在尼西亚地区,他是最著名的用肉眼进行天文测定的古代天文学家之一。这次发射任务还是为了纪念另一位用肉眼进行天文测定的古代天文学家,他的名字叫第谷·布拉赫(Tycho Brahe)(1546—1601),他生活在 16 世纪的丹麦。他准确地测定出了行星的运行轨道,特别是火星的。这一成就促使约翰尼斯·开普勒（Johannes Kepler）（1571—1630）研究出关于行星运动的经验主义三大定律。

这颗卫星的发射是一次开拓性的太空实验，它主要致力于研究恒星的位置、视差和自行。实验的目标是测量大约 120 000 颗主要恒星的五大天体测定参数。这一过程也被称为伊巴谷实验。按计划，"伊巴谷号"宇宙飞船将进行为期大约两年半的飞行，在此过程中所进行的实验的准确率可以达到大约千分之二到四毫秒的水平。除此以外，"伊巴谷号"还将对另外大约 40 万颗恒星进行天体测定和双色光度特性测定。这一过程也被称为第谷实验，它的精确度要相对低一点。1993 年 8 月，上面的这些目标都成为现实。于是，欧洲航天局的航天飞行指挥者终止了同"伊巴谷号"宇宙飞船的联系。1997 年 6 月，欧洲航天局出版了本次航天任务的最终成果——《伊巴谷目录》和《第谷目录》。

## ◎ 伽利略和望远镜天文学

作为第一个使用望远镜来观测天空的天文学家，意大利科学家伽利略（Galileo Galilei）（1564—1642）进行了早期的天文观测。正是这些天文观测活动点燃了 17 世纪科学革命的火焰。1610 年，他在一本叫《星际使者》的出版物上公开发表了他的早期天文发现，包括发现了木星的四颗主要卫星（今天被人们称为伽利略卫星）。它们好像在缩小版的太阳系中一样，不停地运行着。伽利略的重大发现激发了他对尼古拉斯·哥白尼（Nicholas Copernicus）（1473—1543）的太阳中心说宇宙理论的热情支持。不幸的是，他的科学研究与当时教会组织的权威发生了直接冲突。教会方面想维持地球中心说的宇宙理论系统。到了 1632 年，对天文观测充满热情的伽利略不得不受到问讯和审判。在审判过程中，他因宣扬异教邪说（即哥白尼的太阳中心说）被判有罪。在他的余生里，他一直被软禁在家中。

伽利略于 1564 年出生在比萨。当他于 1581 年就读于比萨大学时，他的父亲鼓励他学习医学。喜欢研究的天性使他对数学和物理更感兴趣。他学医的时候，每个星期天都要去教堂参加礼拜。一次，在倾听讲道的过程中，他注意到教堂棚顶的枝状吊灯在微风中摇摆，便把自己的脉搏当作简易时钟来给吊灯的摇摆计时。一回到家，他便立刻展开实验，验证了钟摆原理。经过了两年的学习，他还是最终放弃了医学，开始集中精力学习数学和物理。他在事业上改变了自己的努力方向，也最终改变了整个科学的发展轨道。

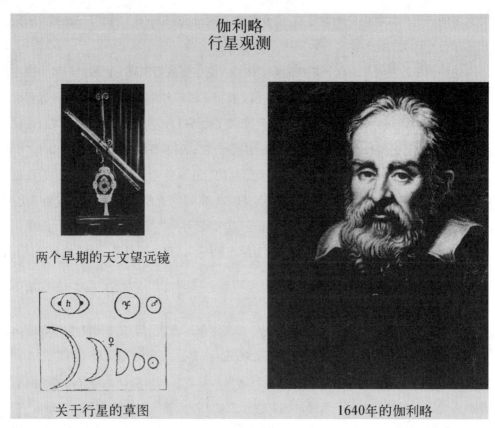

伽利略
行星观测

两个早期的天文望远镜

关于行星的草图

1640年的伽利略

一幅 1640 年伽利略的肖像——伽利略是一位充满激情的意大利天文学家 、 物理学家和数学家。他使用自己新发明的天文望远镜进行了细致的天文观察，从而点燃了 17 世纪科学革命的火焰。

（美国国家宇航局）

在 1585 年，伽利略在没有获得学位的情况下，就离开了大学。他开始潜心研究固体物理学，自由落体运动和平抛运动使他非常感兴趣。他于 1589 年成为比萨大学的数学教授。伽利略是一个优秀的教师，所以，来自欧洲各地的学生都来听他讲课。这种情况很快激怒了那些比他年长但是能力远不如他的同事。更糟糕的是，伽利略经常利用自己固执而有敏锐的才智和极具讽刺意味的语言在学校里为自己赢得各种关于哲学问题的辩论。固执而善辩的性格让他获得了 "争辩者" 的绰号。

在 16 世纪晚期，欧洲的教授在讲授物理（那时候被称为自然哲学）这门课程时，把它当作是亚里士多德哲学的延伸，而不是一门以观察和实验为基础的自然科学。伽利略通过熟练地使用数学实验和其他创新实验，改变了这一习惯。他所进行的实验经常会对古希腊哲学思想构成挑战，尽管这些思想拥有 2 000 年的历史。例如，亚里士多德认为重的物体应该比轻的物体下落得快。伽利略则持相反的观点。他认为：在不考虑空气阻力的前提下，无论两个物体的质量是否相同，它们都会以同样的速度下落。历史学家无法考证伽利略是否为了证明自己的观点，曾经在比萨斜塔上进行过具有传奇色彩的下述实验：把毛瑟枪的子弹和大炮的炮弹同时从比萨斜塔上扔下去。然而，为了挑战亚里士多德的物理学理论并开创力学的新领域，他的的确确在斜面上用物体进行过反复多次的实验。

在伽利略的一生中，由于无法准确地测量时间的微量增加率，他在自己进行的运动实验中始终受到限制。尽管遇到了上述障碍，他还是进行了大量的重要实验，为研究自由落体和抛射体运动的物理学领域带来了许多重要视角。不到一个世纪后，牛顿在伽利略研究成果的基础上创造了重力的普遍规则和运动的三大定律。牛顿的这些研究成果构成了经典物理学的核心。

到1592年的时候，伽利略已经进行了一系列的与亚里士多德的观点相左的实验。同时，他的一些言行也让有些人无法接受。终于，他激怒了比萨大学的同事。结果，同事再也不礼貌地邀请他到其他地方讲学了。那年底，伽利略不得不移居帕多瓦大学。这所大学实行的是更为宽松的学术自由政策。这在一定程度上，要归功于威尼斯共和国政府，这个政府在思想上表现得更加进步。在帕多瓦，伽利略在讲课的同时，还专门撰写了一篇关于机械学的论文。同时，他还开始讲授几何学和天文学的课程（当时，大学里的天文学课程主要是面向那些需要了解医学占星术的医学专业的学生）。

在1597年的时候，德国天文学家开普勒将一本哥白尼撰写的著作送给了伽利略（尽管在当时的意大利，这本书是被政府明令禁止的）。虽然伽利略以前从来没有对天文学产生过兴趣，他却在很短的时间内接受了哥白尼的观点，并开始与哥白尼通信。他们的通信往来一直持续到1610年。

在1604—1605年之间，伽利略公开出版了第一部与天文学有关的学术著作。他在1604年观测到了超新星（位于蛇夫星座内），并利用这一重大天文发现来反驳亚里士多德多年以来一直信奉的观点——天空是一成不变的。在一系列的公开演讲中，他向亚里士多德的学说发起了挑战。不幸的是，在这些拥有众多听众的演讲上他同许多支持亚里士多德学说的哲学教授发生了直接冲突。

在1609年，伽利略了解到在荷兰有人发明了一种新的光学设备（放大望远镜）。

在 6 个月之内，伽利略便按照自己的想法设计出了新型的天文望远镜。于是，在 1610 年，他把经过改进的天文望远镜对准了天空，开启了望远镜天文学的时代。他利用这个粗糙的工具，给人类带来了一系列的惊人的发现，这其中包括月球上的山脉，许多新星和木星的四大卫星。为了纪念伽利略，这四大卫星现在被称为伽利略卫星。伽利略在他出版的《星际信使》中提到了上述重要发现。这本书的出版在使一些人心潮澎湃的同时，却使另一些人充满了愤怒。伽利略利用木星拥有四大卫星这一事实证明了并非所有的天体都围绕地球运转。同时，这一事实也为哥白尼学说提供了通过观察得来的直接证据。此时，伽利略对哥白尼的宇宙学说已经欣然接受了。

由于不能再继续在帕多瓦大学讲授旧的天体理论，伽利略在 1610 年离开了帕多瓦，来到了佛罗伦萨。在这里，他被任命为托斯卡尼大公爵（Cosimo 二世）身边的数学家和哲学家。他在佛罗伦萨度过了自己的余生。

---

**知识窗** ────────────────────────●

### 超 新 星

每隔 50 年左右，银河系中的一颗巨大恒星将自行爆炸，并形成壮观的超新星爆炸。科学家认为超新星是宇宙中最激烈的天文事件之一。超新星爆炸产生的力量形成了一束炫目的辐射光线和类似于穿行于星际空间的音爆现象所产生的冲击波（注：这只是个形象的比喻而已，因为声波在真空

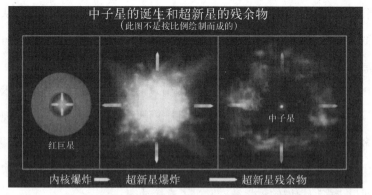

这幅图描绘了在超新星发生爆炸以后，中子星是如何诞生的。

（美国国家航空航天局）

的外层空间难以传播）。正是在 20 世纪 30 年代光谱分类活动的基础上，天体物理学家把超新星分成两个基本物理类型：Type Ia 和 Type II。这种分类方法至今仍在使用。

Type Ia 超新星包括在二元星系中的白矮星所发生的突然爆炸。有些白矮星是恒星进化的终点。当恒星的质量增加到太阳质量的 5 倍左右时，便到了进化过程的终点。剩下的白矮星是太阳质量的 1.4 倍，相当于地球的大小。如果两颗恒星的运行轨道非常接近，那么二元星系中的白矮星将使一些物质脱离自己的恒星伙伴。白矮星会夺取恒星伙伴的质量，因为它是高密度的物质而且拥有强大的吸引力。一旦从适当的恒星伙伴（如红巨星）那里吸收了一定的质量，白矮星的质量就会超过太阳质量的 1.4 倍(钱德拉塞卡极限）。白矮星便开始经历重力的衰退，并在内部产生足够的能量来支持某些元素（像碳元素）的热核聚变。由碳和其他化学元素组成的白矮星开始失控，并产生核聚变，最终导致巨大的热核爆炸，整个恒星也在这一过程中被消耗掉。天文学家常把这种超新星叫作碳爆炸超新星。

Type II 超新星也被称为巨恒星超新星。相当于太阳的 5 倍或更大的恒星通常以一种极为壮观的方式来结束自己的生命。当没有足够的燃料来支持核聚变反应时，这一过程就开始了。当一颗恒星运行正常并处于平衡状态时，核聚变反应通常发生在恒星的中心部分。热核反应所释放出的巨大能量，形成了向外的压力。这种压力与由于恒星的巨大质量而产生的内部引力相互作用。但是，当将要变成超新星的巨恒星接近死亡时，它先是膨胀并变成红巨星或超巨星，至少在外表是这样的。在内部，恒星的核开始萎缩。随着恒星核的萎缩，它的温度变得越来越高，它的密度变得越来越大。在高温和压缩条件下，一系列新的热核反应发生了。除了铁（Fe）以外的所有化学元素都会参与这一过程。核反应释放出来的能量将暂时阻止核心部分的进一步衰退。

然而，由引力所引起的核内部爆炸只是暂时停了下来。只有当被压缩的核心部分基本上只包含铁时，一切核反应过程才会终止（从核物理学的角度来讲，科学家们认为由铁构成的原子核是极为稳定的，不可能聚变为包含原子数更多的元素）。在这个时刻，即将消亡的恒星进入了引力衰退的最后阶段。在不到 1 秒钟的时间里，核的温度上升到 550 亿摄氏度，然后又超过了这个温度。受到丝毫未减弱的引力的影响，所有的铁原子核几乎完全挤压在一起。然后，由于在衰退的核物质内产生了中子压力，使得核衰退现象突然停了下来，而正是核衰退导致了原子挤压现象的发生。衰退的核在遇到中子压力时产生了反作用力，反弹的冲击波穿过覆盖在外面的物质。强烈冲击波的经过使覆盖在红巨星表面的外层物质发生多次核反应，最终导致大爆炸的发生。冲击波还将原有表面物质的残留物和经过核反应合成的化学元素推向太空。

除了中心中子星以外，所有物质均以每小时超过 5 000 万千米的速度向外飞去。热核冲击波穿过不断膨胀的恒星碎片，把轻的化学元素熔合为重的化学元素，从而产生了在视觉上极为壮观的巨大爆炸，而爆炸发出的光亮非常强烈，看上去就像几十亿个太阳产生的亮度一样。天文学家把经历了这种爆炸后飞向太空的物质叫作超新星残余物。

现在，原来的恒星只剩下一个极小的高密度核。它几乎完全是由中子构成的，这就是所谓的中子星。由于上述提到的一系列物理过程，天文物理学家常把 Type II 超新星称为内爆炸超新星。如果原来的恒星的质量非常大（可能是太阳的 15 倍或者大于 15 倍），即使中子也难以抵抗核衰变物质不断衰变所产生的力量，于是就形成了黑洞。

由于《星际信使》的出版，伽利略这个名字在意大利乃至整个欧洲都是家喻户晓的。有许多人想得到伽利略设计的天文望远镜。但是，他只能把有限的天文望远镜提供给包括开普勒在内的某些欧洲天文学家。在 1611 年，他非常自豪地把其中的一个天文望远镜带到了罗马，让一些宗教界人士亲自观测到令他们感到惊奇的天体发现。在罗马时，他还成为久负盛名的莱塞安（Lyncean）研究会的一名会员。这个研究会成立于 1603 年，是世界上第一个纯粹的科学研究会。

在 1613 年，伽利略通过研究会发表了"关于太阳黑子的论述"。他利用太阳黑子的存在和运动来证明太阳本身是在不断变化的，从而攻击了亚里士多德的天体学说。在亚里士多德看来，天体是永恒不变的。在这一过程中，伽利略公开支持哥白尼的天体学说。这也意味着伽利略开始了同教会权威的长期艰苦斗争。从根本上讲，伽利略相信人类拥有进行科学研究的自由。后来，到了 1615 年，伽利略来到罗马，并在公开的场合声援哥白尼的天体学说。这一公开的举动激怒了当时的天主教皇保罗五世。他立刻成立了一个特别委员会来重新研究有关地球运动的理论。

这个（非科学的）委员会例行公事地得出结论：哥白尼的天体学说违背了圣经的教义，因此可以被定性为一种异教邪说。当时有一位很有声望的红衣主教，名字叫罗伯特·贝拉明（Robert Bellarmine），后来他被教皇封为圣徒。他被派去说服大名鼎鼎而又十分倔强的伽利略，这是一个令他感到很尴尬的任务。在1616年的2月下旬，他告诫伽利略必须要放弃对哥白尼假说的支持。在保罗五世的直接授权下，这位红衣主教迫使伽利略答应了他的要求。伽利略在讲课和写作的过程中再也不能提及哥白尼的天体学说。不然的话，他可能会因为宣

这是一幅关于木星系统主要成员的按比例合成的图像（比例项之间的比例为：1像素等于15千米）。它是由美国国家航空航天局的"伽利略号"宇宙飞船在1996—1997年多次飞越木星上空收集拍摄下来的。这里我们可以看到一幅有趣的"木星全家福"照片，其中包括带有红色斑点的木星边缘的图像和木星的四大卫星的图像。这四大卫星现在被称为伽利略卫星，从上至下依次为：伊奥、欧罗巴、加尼美德和卡利斯托。
（美国国家航空航天局／喷气推进实验室）

传异教邪说而受到审判，并被判入狱，也有可能像当年的乔尔丹诺·布鲁诺（Giordano Bruno）（1548—1600）一样被处死。

伽利略显然被迫接受了现实——至少在接下来的几年里是这样的。在1623年，他出版了《试金者》（The Assayer）一书。在这本书中，他讨论了科学研究的基本原则，但是他有意回避了对哥白尼学说的支持。他甚至把这本书赠送给他终生好友——当时的新罗马教皇乌尔班八世。然而，在1632年，他把与新罗马教皇的良好关系彻底地放在一边，出版了一本名为《关于托勒密和哥白尼两大世界体系的对话》的著作。

在这部杰出的（而又具有讽刺意味的）著作中，伽利略笔下的两个主人公分别向同一个智者阐述了自己的科学观点。其中一个人讲述的是地球中心说的理论，另一个人讲述的是哥白尼的太阳中心说理论。哥白尼的太阳中心说理论最终赢得了这场旷日持久的辩论。比较起来，伽利略笔下的那个讲述地球中心说的主人公在表达能力方面显得逊色不少，他的名字叫辛普利丘，有"头脑简单的人"的含义。

出于种种原因，罗马天主教皇乌尔班八世把书中辛普利丘这个人物当作是一幅具有讽刺意义的漫画。他认为这幅漫画实际上是在对他个人进行侮辱。在这本书出版以后的几个月内，法庭将伽利略传唤到罗马。面对死亡的威胁，年事已高的意大利科学家伽利略不得不于 1633 年的 6 月 22 日在公开场合收回了自己对哥白尼学说的支持。法庭判他终身监禁。实际上，他只是被软禁在位于佛罗伦萨附近自己的别墅里。教会方面同时宣布《对话》一书为禁书。但是伽利略的许多支持者还是将这本书偷运到国外，哥白尼的学说也因此得以在欧洲各地进行传播。

在被软禁期间，伽利略研究的对象是物理学的一个争议较少的领域。他在 1638 年出版了名为《关于两门新兴科学的论文和数学论证》的专著。在这部专著中，他有意避开了天文学，而对机械学进行了总结——其中包括许多重要的问题，如均匀加速度，自由落体和平抛运动。

通过伽利略的开拓性研究和个人牺牲，科学革命最终在欧洲各地展开，人们摆脱了多个世纪以来由于固守亚里士多德哲学所产生的误导。实际上，伽利略从来没有真正反对过教会和它所推崇的宗教教义。他所做的一切都是出自对科学探索自由的强烈支持。

1638 年，这位杰出的科学家失明了。1642 年的 1 月 8 日，被软禁在家的伽利略离开了人世。过了 350 年，罗马天主教皇约翰·保罗二世在 1992 年的 10 月 31 日才正式宣布撤回教会法庭当年对伽利略的判罚。

## ◎探测气球和深度探测火箭把人类带向了太空

直到太空时代，科学家们对宇宙的观测一直受到地球大气层的限制，这是由于地球大气层可以将绝大多数来自宇宙其他角落的电磁辐射过滤掉。即使在今天，那些在地面进行太空观测的天文学家也只能观测到电磁光谱的可见光区和红外线、无线电以及紫外线区域内的很小一部分。然而，通过位于太空中的观测台，天文学们可以同时观测整个电磁光谱范围内的宇宙情况。随着为了天文学研究和天文物理学研究而设计的宇宙飞船的出现，科学家们可以在电磁光谱的可见光区域、红外线区域、紫外线区域、X射线区域和伽马射线区域内全方位地研究有趣的宇宙现象和宇宙天体运动。从此以后，宇宙新发现的出现频率开始快得让人瞠目结舌。

在第一批人造卫星于20世纪50年代晚期发射升空之前，科学家们是利用高空探测气球和深度探测火箭来大致了解太空的。当时的宇宙看上去就像一座座看得见而又摸不着的山脉的顶峰，它们和热气球之间似乎没有任何障碍，有的只是介于它们和地球之间的大气层。在关于宇宙的各项重大发现当中，有两项是最引人注目的。它们就是宇宙射线的存在和位于太阳系以外的X射线源的发现。

在1911年至1913年间，人类利用极具风险的高空热气球飞行进行有关电离辐射的测量。结果，出生在澳大利亚的美籍物理学家维克多·弗朗西斯·海斯（Victor Francis Hess）（1883—1964）发现了不断以高速粒子冲击地球的宇宙射线的存在。对这一重要的天文物理现象的发现使他有机会在1936年与其他的物理学家分享了诺贝尔物理学奖。宇宙射线是由一些高能核微粒构成的。这些微粒从银河系的各个角落奔向地球。科学家利用海斯的发现把地球的大气层变成了一个巨大的天然实验室——正是利用这一研究手段，科学家才有机会取得高能核物理领域内的许多新发现。

氢原子核（质子）在宇宙射线中所占的比例最大（大约85%）。但是，宇宙射线中所有的微粒实际上覆盖了整个化学元素周期表。银河宇宙射线是来自于太阳系以外的物质样本。它们为科学家们提供了直接的证据，证明在整个银河系的众多星球上曾经发生过天文爆炸，在这一过程中产生了许多天文现象。太阳宇宙射线（绝大多数是质子和阿尔法微粒）是太阳在发生耀斑期间发射出来的。太阳宇宙射线的能量一般要低于银河宇宙射线的能量。正如本书第2章中所介绍的，宇宙射线天文学是高能宇宙物理学的一个分支，高能宇宙物理学利用宇宙射线来了解与化学元素的起源有关的相关信息。这些化学元素是在核合成的过程中产生的，而核合成往往发生在星球爆炸的过程中。

在20世纪60年代早期，里卡尔多·贾科尼（Riccardo Giaconni）（1931—2018）通过与麻省理工学院的罗西（Bruno Benedetto Rossi）（1905—1993）教授和其他的研究人员的合作，设计出在深度探测火箭上使用的新型X射线探测设备，这种设备最终被使用在航天飞机上。在1962年的6月，贾科尼利用深度探测火箭所进行的一项实验被证实极有科学价值。他的团队把一个实验装置包放置在深度探测火箭上，目的是为了对有可能存在的来自月球表面的太阳感应 X 射线发射现象进行短暂的搜寻。令整个团队感到非常惊讶的是，这些设备偶然间发现了位于太阳系以外的第一个已知的 X 射线源，这是一颗被称为天蝎座 X-1 的恒星。从 1949 年开始，美国海军研究实验室的研究人员依靠火箭进行了一系列的实验。通过实验，他们发现了来自太阳的 X 射线。但是，天蝎座 X-1，也就是 X 射线恒星，是太阳系以外第一个已经被确认存在的 X 射线源。它是天空中最明亮的、最持久的非短暂射线源。这个偶然发现被当作 X 射线天文学的开端。X 射线天文学是高能天文物理学的一个重要领域。由于贾科尼在天文物理学领域内所作出的具有开拓性的贡献，他与其他物理学家荣获 2002 年的诺贝尔物理学奖。

下面的类比可以说明贾科尼在 X 射线天文学领域内的努力的特殊意义。同时，这个类比还形象地说明了太空时代科技进步的速度之快。也许是历史的巧合，贾科尼第一次所使用的相对简易的天文望远镜与 1610 年伽利略使用的第一部天文（光学）望远镜不仅长度相同，而且直径也相同。经过了大约 4 个世纪，光学望远镜在敏感度方面提高了 10 亿倍。从伽利略使用的第一部天文望远镜到美国国家航空航天局的哈勃太空望远镜，这一领域内的技术在不断成熟。贾科尼在深度探测火箭上检验了第一台 X 射线太空望远镜。又过了大约 40 年，美国国家航空航天局的"月亮之神号"X 射线天文观测台使科学家们在测量的感光度方面又取得了飞跃。恰似 17 世纪时伽利略的光学望远镜给观测天文学带来了变革，贾科尼的 X 射线太空望远镜在 20 世纪引发了高能天文物理学领域的现代变革（本书的第 6 章将会讨论 X 射线天文学）。

以太空为基础的天文观测可以观测到红外线的波长。作为补充，美国国家航空航天局还使用在天空中飞行的观测台。换句话讲，就是使用一些红外线天文望远镜，并把它们装在飞机上。这些飞机要飞到特定的高度以上。在地球大气层的这一高度，绝大多数的红外线吸收了水蒸气。

第一个这样的天文观测台是由里尔喷气式飞机改装而成的，第二个是由编号为 C-141A 的运输星号喷气式运输机改装而成的。为了纪念出生在荷兰的美国天文学家柯伊伯（Gerard Peter Kuiper）（1905—1973），美国国家航空航天局特意用柯伊伯这个名字来命名 C-141A 天文观测台，它的全称是柯伊伯机载天文台（KAO）。KAO 的

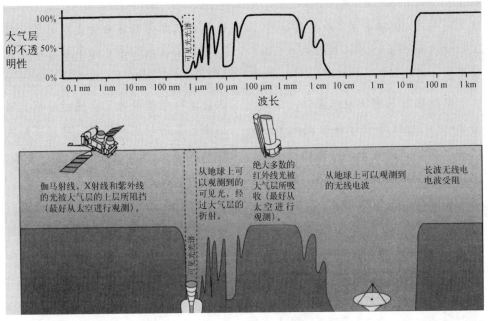

这幅图向人们展示了在电磁光谱（包括可见光在内）范围内有多少光在不同波长的范围内穿越了地球的大气层。例如，一些接近红外辐射波长的光，可以到达位于山顶处的天文观测台，这里往往海拔较高且气候干旱。然而，只有位于宇宙中的红外线观测台才能让人们在不受任何阻碍的情况下观测红外线范围内的宇宙情况。同样的情况还会出现，这是由于存在其他宇宙源产生的针对地球的辐射。这些宇宙源包括伽马射线、X 射线或紫外线波长和长波无线电电波。

（美国国家航空航天局喷气推进实验室）

### 知识窗

## 电 磁 光 谱

　　当太阳光穿过一个三棱镜时，它会在物体的表面抛下彩虹般排列的颜色，这种颜色排列被称为可见光谱。这一排列顺序是按照电磁辐射的窄频带波长来排列的，人的肉眼对电磁辐射是非常敏感的。

　　电磁光谱包括电磁辐射的整个波长范围，从波长最短的伽马射线到波长最长的无线电波。整个电磁光谱远远超出了人的肉眼的视觉范围。

　　电磁光谱的不同区域拥有不同的名字，（波长从短到长）依次为：伽马射线、X 射线、紫外线、可见光、红外线和无线电波。电磁辐射以光的速度（大约为 30 万千米/秒）来运行。人们可以用它来解释外层空间真空状态下的能量传递问题。

电磁辐射具有波粒二象性，这也是 20 世纪物理学领域最有趣的发现之一。在某些条件下，电磁辐射呈现出波的形式。在其他条件下，电磁辐射又呈现出粒子流的形式，也被称为量子。一个量子所携带的很少的能量被称为 1 量子（quantum，复数为 quanta）能量。quantum 一词来自拉丁语，意为"小包"。

某种形式的电磁辐射的波长越短，它所携带的能量越多。宇宙中的所有物质都会通过特有的方式来释放、反射或吸收电磁辐射。这些物体完成这一系列过程的特有方式使科学家们掌握了不同物质的特征，并可以通过远程遥感设备来发现这些特征。例如，当光谱图中呈现出明亮的线条

时，表明某些物质释放或反射了电磁辐射。当光谱图中呈现出黑暗的线条时，表明电磁辐射在选定的波长范围内被某些物质吸收了。通过分析光谱图中线条的位置和模式，可以了解物体的构成、表面温度、密度、年龄、运动和距离。

发射光谱学包含了利用光谱进行分析的方法。当不同的物质遇到热源或电源时，会释放出具有不同特征的电磁辐射。我们可以利用物质的这一特征，来辨别不同的物质。当物质样本的分子和原子接受了来自热源或电源的外部刺激时，它们的能量水平会高于基态。随着分子和原子从高能状态恢复到基态，电磁辐射就会被释放出来，并呈现出分离的而且特征明显的波长或放射线。这些放射线的模式和强度形成了独特的放射光谱，帮助分析者识别不同的物质。

0.9 米光圈反射器实际上是卡塞格林望远镜，这个天文望远镜是为了观测 1~500 微米波长范围内的光谱而设计的。这架飞行器从 1974 年开始收集来自宇宙的红外线图像，并于 1995 年正式退役。

## ◎莱曼·斯皮策和太空天文学的发展前景

在 1946 年，也就是第一颗人造卫星发射升空的十几年前，美国天文物理学家莱曼·斯皮策（Lyman Spitzer）（1914—1997）提议要建造一个在太空中运行的巨大天

文观测台。它在运行当中不受任何来自地球大气层折射的影响。当美国国家航空航天局的哈勃太空望远镜于1990年发射升空时，他的梦想终于实现了。斯皮策是一位有名的天文物理学家，他的主要贡献集中在恒星动力学、等离子体物理学，热核聚变和以太空为基础的天文学等领域内。美国国家航空航天局于2003年发射了太空红外线望远镜设备。同时，为了纪念斯皮策，美国国家航空航天局将这一精密的太空红外线望远镜重新命名为斯皮策太空望远镜。

斯皮策于1914年6月26日出生于俄亥俄州的托莱多。他曾就读于耶鲁大学，并于1935年获得了物

美国天文学家莱曼·斯皮策，他是太空天文学的极力倡导者。

（美国国家航空航天局）

理学学士学位。在剑桥大学学习一年以后，他又来到普林斯顿大学，并于1937年获得硕士学位。在1938年，他又获得了天文物理学的博士学位。指导他完成博士论文的导师是美国著名的天文学家亨利·诺利斯·罗素（Henry Norris Russell）（1877—1957）。获得博士学位以后，斯皮策又在哈佛大学读了一年的博士后，并于1939年成为耶鲁大学的教师。

在第二次世界大战期间，斯皮策主要从事关于水下声音的研究。他和他的团队研发出了声波定位仪。在战争结束以后，他又回到耶鲁大学从教了很短的时间。在1946年，也就是第一颗人造卫星（"斯普特尼克一号"）发射升空的十几年前，他提出了一个具有前瞻性的想法——把天文观测台放置在太空里。这样一来，科学家可以在整个波长的范围内来观测宇宙，而不必理睬由于地球的大气层而产生的模糊（吸收）效应。12年后，美国国家航空航天局正式成立。后来，他又进一步提出：同利用地球上的天文望远镜相比，利用太空中的天文望远镜将有可能收集到更加清晰的遥远天体的图像。为了论证这些观点，斯皮策还写了一篇论文，题目叫《地球以外

的天文观测台的优点》。在这篇前瞻性的论文中，他列举了把天文望远镜放置到太空里的众多优点。在之后的50年里，他花费大量的时间去说服美国国会的议员和其他科学家，让他们支持把天文望远镜放置到太空里的计划。他的这番努力对于研发哈勃太空望远镜是非常有益的。

在1947年，斯皮策被任命为普林斯顿大学天文物理学系的主任。接受了这个任命，也意味着他成为自己的博士生导师亨利·诺利斯·罗素的继任者。斯皮策还是普林斯顿大学天文观测台的主任。在普林斯顿大学期间，他在天文物理学领域内作出了许多重大贡献。例如，他全面地研究了行星之间的尘埃微粒和磁场，以及星团的演变和运动。他还研究了与恒星形成有关的区域。一些天文物理学家首先提出：位于螺旋星云中的明亮的恒星是直接由气体和灰尘生成的。斯皮策也是这些天文物理学家中的一员。最后，他还准确地预测出有一个炙热的银晕围绕在银河系的周围。

在1951年，斯皮策成立了普林斯顿等离子体物理实验室（最初被美国原子能协会称为马塔角项目）这个实验室成为普林斯顿大学在受控热核研究领域内的具有开拓性的研究项目。斯皮策鼓励人们把核聚变当作一种清洁的能源来利用。直到1967年，他一直是实验室负责人。1952年，当时还很年轻的斯皮策成为普林斯顿大学天文学领域的A级教授，并在余生一直保持着这个至高无上的荣誉。

从1960年到1962年，斯皮策一直担任美国天文学会的主席。在20世纪60年代，美国的太空计划初露端倪。斯皮策提出的以太空为基础进行天文研究的创意也变得更有希望了。在1962年，他率领科研团队开始研究设计天文观测台，让它围绕地球运行，并利用它来研究来自太空的紫外线。通常情况下，地球大气层会阻挡紫外线光。因此，科学家无法利用地球上的观测设备观测到来自宇宙的紫外线放射现象。斯皮策所提出的关于天文观测台的设想，通过美国国家航空航天局的"哥白尼号"宇宙飞船得以最终实现。这个宇宙飞船在1972—1981年间成功地完成了各项航天任务（本书的第8章将会讨论紫外线天文学）。

在1965年，美国国家科学院专门成立了一个委员会，为计划中的大型太空望远镜设定科学观测的目标。协会任命斯皮策为该委员会的主席。当时许多天文学家并不支持在太空中放置大型太空望远镜的想法。例如，有的天文学家担心由于在太空中放置大型太空望远镜的成本过高，美国政府有可能会减少对地面天文研究的财政支持。斯皮策个人付出了大量的努力，终于说服了科学界的同仁和国会的议员，使

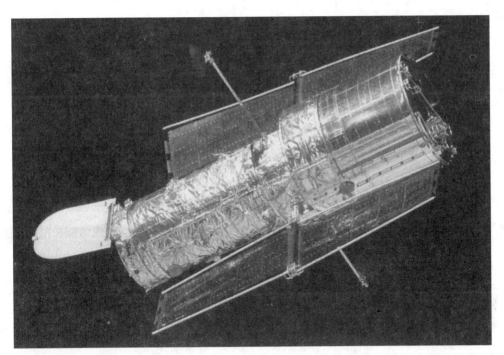

图中的哈勃太空望远镜正庄严地在太空中飞行，它的孔径门已经开启。这幅照片是"发现号"航天飞机的宇航员在 1997 年执行编号为 STS-82 的任务时拍摄下来的。

他们相信把大型太空望远镜放置到太空中是极具科学价值的。在 1968 年，斯皮策的梦想的第一步得以实现。在那一年，美国国家航空航天局成功地将一系列进行科学研究的航天器发射升空，这些航天器上载有绕地飞行的天文观测台。进行太空观测的航天器实际上是一种太空机器人，它不会飞行到某一个地点去完成太空探索任务。相反，这种机器人航天器会沿着一定的轨道围绕地球或者太阳运行。这样一来，观测台便可以观测到遥远的天体目标，而不会受到地球大气层的模糊效应的干扰。

在 20 世纪 70 年代的早期，斯皮策一直在继续努力说服美国国家航空航天局和美国国会，让他们支持对大型太空望远镜的研究。他的努力终于得到了回报。在 1975 年，美国国家航空航天局和欧洲航天局开始共同研究大型太空望远镜，并成功地研发出哈勃太空望远镜。在 1977 年，美国国会批准了美国国家航空航天局建造太空望远镜的财政计划，这在很大程度上要归功于斯皮策所进行的坚持不懈的努力。这一计划所研发出的天文观测设施就是哈勃太空望远镜，它的名字是为了纪念美国天文学家埃德温·哈勃（Edwin Hubble）（1889—1953）。在 1990 年，美国国家航空航天局利用航天飞机成功地将哈勃太空望远镜部署在绕地运行的轨道上。这次成功，是在斯皮策首次提出将大型太空望远镜放置到太空中五十多年以后被人类实现的。虽然哈勃太空望远镜在轨道运行状态下被航天飞机检修过数次，它依然能给科学家们传回一些令人惊讶的宇宙照片，并不时地带给人类许多惊人的发现。（在本书的第4章中将专门讨论哈勃太空望远镜。）

在1997年的3月31日，斯皮策在新泽西州的普林斯顿离开了人世，享年82岁。美国国家航空航天局在2003年的8月25日，将一个新的太空望远镜发射升空。这个太空观测平台包括一个体积很大但重量很轻的望远镜和三个经过低温冷却处理的天文观测设备，这三个设备可以在近红外线的波长范围内和远红外线的波长范围内研究宇宙。在这个太空观测平台上还装有可以代表当今科技发展水平的红外线检测器阵列。这个太空观测平台自发射升空以后，便进入了一个独创的环地公转轨道。上述特征使得这个太空观测平台可以执行许多重要的命令，它的观测能力优于从前使用过的用于地面观测的红外线望远镜。为了纪念斯皮策在太空天文学领域内的远见卓识和巨大贡献，美国国家航空航天局特意将这个新的太空观测设备命名为斯皮策太空望远镜（本书的第7章将详细介绍斯皮策太空望远镜）。

**知识窗** ━━━━━━━━━━━━━━━━━━━━━━━━━━━━━━●

### 在美国国家航空航天局旗下的正在运行的天文观测台

美国国家航空航天局在20世纪60年代发射了一系列的大型天文观测台，从而极大地拓宽了人们对宇宙进行科学理解的范围。第一个被成功发射的大型天文观测台被放置在地球轨道上，它的代号是"OAO-2"，全称是运行天文观测2号。有人给它起了一个小名，叫观测星辰者。它是1968年的12月7日发射升空的。在运行的前30天内，"OAO-2号"收集到了大量的天空中的紫外线数据，这些数据相当于前15年由深度探测火箭所收集到的同类数据的20多倍。观测"星辰者号"对巨蛇座新星进行了为期60天的观测。这次观测是在1970年这颗新星爆发以后进行的。这些观测证明了新星的质量损失与理论上的推算完全一致。为了纪念波兰天文学家尼古拉斯·哥白尼，美国国家航空航天局把"OAO-3 号"命名为"哥白尼号"。这个运行天文台在 1972 年的 8 月 21 日被成功地发射。这颗卫星向科学家们提供了许多与行星的温度、化学构成和其他特征有关的新数据。它还收集了与天鹅座 X-1 源有关的数据，天鹅座 X-1 源极有可能是一个黑洞。人们之所以叫它天鹅座 X-1 源，是因为它是在天鹅星座发现的第一个 X 射线源。

## ◎为天文学服务的机器人航天器

　　电磁光谱（包括无线电波、红外线辐射、可见光、紫外线辐射、X 射线和伽马射线）的每一个区域都可以给天文学家和天文物理学家带来关于宇宙和其中的物体的独特信息。例如，某些无线电频率信号可以帮助科学家们找到某些云彩的分子特征，尽管它们看起来是那么冷酷。宇宙中的微波情况代表的是发生在过去的宇宙大爆炸所产生的辐射。绝大多数的科学家认为：正是大约发生在 140 亿年前的那次大爆炸形成了今天的宇宙。光谱中的红外线区域可以为天文学家提供一些信号，使他们可以观测到一些本来用肉眼看不到的物体，例如一些褐矮星和一些相对意义上的冷星。红外线辐射还可以帮助科学家们了解新星诞生地的内部结构，尽管这里表面上布满了灰尘，但众多新星的确是在这里形成的。科学家利用红外线辐射信息，揭开了位于银河系核心地带的这一不透光区域的神秘面纱。紫外线辐射可以提供给天文物理学家一些特殊的信息，使他们了解一些非常炙热的恒星和类星体。可见光可以帮助观测天文学家了解行星、主要序列恒星、星云和星系的相关特征。利用太空中的观测台收集到的 X 射线和伽马射线可以使科学家们掌握与一些高能物理现象相关的独特信息，例如超新星、中子星和黑洞。科学家发现宇宙中有一些温度极高的物质可以释放出能量集中的辐射，因而推断出宇宙中存在着黑洞。这些物质在经过某些黑洞的视界时，通常旋转而过，并呈现出吸积盘的形式。

　　科学家们意识到：如果能够观测电磁光谱的全部区域，便可以大幅度地提高对宇宙的了解程度。到了 20 世纪末，随着太空天文学观测技术的不断成熟，美国国家航空航天局推出了巨型观测台计划。这个计划包括由 4 个高精密的太空天文观测平台组成的系列。每一个观测台都是经过精心设计，并装有能够代表当今科技发展水平的设备。它们的任务是收集来自电磁光谱的某个区域或某几个区域的光。所谓的天文观测平台，实际上是机器人航天器。它不必飞行到某一个地点去完成太空探索任务，相反，这种观测航天器会占据一个特殊的轨道围绕地球或者太阳运行。这样一来，它便可以观测到遥远的天体目标，而不会受到地球大气层的模糊效应的干扰。红外线观测台的运行轨道应该将来自地球和太阳的热辐射源的干扰最小化。

美国国家航空航天局最初在研发阶段给每个巨大的天文观测台都起了一个名字。后来，为了纪念一些著名的科学家，又用他们的名字来重新命名这些天文观测台。第一个巨大的天文观测台是太空望远镜，也就是后来的哈勃太空望远镜。它于1990 年被航天飞机发射升空，后来一系列的航天飞机在执行任务时对它进行了在轨检修。随着设备的不断升级和光学的不断进步，科学家们开始计划让这个长期执行任务的太空天文观测台来完成各种任务，包括收集光谱范围内的可见光区域、紫外线区域和近红外线区域的各种光。这个航天器的名字是为了纪念美国著名天文学家埃德温·哈勃。美国国家航空航天局正计划再一次对哈勃太空望远镜进行检修。这样，它就可以多为人类服役几年，一直等到 2011 年将由詹姆斯·韦伯（James Webb）太空望远镜接替它的位置。

第二个巨大的天文观测台是伽马射线天文观测台。在 1991 年发射升空以后，美国国家航空航天局又把它重新命名为康普顿伽马射线天文观测台（简称 CGRO）。按照最初的设计，它是用来观测具有很高能量的伽马射线的。1991—1999 年，它收集了许多有价值的科学信息，这些信息主要与宇宙中发生的剧烈过程有关。美国物理学家阿瑟·霍利·康普顿（Arthur Holly Compton）（1892—1962）曾经获得过诺贝尔奖的桂冠。美国国家航空航天局用他的名字重新命名了第二个巨大的天文观测台。康普顿伽马射线天文台的科学探索任务于 1999 年正式结束。2000 年，美国国家航空航天局的航天器任务专家们向这个巨大的航天器发送指令，让它在有关专家的控制下完成脱轨燃烧。完成这项任务以后，它于 2000 年又重新安全地进入地球的大气层，不过这一次是以残留碎片的形式。这些碎片不会给人类带来任何危害，它们最终落入了太平洋的偏远海域。

美国国家航空航天局最初把这一系列观测设备中的第三个观测台称为先进的 X

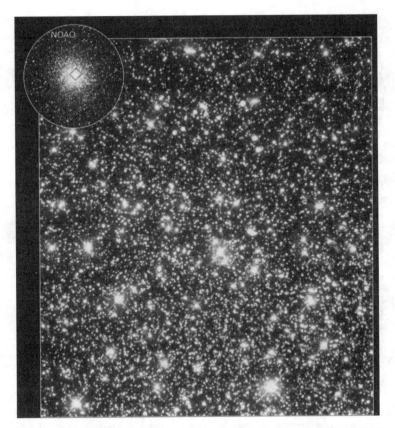

　　这是哈勃太空望远镜于 2002 年 11 月拍下的照片，它看到了那些闪闪放光的群星的心脏地带，M22 球状星群的核心地带的神秘面纱也被揭开了。M22 球状星群是由射手座的许多恒星构成的，它们的寿命都在 120 亿至 140 亿年之间。嵌入图片左上方的照片拍摄于 1995 年 6 月。它向人们展示了一个由大约 1 亿颗恒星所组成的球状星群的全貌。

（由哈勃太空望远镜拍摄，美国国家航空航天局提供）

射线天文物理学观测设备。后来，为了纪念出生在印度的美国天文物理学家苏布拉马尼扬·钱德拉塞卡（Subrahmanyan Chandrasekhar）（1901—1995），美国国家航空航天局把这个观测台重新命名为钱德拉 X 射线观测台（简称 CXO）。苏布拉马尼扬·钱德拉塞卡也曾经获得过诺贝尔奖。在 1999 年，这个观测航天器被放置在绕地飞行的较高的椭圆形轨道内。钱德拉 X 射线天文台主要观测包括超新星和吸积盘在内的各种高能宇宙现象的放射，在被怀疑有黑洞存在的地方的周围，会发现吸积盘。钱德拉 X 射线天文台将至少服役到 2009 年。

　　美国国家航空航天局推出的巨型太空观测平台计划的最后一个成员是太空红外

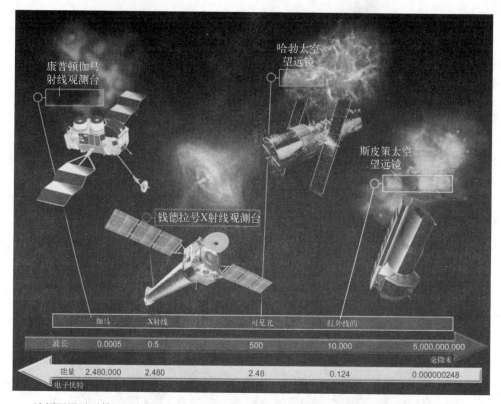

这幅图展示了美国国家航空航天局的巨大天文观测台和电磁光谱的不同区域。太空中的天文观测设备正是通过电磁光谱特定区域来收集科学数据。天文观测台从左至右（这一顺序表明光子的能量递减而波长的长度递增）依次为：康普顿伽马射线观测台，"钱德拉号" X 射线观测台，哈勃太空望远镜和现在被称为斯皮策太空望远镜的太空红外线望远镜设备。

（美国国家航空航天局）

线望远镜设备，它也是该计划的第四个观测台，于 2003 年被发射升空。为了纪念美国的天文物理学家莱曼·斯皮策，美国国家航空航天局将它重新命名为斯皮策太空望远镜。这个精密的红外线观测台给科学家们提供一个全新的有利的观测点。从这里科学家们可以研究许多迄今为止不为人知的天文过程，例如，星河、恒星和行星的形成过程。斯皮策太空望远镜还发挥着重要的技术桥梁的作用，帮助美国国家航空航天局完成关于宇宙起源的研究。长期以来，美国国家航空航天局一直在努力科学地回答关于宇宙的一些基本问题。例如，我们人类是从什么地方来的？又如，在宇宙中我们人类是孤独的吗？

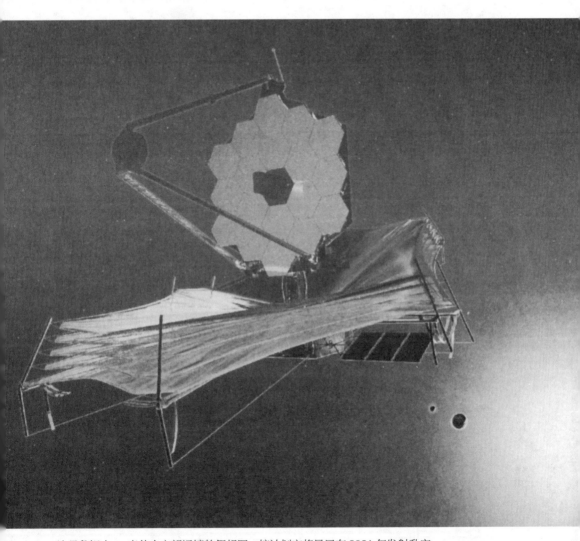

这是詹姆士·韦伯太空望远镜的假想图，按计划它将最早在2021年发射升空。

（美国国家航空航天局）

**2**

高能天体物理学：与宇宙面对面的科学

天文学解决了自古以来一直困扰着人类的一些基本问题。例如，宇宙的本质是什么？宇宙是如何起源的？宇宙又是如何进化的？宇宙的最终命运是什么？研究天体物理学的理论动机和上面这些理论问题同等重要。17世纪以来，艾萨克·牛顿爵士对天体力学的研究帮助他形成了运动的三大基本定律和万有引力定律。从此，天文学和物理学便再也分不开了。

科学家把对恒星及恒星系统的本质和物理过程的研究叫作天体物理学，这门学科为了解天文观测提供了理论框架。有时，科学家还利用天体物理学来预测一些尚未被天文学家观测过的天体现象，例如黑洞。外层空间实验室使得科学家有可能来研究一些大规模的物理过程，这些物理过程在地球实验室里是根本无法被复制的。人们很难测量或预测天体物理学的进步到底会给人类带来怎样的有形的即时利益。不过，能够有机会拓宽人们对宇宙运行规律的科学理解，的确是现代文明发展的核心部分。

20世纪以来，天体物理学家就和核物理学家建立了学术上的联系。当天体物理学家大规模地研究宇宙，并在古代创世大爆炸形成了宇宙以后使用地面观测设备及时地进行科学回顾，他们实际上给人们提供了一些有趣的视角，让人们研究物质的本质、能量和一些基本力量。正是这些基本力量，在最小的亚原子级别上统治着整个自然界。核物理学家们使用能量极高的离子加速器来研究物质的内在奥秘和亚原子级别上的能量问题。这时，他们实际上给予基本力量研究相关的某些令人吃惊的新领域带来了曙光。这些基本力量控制着地球以外的某些天体的运动，例如，类星体、中子星、夸克星和黑洞。同样，在天体物理学家潜心研究发生在黑洞中心地带的神秘物理过程时，核物理学家也在忙于揭开一个谜。那就是在夸克相互作用并最终形成质子和中子的过程中，物质和能量究竟是如何运动的？

## ◎基本粒子——它实际上是一个非常非常小的世界

基本粒子是物质的基本组成部分。在 20 世纪早期，欧内斯特 · 卢瑟福（Ernest Rutherford）（1871—1937）和詹姆斯 · 查德威克（James Chadwick）（1891—1974）发现了中子。这个发现表明宇宙是由三种基本粒子构成的，那就是质子、中子和电子。这一简单的模式在描述核现象时仍然是十分有用的。这是因为其他电子微粒的寿命都非常短，这些微粒在核反应的过程中看上去总是昙花一现。

英国科学家汤普森爵士（J. J. Thomson）（1856—1940）在 19 世纪 90 年代晚期发现了电子。电子（符号为 e）是一种稳定的基本微粒，它的单位负电荷是 $1.602 \times 10^{-19}$ 库伦，它的静止质量（$m_e$）$_0$ 是质子质量的 1/1 837，大约为相当于 $9.109 \times 10^{-31}$

美国国家航空航天局的钱德拉 X 射线天文台，欧洲航天局的 XMM–Newton 航天器，德国的罗赛特（ROSAT）都为我们提供了直接的 X 射线依据，说明了以下天文现象：当一颗恒星过于接近超级巨大的黑洞时，会发生灾难性的毁灭。这位艺术家生动地描述了这一天文事件是如何发生的。由于离另外一颗恒星很近，厄运即将降临的恒星被迫进入一个轨道，从而使它接近了一个超级巨大的黑洞。巨大黑洞的强大引力作用于这颗恒星，直到使它发生分裂。由于恒星在增大的过程中产生了动量和能量，真正被黑洞所吸收的质量占被分裂的恒星的质量的比例非常非常小。这颗恒星的剩余质量都冲进了周围的银河系（被称为 RX J1242–11）。

（美国国家航空航天局）

千克。电子围绕在带正电的原子核的周围，它决定了原子的化学特性。带正电荷的电子同样存在，它们被称为正电子。

质子（符号为 p）是一种稳定的基本核粒子，它拥有一个正电荷，它的静止质量约为 $1.672 \times 10^{-27}$ 千克，它的质量大约是电子的质量的 1 837 倍。一个质子可以构成一个普通或较轻的氢原子的原子核，质子还是其他原子核的组成部分。一个原子的原子数（Z）等于其核内的电子数。

中子（符号为 n）是一种不带电的基本微粒。它的质量比中子的质量略多。查德威克在 1932 年发现了这种有趣的粒子。在任何比普通氢原子重的原子的原子核中，都会发现中子。自由中子是不稳定的，它的半衰期大约为 10 分钟，它会衰变为电子、质子或微中子。中子在天文学和天体物理学领域发挥着重要的作用。例如，中子星是一种体积很小（它们的直径一般在 20~30 千米之间）但密度极高的星体。它是巨大的恒星在经历了超新星爆炸以后留下的核，这种核的引力已经大不如前。科学家们认为脉冲星实际上是高速旋转的年轻的中子星，它们拥有强烈的磁场。

为了解释介于核子之间的核的内部为什么会有强大的力量，科学家们在 20 世纪 60 年代提出了量子色动力学（QCD）理论。在这一理论中引入了夸克，把它作为构成大量的强子的基本要素。强子是一种较重的亚原子微粒（包括中子和质子），它们经历过强烈的相互作用或短时间内的强烈核力。科学家们把那些质量有限的基本粒子叫作轻粒子（包括电子），轻粒子概念的提出是当代物理学的一个成就。轻粒子会参与较弱的电磁相互作用，但不会参与强核力的过程。

根据量子理论，质子相当于一个包裹，里面装有各种电磁辐射，例如发光的质子、X 射线和伽马射线。根据现代物理学的假定，质子没有质量，它以光速运行。质子的能量（E）等于电磁辐射的频率（v）与普朗克常量（v）的积。普朗克常量是自然界中的基本常量，它相当于 $6.626 \times 10^{-34}$ 焦耳秒。物理学家把赫兹作为这种频率的单位。

量子理论是现代物理学的两个基石之一（现代物理学的另一个基石是阿尔伯特·爱因斯坦的相对论），量子理论是在 1900 年由德国物理学家马克斯·卡尔·普朗克（Max Karl Planck）（1858—1947）首先提出来的。他认为所有的电磁辐射都会被量子或相互分离的能量包所释放或吸收。根据量子理论，质子的能量与它的频率有关，公式为：$E=h\nu$。在这里，E 代表质子的能量，$\nu$ 代表质子的频率，h 代表普

本图以北亚利桑那州的大峡谷作为参照物，使人们通过比较的方式来了解中子星和夸克星的大小。艺术家的这种描述方式的确很生动。大峡谷是由于科罗拉多河的冲刷而形成的。这个壮观的大峡谷，起始于小科罗拉多河的河口地区，终止于米德湖畔，一共向西蜿蜒了 349 千米。它的宽度是 6.5~30 千米，它的最大深度为 1.6 千米。

（美国国家航空航天局）

朗克常量。在 1905 年，阿尔伯特·爱因斯坦（Albert Einstein）（1879—1955）用量子理论解释了光电效应。在爱因斯坦获得诺贝尔奖的著作中，他提出了光在量子或光子中进行传播的理论。在 1913 年，丹麦物理学家尼尔斯·波尔（Niels Bohr）（1885—1962）把量子理论和欧内斯特·卢瑟福的核原子假说结合起来。波尔的理论不但解决了卢瑟福在提出原子模型理论时所遇到的难题，而且成为 20 世纪 20 年代出现的量子力学理论的知识催化剂。

量子力学是出现于 20 世纪 20 年代到 30 年代的物理学理论，它是从马克斯·普朗克提出的量子理论发展而来的。海森堡的测不准原理和泡利不相容原理构成了量子力学领域的基本框架。它们阐述了微粒在原子或亚原子这个层次上是如何运动的。海森堡的测不准原理是一个重要的物理原则，它指出：人们无法同时得知亚原子微粒的动量和准确位置。这个量子力学的基本原理同时向人们暗示：在显微镜观测条件下，物理学家无法同时精确地获得能量数据和时间数据。在 1927 年，德国物理学家沃纳·海森堡（Werner Heisenberg）（1901—1976）提出亚原子位置的不确定性（$\Delta x$）和动量（$\Delta p$）有关，并给出了下面的不等式：$\Delta x \Delta p \geq h/4\pi$，这里 h 代表普朗克常量。

不相容原理是量子力学领域的另一个基本原理。按照这一原理，任何两个费密子（包括夸克、质子、中子和电子等粒子）不可能存在于同一量子状态下。这个物理学原理是在 20 世纪 20 年代中期由德国物理学家沃尔夫冈·泡利（Wolfgang Pauli）（1900—1958）提出的。按照泡利提出的不相容原理，特定原子内的任何两个电子，在能量、抛出和角动量方面不可能拥有相同的量子数量值。正是由于海森堡和泡利的努力，量子力学又演变成三个分支学科：波动力学、矩阵动力学和相对量子力学。

6 种极小的基本粒子被统称为夸克（它们的直径不足〈也就是 $1 \times 10^{-18}$ 米〉）。在 1963 年物理学家默里·盖尔曼（Murray Gell Mann）（1929—2019）和乔治·茨威格（George Zweig）（1937—    ）单独提出了夸克存在的假说。他们认为夸克是构成强子（例如中子和质子）内部物质的基本要素。一共有 6 种类型或 "味道" 的夸克。它们分别是：上夸克（u）、下夸克（d）、奇夸克（s）、魅夸克（c）、顶夸克（t）和底夸克（b）。物理学家认为所有夸克的自旋为 1/2，它们的另一个有趣的特征是：它们具有分数电荷。例如，上夸克所携带的电量 + 2/3e，而下夸克所携带的电量 –1/3e。符号 e 代表电子的基本电量。夸克还拥有 "颜色" 的特性，物理学家认为夸克拥有蓝、绿、红 3 种 "颜色"。每个夸克都有与之对应的反夸克，反夸克所携带的电荷与夸克相反（也就是 + 1/3e 和 –2/3e）。此外，反夸克的 "颜色" 也与夸克相反，它们分别是：反蓝、反绿、反红。这里需要注意的是：在普通人看来，物理学家为了说明夸克的特性而采用颜色名称的这一做法，实在是有些稀奇古怪。

在量子色动力学领域，夸克的颜色质量是很重要的，但它与电磁光谱的可见光区没有任何联系。根据当今核物理学的标准模式，强子（重子和介子）是由两个或三个夸克组合构成的，例如，中子是由一个上夸克和两个下夸克构成的，而质子是由一个下夸克和两个上夸克构成的。科学家认为交换胶子（一种无质量的微粒，是强核力的携带者）使夸克紧紧地聚在一起。当今的天体学家们认为，在中子星的深处，压缩物质的状态可以被形容为一群自由夸克。

夸克星是一种假设的由自由夸克组成的高度压缩（衰变）的物质星。天体学家们推测：夸克星的密度介于中子星的密度和黑洞的密度之间。20 世纪 80 年代，夸克的概念被第一次提出来。当时，很少有天体学家会期待在自然界中真的发现夸克。然而，在 2002 年的 4 月，美国国家航空航天局的钱德拉-X 射线观测台发现了一个被称为 RX J185635-375 的宇宙物体。它的直径大约为 10 千米，由于这个物体太小了，所以它不可能是中子星。因此，科学家们判断它有可能是一颗夸克星。夸克星是一种高度压缩的物质星，它的核子被自身的引力挤压在一起，以至于核子会裂开，并把夸克这种组成要素释放出来。

量子色动力学是一种量子场理论（测量仪理论）。它描述了当这些微小的亚核基本粒子交换胶子时，发生在夸克和反夸克之间的强力相互作用。这种强烈的力量是自然界中存在的 4 种基本力量之一（下一部分将会讨论这个题目），科学家们也将它称为核力或强核力。正是这种力量把夸克束缚在一起，从而形成了重子（3 个夸克）和介子（2 个夸克）。例如，量子色动力学向人们解释了，普通物质的核子、中子和质子是如何分别包含夸克组合 uud 和 udd 的。这里的符号 u 代表了一个单个的上夸克，这里的符号 d 代表了一个单个的下夸克。科学家们想象出一种力量，它可以使核子聚在一起，从而形成原子核。这种力量是由于核子内部的夸克之间发生了剩余相互作用而形成的。

量子电动力学是现代物理学的一个分支学科。它是由理查德 · 费曼（Richard Feynman）（1918—1988），朱利安 · 施温格（Julian Schwinger）（1918—1994）和朝永振一郎（1906—1979）共同独立创建的。量子电动力学把量子力学理论和经典电磁理论结合起来，后者是 19 世纪苏格兰物理学家詹姆斯 · 克拉克 · 麦克斯韦（James Clerk Maxwell）（1831—1879）提出的。量子电动力学从量子力学的角度对电磁辐射（通常以光子的形式存在）与带电物质的相互作用进行了描述。

量子引力理论是一种假说，这种引力理论是把广义相对论（普通引力理论）和量子力学结合起来。虽然这种理论并不存在，但是科学家们需要这种理论来帮助他们解答一些与早期宇宙有关的问题，例如创世大爆炸、普朗克时间（大约为 $10^{-43}$ 秒）和黑洞的运动状况。引粒子是量子引力理论中的一种假设粒子，它的作用类似于光子在量子电动力学中所起的作用。

虽然我们将在第 12 章讨论宇宙论的问题，不过在讨论量子力学时，引入量子宇宙论的概念还是非常有益处的。量子宇宙论是一个总称，科学家们用它来代表现代宇宙论中的各种不同的理论。现代宇宙论利用量子引力原理揭示了早期宇宙形成的物理过程。量子引力原理将量子力学和引力理论有机结合起来。从根本上讲，量子宇宙论依赖于切实可行的量子引力原理。粒子物理学家们在高能物理学领域进行了大量的有趣的实验研究和理论研究。他们提出：早期的宇宙在经历了创世大爆炸以后，又经历了一系列特定的现象和阶段。物理学家们一般把这一系列的天文事件称为标准宇宙论模式。就在创世大爆炸以后，宇宙的温度高得令人难以置信。物理家们认为当时的温度值可以达到人们无法想象的 $10^{32}$ K 的程度。这一时期被称为量子引力时代。在这一时期内，引力的力量、强核力的力量和合成弱电的力量，共同形成了一种统一的力量并发挥着作用。

在普朗克时间（大约发生在创世大爆炸之后的 $10^{-43}$ 秒），引力的力量证明了自身的存在。科学家们把接下来的这段时期称为大一统时期，在这一时期内，引力的力量独立发挥着作用，强核力和合成弱电力结合起来，共同发挥一种力量的作用。今天的物理学家们在应用不同版本的大一统理论努力分析和解释下面的问题：在早期宇宙的这一特定时期，强核力和弱电力是如何共同发挥一种力量的作用的？

接下来，在创世大爆炸之后的 $10^{-35}$ 秒，强核力同弱电力相分离。到这个时候，膨胀的宇宙已经"冷却"到 $10^{28}$ K 的程度。物理学家把介于 $10^{-35}$ 秒和 $10^{-10}$ 秒之间的这一时期称为弱电时代。在这一时期，随着合成弱电力的消失，弱核力和电磁力成为独立的力量。从这一时期开始，宇宙便包含了四种基本力量，也就是今天的物理学家们经常提到的：引力、强核力、弱核力和电磁力。

在创世大爆炸和 $10^{-35}$ 秒之间的这个时期内，夸克和轻子之间没有区别，物质的所有微小粒子都非常相似。然而，在弱电时代，夸克和轻子之间是有区别的。这种过渡使夸克和反夸克最终成为强子，例如中子和质子，以及它们的反粒子。在创世大爆炸发生以后的 $10^{-4}$ 秒，也就是辐射控制时代，宇宙的温度冷却到 $10^{12}$ K 的程度。到了这个时候，绝大多数的强子由于"物质反物质毁灭现象"的发生而消失了。剩余的质子和中子只是宇宙中众多粒子的极小的一部分。绝大多数的宇宙中的粒子是轻子，例如电子、正电子和微中子。然而，正如在它们之前的绝大多数强子一样，绝大多数轻子也由于物质与反物质之间的相互作用而消失了。

在物质占优期的初期，也就是创世大爆炸发生以后的 200 秒（或大约 3 分钟）时，膨胀的宇宙的温度冷却到 109 K 的程度。一些小的原子核，如氦原子核，开始形成。接下来，当膨胀的宇宙达到大约 50 万年（年龄大约为 $10^{13}$ 秒）的时候，温度下降到了 3 000 K。这时，氢原子和氦原子形成了。至今，星际空间里仍然充满了这些原始氢气和氦气的残留物。

最终，物质密度的不同类性，借助引力的力量，形成了巨大的星云，它们是由氢气和氦气构成的。由于这些星云本身也具有物质密度的不同类性，它们可以借助引力的力量形成恒星，并慢慢地把这些恒星吸收到天河里。随着引力把原始的（创世大爆炸时的）氢气和氦气压缩到恒星里，在比较巨大的恒星的核心部分发生了核反应，从而产生了包括铁原子核在内的更重的原子核。当这些早期的巨大恒星即将走到生命的尽头时，超新星爆炸发生了。这些壮观的爆炸产生了所有的原子核，它们的质量超过了铁原子核。接下来，所有的化学元素被抛向太空的每个角落。这些被驱赶出来的恒星的尘埃后来与星际间的气体结合起来，并最终形成新的恒星。例如，地球上的所有物质，无论它是有生命的还是无生命的，都是古代天体物理过程的天然副产品。

## ◎自然界中的基本力量

目前，物理学家们公认在自然界中存在着 4 种基本力量：引力、电磁力、强核力和弱核力。在日常生活中，人们经常可以感受到引力和电磁力的存在。这两种力量拥有巨大的影响范围，这意味着它们可以在相当大的空间范围内施加它们的影响力。人们对于另外两种力量就不那么熟悉了。它们只是在原子核的范围内才会发挥作用。但是看不见的东西，并不意味着它们不重要，也不意味着我们可以不考虑它们的存在。相反，正是强核力和弱核力控制着巨大能量的转换。因为有了巨大能量的转换，我们才可以看到闪亮的星星和星河。

---

**科学家**

### 艾萨克·牛顿——世界上第一位天体物理学家

艾萨克·牛顿（1642—1727）是位杰出而内向的英国天体物理学家和数学家。他提出了万有引力定律和三大运动定律，并对微积分的发展做出了贡献。他发明了新型的反射望远镜，这项发明使他成为人类历史上极具智慧的科学家之一。在英国数学家埃德蒙·哈雷（1656—1742）的耐心鼓励和经济援助下，牛顿于 1687 年出版了伟大著作——《自然哲学的数学原理》。这本书的名字有几种不同的叫法。这部具有里程碑意义的书改变了物理科学的实践形式，并完成了由尼古拉斯·哥白尼、约翰尼斯·开普勒和伽利略发起的科学革命。

牛顿于 1642 年 12 月 25 日出生在林肯郡的沃尔索普村。他是个早产儿，他的父亲在他出生前就去世了。这一悲剧始终贯穿着牛顿不幸的童年，牛顿一生中都无法忍受被别人批评。他总是心不在焉地面对生活，在旁人看来他简直有些不可救药，实际上，他常常徘徊在精神崩溃的边缘。据历史学家说，牛顿在一生中只笑过一次或两次。尽管牛顿的个性中存在着严重的先天瑕疵，但他依然被很多人认为是历史上最杰出的智者之一。他在物理学、天文学和数学领域都取得了辉煌的成就。这些成就实际上将哥白尼、开普勒和伽利略三人的重大发现有机地结合起来。牛顿的万有引力定律和他的三大运动定律为科学革命画上了一个圆满的句号。在以后的两个世纪中，它们主导着科学发展的方向。

1653 年，牛顿的母亲回到了沃尔索普的农场，她让牛顿辍学回家务农。

牛顿是一个非常不擅长农活的人，而这对科学界来讲却是件幸运的事情。于是，他在 1661 年 6 月离开了沃尔索普，来到了剑桥大学。牛顿于 1665 年从剑桥大学毕业，毕业时，他得到了学士学位证书，但没有得到其他任何特殊的荣誉。毕业之后，为了躲避伦敦爆发的瘟疫，他回到沃尔索普，回到了妈妈所在的农场。之后两年，他被迫背井离乡，并潜心研究数学和物理学。

根据牛顿自己的描述：一天，他在农场看到一个苹果掉在地上，于是便开始思考一个问题：作用于苹果的力量和使月亮保持现有位置的力量，是不是同一种力量呢？作为科学革命的一部分，太阳中心说的宇宙论被越来越广泛地认可（除了在政治和宗教领域仍然被禁止以外）。但是行星围绕太阳运行的机制依然让人捉摸不透，对此，人们尚未找到合理的解释。

到 1667 年，瘟疫得到控制，牛顿又回到了剑桥，并于一年后获得了文科硕士学位，在这期间，他还制造了第一个可用于观测的反射望远镜。现在，人们用他的名字来命名这种仪器。牛顿式望远镜利用抛物线形的镜面来收集光线，主镜会将收集到的光线反射到望远镜内部的第二个棱镜上，再由它将光线反射到位于望远镜镜筒侧面的外焦点上。这个新式望远镜的发明赢得了许多专业人士的赞誉，使得他成为英国皇家学会的会员。

1669年，牛顿成为剑桥大学"卢卡斯讲座"的数学教授。牛顿在1671年成为英国皇家学会一员之后不久，便在皇家学会的会刊上发表了他的第一篇论文。当时还是一名大学生的他，使用三棱镜将一道白光折射出它的原始颜色（赤、橙、黄、绿、蓝、紫）。牛顿将这一重大发现报告给皇家学会。然而，牛顿的开拓性研究很快受到了罗伯特·胡克的攻击。罗伯特·胡克（Robert Hooke）（1635—1703）是一位颇有影响力的皇家学会成员。

然而，这只是胡克与牛顿间进行的一系列的激烈争辩的开端。直到1703年胡克去世时，这场争辩才宣告结束。其实，牛顿只是稍微地争辩了一下，便退让了。这是牛顿为了躲避直接冲突的一贯做法，牛顿在成名以后，总会主动挑起一些辩论，然后退下来在幕后操纵他人在论战中攻击自己的对手。牛顿与德国数学家戈特弗里德·莱布尼兹（Gottfried Leibniz）（1646—1716）展开的关于微积分的发明的著名论战，就是沿用了这种模式。

1684年8月，埃德蒙·哈雷说服了牛顿这位已经引退的天才，使牛顿同意帮他解决关于行星运动的难题：假设存在引力平方反比定律，一个行星在自己的轨道上围绕太阳运动时会画出一道什么样的弧线呢？令哈雷感到高兴的是，牛顿不假思索地回答道："一个椭圆。"哈雷继续追问牛顿是如何知道这个重要问题的答案的。牛顿漫不经心地回答哈雷，他早在多年前（1666年）就已经做过相关计算。但他又马上说自己不知道把计算的过程和结果放在哪里了。不过，牛顿答应哈雷尽快送给他一套演算文稿。

牛顿给哈雷送来了《物体在轨道中之运动》一书。在书中，牛顿论证了下面的理论：两物体间引力的大小与两物体的质量的乘积成正比，与两物体间距离的平方成反比。这一理论现在被称为牛顿万有引力定律。哈雷在震惊之余，请求牛顿为自己在引力学和轨道力学领域内的所有研究成果进行引证。哈雷耐心地鼓励牛顿并在经济上援助他，使他撰写的《自然哲学的数学原理》一书终于在1687年面世。在这部论著中，牛顿将著名的三大运动定律和万有引力定律展现给了世人。这部具有里程碑意义的著作改变了物理科学，并完成了由尼古拉斯·哥白尼、约翰尼斯·开普勒和伽利略所发起的科学革命。很多历史学家认为《自然哲学的数学原理》一书是人类科学最伟大的结晶。

在牛顿耀眼的光芒的背后，是他孱弱的身体。在完成《自然哲学的数学原理》一书以后，他渐渐远离了物理学和天文学领域，牛顿在 1693 年患上了严重的神经紊乱症。长期以来，牛顿一直由于他和胡克之间的争论而深感不安。所以，直到 1704 年（也就是胡克去世后的第二年）牛顿才出版他的另一部主要著作——《光学》。安妮女王于 1705 年封他为。牛顿在他的晚年仍旧无法忍受与别人争论。但是，作为英国皇家学会的主席，他经常巧妙地利用一些年轻的科学家为他的学术论战冲锋陷阵。世界上第一位天体物理学家就是利用这种方式，继续影响着整个科学界。1727 年 3 月 20 日，牛顿在伦敦逝世。

引力是一种施加在人身上的力量，它将们束缚在地球的表面。引力还使行星始终在自己的轨道内围绕太阳运行。引力导致了行星、恒星和星河的形成。艾萨克·牛顿是世界上第一位天体物理学家。他在 1687 年提出了引力理论，并在他的著作《自然哲学的数学原理》一书中正式推出了万有引力定律。《自然哲学的数学原理》一书的名字有几种不同的叫法。牛顿认为引力就是一种吸引的力量。换句话讲，就是一种只向里拉而不向外推的力量。牛顿的观点是以伽利略所进行的富有开拓性的科学研究为基础的。伽利略是第一位仔细研究物体运动方式的科学家，他特别注意物体在自由下落状态下的表现。伽利略还非常仔细地研究了火炮发射出的炮弹的运动，并跟踪了在地球引力作用下的弹道轨迹。

在牛顿看来，引力是物质的内在特性，它与物质的质量成正比。在太阳系中，尽管有些天体离太阳很远，太阳还是利用自身的引力牢牢地把这些相对较小的天体吸引到围绕它运行的轨道上来。这些天体包括：行星、小行星和彗星。这种简单的模式在牛顿力学的框架内是非常适用的。在 18 世纪和 19 世纪，物理学家们和天文学家们由于有了牛顿的引力理论的支持而一直非常安逸。

但是，牛顿的引力理论在 20 世纪初受到了另一位杰出的物理学家的挑战。他就是阿尔伯特·爱因斯坦，他在 1905 年提出了狭义相对论。在提出狭义相对论以后，爱因斯坦很快发现了牛顿的引力理论中存在一个严重的问题。狭义相对论的一个重要的假设前提是：光速是宇宙中所有能量和物质的速度极限。任何能量，无论它是以辐射的形式存在，还是以快速移动的粒子的形式存在，在宇宙中传播的速度都不会超过光速，光的速度是在真空状态下大约每秒钟 30 万千米。牛顿的引力理论让爱因斯坦感到非常诧异。按照牛顿的引力理论，太阳引力可以在瞬间以超过光速的速度到达行星（光从地球到达太阳大约需要 8 分钟）。那么，质量间的相互吸引是由于引力具有穿越宇宙的独特能力，还是由于别的什么原因？这个令人感到好奇的问题在接下来的 10 年里，一直困扰着爱因斯坦。经过一番努力，爱因斯坦在 1916 年又提出了广义相对论。

爱因斯坦的广义相对论代替了牛顿的太空学说。根据牛顿的太空学说，浩瀚的宇宙中空空荡荡，除了可以看见的引力以外什么也没有。引力利用太空时间的概念控制着物质的运动，太空时间是一种短暂的基本结构，它控制着物体，并决定着物质在宇宙中运行的路线。根据爱因斯坦的理论，太空时间结构跨越整个宇宙，它和宇宙中的物质和能量有着密切的联系。根据相关假说，如果某个质量停留在太空时间结构中，它会使结构本身弯曲，并改变太空的形状和周围时间的流逝。

太空时间结构会按照一定的曲线围绕太阳运行，并在太空时间结构的内部产生凹陷部分。像行星、彗星和小行星等其他天体，会在太空时间结构中穿行。当它们遇到由于太阳而形成的凹陷区域时，它们便会沿着太空时间结构的曲线，不断地围绕太阳运行。只要行星不放慢速度，它们就会沿着固定的轨道围绕太阳运行，既不会被太阳吸入其中，也不会飞向外层空间。像中子星和黑洞等质量更大的紧密天体会在太空时间结构和它的连续区域内产生更大的凹陷区域或弯曲部分。

根据爱因斯坦的广义相对论，当物质使太空时间结构的连续区域变得弯曲时，引力便产生了。为了理解这一重要的概念，人们可以进行下面的想象：一位科学家把一个很重的铁球放在一块大而结实的橡胶上面，把这块结实的橡胶沿水平方向抻开，并将它的边缘固定好。当那个很重的球被轻轻地放置在橡胶的中心时，橡胶会拉伸一定的长度，并形成凹陷区域。橡胶的凹陷区域的深度取决于球的质量和橡胶的硬度。如果研究人员在不同的位置上放置一些小球，并让它们在橡胶的表面进行滚动，他们会发现这些小球向着中心质量的方向呈曲线运动。但是，在这个想象中的实验中，这些小球没有受到来自重球的引力的影响。相反，这些小球是沿着橡胶上已有的曲线（相当于太空时间结构连续区域的凹陷区域）来运动，这种曲线是由于较重的中心质量的存在而产生的。本书的第 12 章将进一步讨论与太空时间的弯曲部分有关的爱因斯坦的引力概念。

然而，在日常生活中，牛顿的引力概念还是相当有用的。例如，当一个人在用餐时大吃二喝时，他会发现洗手间里的体重秤变得那么可怕，因为它会忠实地记录下他最不希望看到的东西——体重的增加。人体秤的原理是：当地球的引力作用于人体的质量时，便形成了重力。在这里，地球的质量被认为集中于它的中心，人被认为位于地球的表面。经过牛顿第二运动定律的稍加处理，便得出了下面的结论：一个人的重量等于它的质量与当地的重力加速度的积。如果这个人站在月球上，他的质量不会改变，但是，他的重量将会变成自己在地球上的重量的六分之一。这是由于月球比地球小，重力加速度的值也相对较低（大约相当于地球上的重力加速度的六分之一）。天文学家和天体物理学家利用牛顿的万有引力定律来解决许多天文学的问题，这些问题属于经典物理学的范围。

第二种基本力是电磁力。我们可以用这种力量来解释物质是如何产生的，物质对电和磁场是如何反应的。现代文明是围绕工程系统而建立的。工程系统主要研究在日常生活中如何来利用电和磁场，它包括交通系统、通信系统、电动机系统、照明系统、计算机系统和数据存储系统。

另外两种基本力，即强核力和弱核力，在原子核的范围内发挥作用，它们包括基本粒子，这些力量超出了我们日常生活的范围。19 世纪的物理学家们对于这两种力基本上一无所知，但是，这些物理学家对于万有引力定律和关于电磁场的一些基本原理，有着良好的经典理解。

强核力在 $1 \times 10^{-15}$ 米的范围内发挥作用。它可以把原子核聚在一起。弱核力 $1 \times 10^{-17}$ 米的范围内发挥作用。它可以产生 β 衰变的过程，并使原子核和基本粒子破裂。

这里需要强调的是：每当宇宙中发生了什么事，也就是每当一个物体经历了运动的改变，都是由于一种或几种基本力量的作用。

## ◎美国国家航空航天局的高能天文观测台
美国国家航空航天局的高能天文观测台（HEAO）计划包括 3 个太空天文任务。

根据设计，这3个任务主要是要进行X射线的绘制和影像传输。同时，还要对宇宙伽马射线源进行调查。在1977—1979年间，美国国家航空航天局把三个不同的HEAO航天器放置在绕地飞行的近圆轨道上。这些巨大的航天器携带了同样巨大的有效载荷，它们为高能天体物理学和天文学的研究提供了开拓性的支持。

美国国家航空航天局于1977年的8月12日在卡纳维拉尔角用"宇宙神−半人马座"火箭发射了HEAO−1。HEAO−1的主要任务是进行勘查，并争取每6个月系统地绘制出一张天空中的X射线状况图。HEAO−1是一个6面的航天器，它的质量为2 552千克，它的高度是5.68米，它的直径是2.67米。

美国国家航空航天局的工程师和科学家设计出"HEAO−1号"航天器，是希望它能继续进行X射线和伽马射线的研究。这个领域的研究最初是由"OAO−3号"航天器（也就是"哥白尼号"航天器）来进行的。经过特殊的设计，"HEAO−1号"在执行任务的过程中需要完成以下任务：勘测并绘制出整个天空范围内的能量介于150 eV至10 MeV之间的X射线源和伽马射线源；研究出X射线源的体积和准确位置，以便确定这些分离的射线源在X射线背景的形成过程中所起的作用；测量X射线源的时间变差。"HEAO−1号"航天器执行任务的期限是从1977年的8月12日到1979年的1月9日，它在位于海拔432千米的圆形轨道内围绕地球飞行，它的轨道交角为23°，运行周期为93.5分钟。

美国国家航空航天局于1978年的11月13日在卡纳维拉尔角用"宇宙神−半人马座"火箭将"HEAO−2号"航天器发射升空。在发射成功以后，为了纪念伟大的物理学家阿尔伯特·爱因斯坦，美国国家航空航天局又将这个航天器重新命名为"爱因斯坦号"卫星。"爱因斯坦号"卫星携带了第一个能够进行全方位观测的X射线望远镜进入预定轨道。这个重量为3 130千克的航天器看上去就像一个六面体的棱镜。它的高度为5.68米，它的直径是2.67米。

这次航天任务的主要目标是：对特定的X射线源进行影像研究和光谱研究；对漫射X射线背景进行研究。"HEAO−2号"航天器与"HEAO−1号"航天器在基本设计方面是完全一样的。同"HEAO−1号"航天器相比，"HEAO−2号"航天器只不过增加了反作用轮和相关电子仪器，目的是为了使观测台能够把X射线望远镜对准X射线源，观测的精确度可以达到1角分之内。

这个设备的有效载荷是1 450千克。一架大型掠射X射线望远镜将提供大量的影像素材，然后用4个可以轮换使用的设备对影像素材进行分析。这4个设备被安

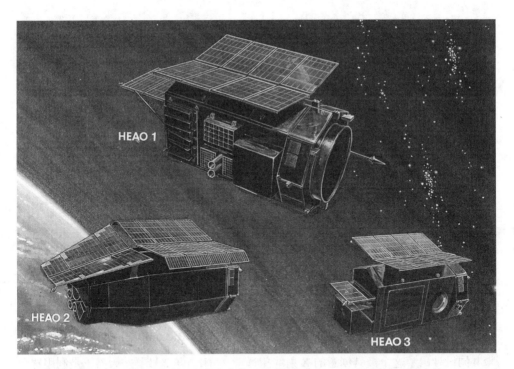

这幅图描述了美国国家航空航天局的由高能天文观测台（HEAO）组成的航天器家族。HEAO–1 于 1977 年的 8 月 12 日发射升空，HEAO–2 于 1978 年的 11 月 13 日发射升空，HEAO–3 于 1979 年 的 11 月 20 日发射升空。

（美国国家航空航天局）

装在旋转式的传送带装置上。这种装置可以旋转至望远镜的焦平面。这 4 个设备分别是：固体分光计（SSS）、焦平面晶体分光计、成像正比计数器和高分辨率成像器。X 射线望远镜的分辨角为几角秒，它的视野为几十角分，它在敏感度方面大约比以前完成太空任务时所使用的 X 射线观测设备高 1 000 倍。在它的科学有效载荷中，还包括监测实验用的正比计数器、宽带滤镜和接物光栅光谱仪。其中，正比计数器可以沿着望远镜的轴来进行太空观测。另外，可以把接物光栅光谱仪和望远镜焦平面上的设备结合起来使用。

"爱因斯坦号"卫星的主要目标是对光谱分辨率很高的 X 射线源进行准确的定位和仔细的研究，这些射线源的能量值介于 0.2 keV 至 4.0 keV 之间。同时，要对那些高差量和低差量的光谱照片进行敏感度极高的测量。这些科学的有效载荷还要对一些短暂的 X 射线现象进行高敏感度的测量。下传的自动测量实时数据的传输速率为 6.5 kb/s，两个磁带录音机的数据的下传传输速率为 128 kb/s。另外，还存在一个负责

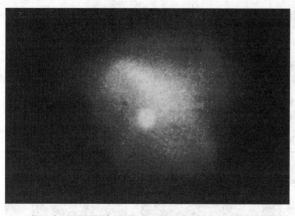

这是由"爱因斯坦号"卫星拍摄下来的蟹状星云的 X 射线图像。这个图像被一个脉冲星所笼罩，这颗脉冲星由于 X 射线辐射的缘故看上去就像一个亮点。这个图像描述的是某个超新星的残余物的一部分。中国天文学家早在 1054 年就将这颗超新星记载了下来。

（美国国家航空航天局）

航天器的姿态控制和相关测定的子系统。这个子系统可以操纵航天器并使它对准目标。航天器还使用高温仪、太阳敏感器和星象跟踪仪等设备来收集瞄准信息并决定飞行姿态。"爱因斯坦号"卫星的服役期限是从 1978 年 11 月到 1981 年 4 月，它在位于海拔 470 千米的近圆轨道上围绕地球飞行，倾角为 23.5°，周期是 94 分钟。诺贝尔奖获得者里卡尔多·贾科尼（Riccardo Giacconi）和他的同事共同设计出了这个极具创意的 X 射线望远镜。"HEAO-2 号"航天器正是利用这台望远镜，才完成了对超新星残余物（包括蟹状星云在内）的高分辨率光谱研究和形态学研究，这些研究是具有先导性的科学研究。

HEAO-3 是美国国家航空航天局的第三个高能天文观测台。美国国家航空航天局于 1979 年的 9 月 20 日在卡纳维拉尔角用"宇宙神-半人马座"火箭将"HEAO-3 号"航天器发射升空。这个航天器在平均海拔为 495 千米的近圆轨道上运行，它的倾角是 43.6°，它的周期为 94.5 分钟。和 HEAO-1 一样，HEAO-3 也在执行勘测任务，不过这次勘测的对象是电磁光谱的硬 X 射线区域和伽马射线区域。它的科学有效载荷为 2 660 千克，它携带了高分辨率的伽马射线光谱分析仪实验设备（HRGRS），这个设备是迄今为止被放置在运行轨道中的体积最大的锗光谱分析仪。HRGRS 这个设备可以发现能量在 50 keV 和 10 keV 之间的光子，它的视野为 30°，它对 100 keV 的光子的有效勘查面积为 11.6 平方厘米。HRGRS 中的锗探测器的冷冻剂在 20 世纪 80 年代的中期被耗尽，致使这次航天任务的主要科学任务不得不就此结束。这个航天器还分别进行了一次宇宙射线的同位素实验和一次重核试验。

在 1981 年的 5 月 29 日，美国国家航空航天局正式终止了 HEAO-3 的航天任务。HEAO-3 所取得的主要科学研究成果是在空中勘查了伽马射线源。这次勘查扩展了刚刚兴起的伽马射线天文学的学科研究实践的范围，并使天文学家和天体物理学家为康普顿伽马射线观测台在20世纪90年代的投入使用进行了必要的准备。

## ◎ 现代天体物理学的地位

天体物理学在它的研究范围内已经给人类带来了一个迄今为止最伟大的科学成就，那就是使人们对宇宙的进化过程形成了统一的认识。天体物理学领域内发生的这一伟大变革是由于科技发展的两股潮流的最终汇合，它们就是远程遥感技术和航天飞行。通过远程遥感技术，科学家们获得了拥有极高敏感度的设备。科学家们可以利用它们在整个电磁光谱的范围内来发现并分析各种辐射，航天飞行使天体物理学家能够把高度精密的远程遥感设备放置于地球的大气层上方。

---

**知识窗** ●

### 美国国家航空航天局的"哥白尼号"航天器

美国国家航空航天局于1972年的8月21日将"哥白尼号"航天器发射升空。这个航天器要执行的任务是运行天文观测台（OAO）计划的第三个任务，它也是在地球大气层上方进行宇宙观测的第二个被成功发射的航天器。带有光谱仪的紫外线望远镜将可以测量恒星、星系和行星的高分辨率光谱，测量的重点是星际吸收谱线。通过3台X射线望远镜和一个经过校准的正比计数器，可以测量波长范围在0.1~10 nm的宇宙X射线和星际吸收现象。这个航天器也被称为运行天文观测台3号。它的观测任务开始于1972年8月，结束于1981年2月，历时9年6个月。美国国家航空航天局为了纪念波兰著名天文学家尼古拉斯·哥白尼，用他的名字来命名这个运行天文观测台。

---

在星际媒介空间进行传播的波长，有的可以到达接近地球的太空区域。它们在光谱的大约24 decade单位（decade是指由10个个体构成的群体、系列或力量）的范围内进行传播。然而绝大多数的构成电磁光谱的辐射并不能到达地球的表面，这是由于地球的大气层有效地阻挡了电磁光谱范围内绝大多数辐射。应该记住的是，

可见光和红外线大气窗仅仅占据了整个光谱的一小部分，它的宽度大约为 1decade 单位。地面上的无线电观测台可以观测到一定光谱范围内的恒星辐射，具体说来，这个范围就是可以观察到的频率范围再加上 5 decade 单位。整个电磁光谱范围内剩下的 18 decade 单位的辐射被有效地阻挡了。所以，地面上的天体物理学家无法看到它们。也就是说，位于地球大气层底部的观测者所收集到的关于地球以外的物体的信息，只占全部信息的很小一部分。被放置在地球大气层上方的精密的远程遥感设备，能够在几乎整个电磁光谱的范围内感觉到电磁辐射，这些设备在短时间内改变了宇宙在人们心中的面貌。

科学家本以为星际媒介空间是一个由气体和灰尘构成的统一体，但是航天器上的紫外线望远镜使他们明白了这样的道理：星际媒介空间具有不同质而结构复杂的特征。极为炙热的气体是新近发现的星际媒介空间的组成部分。它的温度之所以那

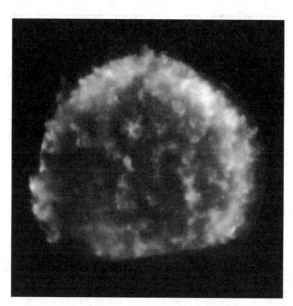

么高，可能是由于恒星爆炸所产生的热浪的冲击。实际上，星际之间的推挤和碰撞是经常发生的现象。在某些地方，有一些物质聚集在一起并冷却下来。这是由于在其他一些地方，另外一些物质分散开来并温度升高。运行中的天文观测台，除了发现炙热气体的存在以外，还发现了两种潜在的气体源，它们分别是：从炙热的恒星那里刮来的强风，以及更加强劲和罕见的由超新星爆炸所产生的物质组成的气流。

这是由钱德拉 X 射线观测台于 2000 年 9 月收集到的 X 射线图像。在图中大家可以看到超新星爆炸留下的壮观的残骸。这次超新星爆炸在 1572 年被丹麦天文学家第谷·布拉赫观测到。为了使通常情况下用肉眼看不见的 X 射线能够被人们所了解，科学家们采用人工涂色的方法。这里的红、绿、蓝三种颜色分别代表被 CXO 探测到的能量低的 X 射线、能量中等的 X 射线和能量高的 X 射线。图像的底部被截去了，这是由于超新星的残余物的最南端不在探测器的视野范围内。

（美国国家航空航天局）

除此以外，X 射线天文学和伽马射线天文学对于人类还有一个重大贡献。那就是使人类懂得宇宙并非像我们以前想象的那样，静止且一成不变；实际上宇

宙中到处都是剧烈的天体事件，它们经常发生而且往往超出我们想象。一系列了不起的新发现才刚刚开始，未来的天体物理学研究将会使人们有机会来了解整个范围的电磁光谱，人们的测量角度会越来越多，光谱的分辨率会越来越高。这些研究将会为物理学关键领域内的实验提供理论支撑，特别是相对论和万有引力这两个领域。透过这些令人激动的发现，也许人们会找到建立像太阳系这样的文明所需要的科学基石，那就是当代物理学框架内的许多无法想象的科学技术。

科学家们收到的所有与天体有关的信息几乎都是通过观察电磁辐射的方式获得的。紫外线微粒是一个明显而重要的例外，这是因为那些地球以外的物质的标本可以被带回地球（例如月球上的岩石和彗星的彗形象差里的物质）。电磁光谱的每个区域都提供了宇宙中的物理状态和物理过程的独特信息。通过红外线辐射证实存在着来自温度较低的物体的热量释放。紫外线和极端紫外线表明存在着温度极高的物体的热量释放，不同类型的剧烈天体事件可能会导致 X 射线或伽马射线的产生。

虽然在整个电磁光谱的范围内，电磁辐射的能量和波长是不同的，但是进行测量的基本原理是一样的。在天体物理学中，常用的测量方法可以被概括为 4 种，它们分别是：成像法、光谱测定法、光度测定法和偏振测定法。成像法可以使人们了解关于天体内的物质分布的基本信息，通过这种方法，人们除了可以了解天体的整体结构以外，有时还可以了解到它的物理结构。光谱测定法是把辐射强度作为波长的函数来进行测量，它使人们了解到发生在地球以外的天体的周围或内部的种种现象，如核现象、原子现象和分子现象。光度测定法把辐射强度作为时间的函数来进行测量，它使人们了解到发生在地球以外的天体的周围或内部的物理过程的时间变差和绝对强度。偏振测定法把辐射强度作为偏振角的函数来进行测量，它使人们了解到电离微粒在强磁场内是如何旋转的。

高能天体物理学的研究对象包括地球以外的 X 射线、伽马射线和高能宇宙射线粒子。在太空高能天体物理学产生以前，科学家们认为剧烈的天体过程在恒星和银河系的进化过程中是很少发生的，因为这些天体过程往往包括大量能量释放的过程。现在，随着科学家对地球以外的 X 射线和伽马射线的研究，他们认识到这样的天体过程并不是什么特例，而是非常普遍的天体现象。观察 X 射线辐射对于研究高能天体事件是非常有价值的。例如，对二元星系内的质量转移问题的研究、对超新星残余物和星际气体间的相互作用的研究以及对类星体（人们还不知道它的能量源，但

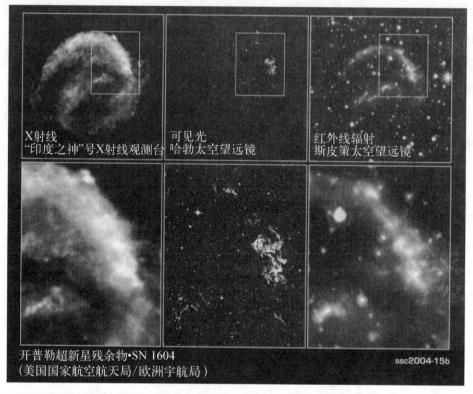

X射线
"印度之神"号X射线观测台

可见光
哈勃太空望远镜

红外线辐射
斯皮策太空望远镜

开普勒超新星残余物•SN 1604
（美国国家航空航天局／欧洲宇航局）

ssc2004-15b

　　这3幅图分别代表了开普勒超新星残余物在X射线，可见光和红外线辐射条件下的不同图像。上面的方格代表了整个残余物，下面的方格是对该残余物的特写画面。图像表明构成超新星残余物的气泡在电磁光谱的不同区域内呈现出不同的样子。"印度之神号"X射线观测台揭示出最炎热的气体在X射线中释放辐射。哈勃太空望远镜向人们呈现了密度最大而且最明亮的气体，它们出现在可见光区。最后，斯皮策太空望远镜揭开了炙热的尘埃的面纱，它们在红外线光区内释放出辐射。因为肉眼看不到X射线和红外线辐射，所以天文学家用人工涂色的方法来给这些数据编码，以便形成可以观测的图像。

（美国国家航空航天局／欧洲宇航局）

人们相信它与物质掉入黑洞有关。）的研究。科学家们认为，为了全方位地了解某些有趣的高能物质（例如脉冲星和黑洞），对伽马射线的了解是不可缺少的。对于宇宙射线粒子的研究，可以使人们了解到与核合成有关的重要信息，还可以使人们了解到粒子与强磁场之间的相互作用。被怀疑是宇宙射线源的高能物理现象包括超新星、脉冲星、无线电星系和类星体。

　　X射线天文学是三大高能天体物理学中最先进的学科。以太空为基础的X射线观测台，例如美国国家航空航天局的钱德拉X射线观测台，加深了人们对下列领域的科学理解：（1）恒星的结构和进化。包括二元星系，超新星残余物，强引力场

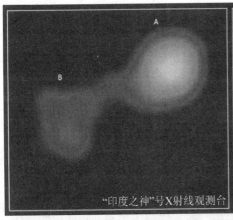

"印度之神"号X射线观测台

　　这幅 X 射线图展示了这颗高度进化的红巨星 [ Mira A（右）] 和这颗一点点蚕食星伴的白矮星 [ Mira B（左）]。画家利用右图来描写 Mira 二元星系内的质量转移。Mira A 的一些气体通过恒星风逃离上部大气层，Mira B 通过施加引力形成恒星间的气体桥梁。恒星风和气体桥梁中的高温气体在 Mira B 周围的吸积盘上不断聚集，吸积盘上的快速运动粒子不断发生碰撞，并产生 X 射线。依靠美国国家航空航天局的角分辨率极高的"印度之神号"X 射线观测台，人们可以观测到相对原始的二元星系统，并把红巨星（Mira A）和白矮星（Mira B）产生的 X 射线分开。这个二元星系统和地球之间有大约 420 光年的距离。

（美国国家航空航天局）

内的脉冲效应、等离子效应和相对论效应。（2）大范围的星系现象。包括星际媒介空间和本地星系软 X 射线图。（3）运动星系的本质，包括从这些星系的核心区域或中心区域释放出的 X 射线辐射的时间变差和光谱特征。（4）大量的由星系构成的星团。包括 X 射线背景辐射和宇宙论的模式确立。

　　伽马射线包括一些能量极高的光子，这些光子的能量高于 $10^5$ eV。产生伽马射线的物理过程不同于那些与 X 射线有关的物理过程。在天体物理学中，与伽马射线有关的物理过程包括：（1）放射性原子核的衰变。（2）宇宙射线的相互作用。（3）发生在极强磁场内的曲率辐射。（4）由于物质和反物质的相互作用而产生的湮灭现象。伽马射线天文学向人们揭示了与某些天体现象有关的高能爆炸物理天体过程，例如超新星、爆炸星系、类星体、脉冲星和黑洞。

　　天文学家们通过观察围绕 3 个恒星黑洞运行的灼热气体内的铁原子，来研究这些黑洞的引力作用和旋转。美国国家航空航天局的"钱德拉号"X 射线观测台和欧洲航天局的"XMM-Newton 号"航天器收集到的数据表明：正在旋转的黑洞的引力使 X 射线信号从（膨胀的云状物的）铁原子传递到较低的能量体，从而产生了偏斜 X 射线信号。

向着地球的方向

本图描述了位于银河系天鹰座内的 SS 433 这个二元星系统，它与地球之间的距离是 1.6 万光年。这个黑洞同伴星之间的距离，与水星这颗行星与太阳之间的距离相比，要近三分之二的距离。高速气流以每小时 28 200 万千米的速度向外喷射，这一速度大约相当于光速的 26%。科学家们利用"月亮之神号"X 射线观测台收集到的数据和观测结果揭开了一个宇宙现象的谜底，这个听起来很矛盾的现象就是：一方面，黑洞因为把物质吸了进去而恶名在外；另一方面，黑洞又能成功地把物质以粒子气流的形式抛出去，这股气流的运行速度接近了光速。

粒子在黑洞附近的运行轨道取决于这个黑洞周围的宇宙空间的曲率，它还取决于黑洞的旋转速率。旋转着的黑洞把它周围的宇宙空间向里拉，从而使原子比黑洞不旋转时更加靠近黑洞。轨道越紧密意味着引力的作用越强。反过来，这也意味着更多的 X 射线从铁原子传递到较低的能量体。对恒星黑洞所进行的迄今为止最详细的研究表明：并非所有的黑洞都按照同样的速度进行旋转。

钱德拉 X 射线观测台收集到的天鹅星座黑洞的数据表明：一些距离黑洞的视界 160 千米的原子受到了极强的引力的作用，但是并没有发现它们的旋转。"XMM–Newton 号"航天器收集到的来自 XTE J1650–500 黑洞的数据表明：存在着一些来自距离黑洞视界 32 千米处的 X 射线。科学家们推测这个黑洞一定在高速地旋转。钱德拉 X 射线观测台收集到的关于第三个恒星黑洞（也就是 GX 339–4）的信息表明：这个黑洞也在高速地旋转。

对于恒星黑洞旋转速率的不同有两种解释方法：一种观点认为这是由于不同的恒星黑洞在产生时旋转的速率就是不一样的；另一种观点认为这是由于进入黑洞的气体也开始旋转的缘故。如果黑洞拥有寿命较长且质量较低的伴星，它就会用相对较多的时间来进行旋转。例如，XTE J1650–500 和 GX3339–4 就是这样。反之，如果黑洞拥有寿命较短且质量较高的伴星，它就会用相对较少的时间来旋转。例如，Cygnus X–1。将来，随着科学家利用以太空为基础的天文观测台来测量其他黑洞的旋转，上述理论有可能得到证实。

伽马射线天文学是极具科学研究价值的。这是由于被观测到的伽马射线可以穿行于整个银河系的范围内，它们还有可能在绝大多数的宇宙空间内进行穿行。在这一过程中，它不会经历任何可以察觉到的形态改变，也不会被其他的天体所吸收。因此，科学家们做出假设：当具有较高能量的伽马射线到达太阳系时，它们的特征同出发时相比没有任何改变，这其中也包括方向特征和时间特征。它们可能来自成千上万光年以外的某个深邃的角落。在其他波长的范围内，它们也可能是一些不透明的天体。对于天体物理学家而言，伽马射线天文学使人们了解到了许多发生在地球以外的天体现象，这些现象在电磁光谱的其他任何波长范围内都是无法被观测到的。同时，由于伽马射线天文学的存在，天体物理学家还可以了解到许多壮观的高能天体事件，这些事件可能发生在宇宙进化史上的某一久远时刻。

该图分别描述了没有发生旋转的黑洞（左图）和正在发生旋转的黑洞（右图）。迄今为止关于恒星黑洞的最详细的研究表明：并非所有的黑洞都以同样的速率进行旋转。

（美国国家航空航天局）

宇宙射线是一些能量极高的粒子。它们的能量介于 $10^6$ eV 和 $10^{20}$ eV 之间或略多于 $10^{20}$ eV。它们的化学组成从原子数量为 1 的氢到可预测的最高原子数量（Z=114）。它们的化学构成还包括所占百分比极小的电子，正电子和可能存在的反质子。宇宙射线天文学使科学家们了解到化学元素的起源（核合成的过程），同时，科学家们还了解到在能量水平极高的情况下，各种粒子是如何完成各自的物理运动的。科学家们了解到的上述信息帮助他们解答了下面这些天体物理学问题：恒星爆炸的本质是什么？宇宙射线对恒星的形成产生了什么样的影响？宇宙射线对银河系的结构及稳定性产生了怎样的影响？

许多领域的天文学研究都得益于那些巨大的高分辨率光学系统，它们有的曾经在地球大气层外为人类服役过，有的正在地球大气层外为人类服役。上面提到的有趣的研究领域包括：对星际媒介空间的探索、对类星体和黑洞的仔细研究、对二元星系统 X 射线源和吸积盘的观测、银河系外天文学和观测宇宙论。哈勃太空望远镜（HST）是美国国家航空航天局现代太空紫外线天文学计划和光学天文学计划的核心。自从 1990 年发射升空以来，哈勃太空望远镜在轨道上修理过几次（在本书的第 4 章将讨论这个问题），但是它仍然是迄今为止最有用和最重要的天文观测设备之一。它能持续地覆盖相当广的波长范围，能提供良好的角度分辨率，还能发现微弱的射线源。在 10 年之内，詹姆斯·韦伯太空望远镜将会投入使用。科学家们将会通过这台望远镜，对宇宙进行更多更有趣的了解。

天体物理学的另一个有趣的领域是对电磁光谱的极端紫外线（EUV）区域的研究。星际媒介空间对于 EUV 的波长 10~100 nm 之间有着极强的吸收能力。太空观测设备，如美国国家航空航天局的极端紫外线探测器，可以收集到的与 EUV 有关的数据。这些数据可以被用来证实并改进关于恒星进化的近几个阶段的现代理论，分析 EUV 辐射对星际媒介空间的影响，呈现太阳系内物质的分布状况。

红外线天文学研究的范围是电磁光谱内 1~100 微米之间的波长，而无线电天文学研究的范围是大于 100 微米的波长。红外线辐射是由不同类型的低温物体（恒星、行星、电离气体、尘埃层和星系）释放出来的。红外线辐射也可能是某种宇宙背景辐射。绝大多数温度在 3~2 000 开尔文之间的物体所释放出来的辐射都在光谱的红外线区域内。如果把这些红外线辐射源和微波（无线电）辐射源按照波长递减的顺序进行排列，它们分别是：（1）银河同步辐射；（2）发生在电离氢层的银河热轫致辐射；（3）宇宙背景辐射；（4）温度为 15 开尔文的低温银河尘埃和温度为 100 开尔文的被恒星加热过的银河尘埃；（5）红外星系和原始星系；（6）温度为 300 开尔文的星际尘埃；（7）温度为 3 000 开尔文的星光。先进的太空红外线观测台，例如美国国家航空航天局的"斯皮策号"太空望远镜，改变了天体物理学家和天文学家认识宇宙的方式。

"斯皮策号"太空望远镜是美国国家航空航天局正在服役的巨型天文观测台中的第四个也是最后一个成员。其他三个航天器分别是：哈勃太空望远镜、康普顿伽马射线天文观测台和"月亮之神号"X 射线观测台。"斯皮策号"太空望远镜于 2003 年的 8 月加入了这个壮观的由运行航天器组成的队伍。这个精密的红外线观测台给科学家们提供了一个全新的观测视角。通过这个观测平台，科学家们可以了解一些迄今为止依然不为人知的天体过程，例如星系、恒星和行星的形成过程。红外线天文学帮助科学家们在银河系的内部发现了位于恒星附近的由尘埃构成的盘状物，这些盘状物被认为是行星系形成的标志。红外线天文学还帮助科学家们研究了这些盘状物的特征，"斯皮策号"太空望远镜还为科学家们研

这是由美国国家航空航天局的哈勃太空望远镜于 1995 年和 1999 年拍摄下来的 NGC 4414 的图像，NGC 4414 是由尘埃构成的壮丽的螺旋状星系。它与地球之间的距离大约为 60 000 000 光年。

（美国国家航空航天局）

究恒星的诞生过程提供了新的视角，恒星诞生这一天体事件通常被隐藏在宇宙尘埃的背后。红外线天文学帮助天文学家和天体物理学家在银河系的外面发现了被称为"宇宙发动机"的星系碰撞和黑洞，正是它们给那些超级明亮的红外星系提供了动力。红外线天文学还探索了在早期遥远的宇宙中一些星系是如何形成和演变的。

引力是宇宙中长期的统治力量，它控制着宇宙的大规模演变活动，并在与恒星形成和衰变有关的剧烈天体事件中发挥着重要的作用。宇宙的外层空间为仔细测量相对引力效应提供了低加速度和低噪音的环境。在与相对论和引力有关的太空物理研究计划中，已经确认要进行许多有趣的实验。这些实验得出的数据将大规模地修改现代物理学理论，许多天体物理学家和宇宙论研究者也不得不因此改变自己对宇宙前景的判断。

天体物理学的最终目标是了解宇宙的起源、本质和演变过程。据说宇宙不仅超出了人们的想象，而且远远超出了人们能够想象的范围。通过对这些现代太空观测平台进行富有创意的利用，这些高能天文学领域的专家和天体物理学领域的专家，可以在未来的几十年里继续创造天体物理学领域的众多令人兴奋的新发现。每一个新发现都会帮助人类更好地认识自己的家园——这个宏伟壮观的宇宙。

# 3 发生在行星天文学领域的一场革命

机器人航天器使人类有能力进行宇宙探索。现代太空机器人实际是一些精密的探测设备，它们已经造访过太阳系内除了冥王星以外的主要行星。在冷战时期，一些大国展开了政治色彩浓郁的太空探索竞赛。走出冷战时期后，人们开始利用一些技术更加进步、能力更加突出的机器人航天器，从而改变了科学家对于行星的了解，这些行星和地球共同围绕着太阳这颗恒星进行运转。

在四十多年的时间里，科学家们对于行星有了比以往更多的了解。这些行星曾经被古希腊天文学家用希腊字母（$\pi\lambda\alpha\upsilon\epsilon\tau\epsilon\zeta$）来命名。多亏有了太空机器人，人们对主要行星和它们的若干卫星更加熟悉了。同样，由于精密的机器人天文观测台被放置在具有战略意义的太空平台上，天文学家和天体物理学家可以穿过信息丰富的电磁光谱的不同区域，真正实现与太空的面对面接触。人类对于宇宙的了解不再仅仅局限于那些能够到达地球表面的少量窄波辐射。这些辐射要到达地球的表面，必须要穿越界于地球和宇宙之间的大气层，而大气层总是云层密布并伴有复杂多变的天气现象。

在 21 世纪，这个由越来越精密的仪器组成的探索队伍，将到达太阳系中最远的地方或者太阳系以外的某个地方进行科学探索，人类在宇宙探索方面的经验也将变得越来越丰富。机器人航天器和人类之间形成了一种特殊的伙伴关系，因为它们使人类在自己的有生之年能够对更多的星球进行探索，这些探索活动将会超过人类历史上的全部探索活动的总和。由于这一史无前例的发现浪潮的到来，再加上人类不断获取的大量新的科学知识，人类将改变对于自身和自身在宇宙中的地位的认识。在获取科学知识的过程中，人类或许会首次发现确切的证据来解答下面两个问题：地球以外现在还存在生命吗？地球以外曾经存在过生命吗？

太空探索和行星天文学领域内的巨大进步与计算机技术和航天技术领域内的巨大进步之间具有有趣的关联性。为了强调这种关联性，本章将大致向读者介绍

机器人航天器使人们对太阳系的了解发生了根本性的变革。人类已经访问过所有的行星（对冥王星的访问也正在进行当中）。这是由美国国家航空航天局航天器拍摄下来的不同行星的图片复合而成的图片。从上至下依次是：水星、金星、地球（和月亮）、火星、木星、土星、天王星和海王星。里面的行星（水星、金星、地球、月亮和火星）之间大致互相成比例。 外面的行星（木星、土星、天王星和海王星）之间大致互相成比例。

（美国国家航空航天局／喷气推进实验室）

一些最有趣的美国太空机器人。它们分别参与了先锋计划（Pioneer）、流浪者计划（Ranger）、水手计划（Mariner）、海盗计划（Viking）和旅行者（Voyager）计划等航天计划。我们的目标是使读者从历史的角度去了解太空机器人，看看它们是如何从不可靠的电子机械探测设备蜕变为高度精密的科学平台。正是通过这些平台，科学家们已经将直接勘察的范围扩大至太阳系的边缘，从而促成了行星天文学领域内的一场变革。这其中当然包括最近几次令人激动的太空探测计划。这几次太空探测计划的目标是太阳系中较小的天体，深度撞击计划（Deep Impact）和星尘计划（Stardust）是其中的两个计划。

## ◎ 太阳系探测的黄金时代

美国的太空计划起步于 1958 年 1 月 31 日，它是以美国第一颗人造卫星的成功发射为标志的。这颗卫星的名字叫"探险者一号"，它是由喷气推进实验室（JPL）研制并控制的绕地飞行航天器。它发现了位于地球周围的辐射带，并宣布了科学发现浪潮的到来。科学发现成为太空时代的核心部分。在"探险者一号"成功发射之后的将近 50 年的时间里，喷气推进实验室在利用机器人航天器来探索太阳系这个领域，始终处于世界领先水平。

喷气与推进实验室是一个由政府提供资金的科研机构，它由加州理工学院受美国国家航空航天局（NASA）的委托进行管理。该实验室坐落于帕萨迪纳，帕萨迪纳位于加利福尼亚州的洛杉矶东北方大约 32 千米处。除了在帕萨迪纳的实验室以外，喷气推进实验室还在世界范围内建立了深空网络（DSN），其中的一个 DSN 站位于加利福尼亚州的戈德斯通。

喷气推进实验室的起源可以追溯到 20 世纪 30 年代，当时的加州理工学院教授西奥多·冯·卡门（Theodore von Kármán）（1881—1963）主持美国军方的火箭推进器的前沿研究工作，这其中就包括研究如何利用捆绑火箭来喷气助推载有额外货物的航天器进行起飞。当时，冯·卡门是加州理工学院航天实验室的主任。1958 年的 12 月 3 日，也就是美国国会成立美国国家航空航天局的两个月以后，喷气推进实验室由一个美国军方管辖下的机构转变为今天的民用航天机构。这个实验室位于亚罗优斯高地区极为干旱且人烟稀少的河床地区，占地 72 万平方米，它与冯·卡门当年进行火箭试验的地方相邻。

到了 20 世纪 60 年代，喷气推进实验室开始构思设计并控制机器人航天器去探索其他的星球。这方面的努力最初主要落实在美国国家航空航天局的"流浪者和勘探者月球探索计划"上。这个机器人航天器为后来阿波罗项目的宇航员成功登月开辟了道路。"流浪者号"航天器是在 20 世纪 60 年代的早期美国发射的第一个以月球为探测目标的机器人航天器，它的发射也为 60 年代末阿波罗项目实现人类成功登月打下了坚实的基础。"流浪者号"航天器是由一系列的飞行姿态被完全控制的机器人航天器构成的。为它们设计的任务是在撞击月球以前近距离拍摄月球表面。"流浪者一号"于 1961 年的 8 月 23 日在空军基地的卡纳维拉尔角成功发射。通过测试航天器的性能，它为流浪者系列航天计划其他任务的完成开辟了道路。从 1961 年 11 月至 1965 年 3 月，"流浪者二号"至"流浪者九号"先后成功发射。"流浪者"系列航天计划的前几项任务（也就是从"流浪者一号"至"流浪者六号"）都经历过这样或那样的挫折。最后，"流浪者七号""流浪者八号"和"流浪者九号"终于成功地完成了飞行并为我们传回

这是一张月球表面的阿尔芬斯（Alphonsus）陨石坑的照片，它是由美国国家航空航天局的"流浪者九号"从海拔 426 千米的高度拍摄的。这张照片拍摄于 1964 年 7 月 31 日。这个太空探测器在成功拍摄了这张照片的 3 分钟后，对月球的表面进行了撞击( 用白色圆圈标识的区域 )。
（美国国家航空航天局 / 喷气推进实验室）

了成千上万张（在撞击前拍摄的）月球表面的照片，这些照片极大地丰富了人们对于月球的认知。

美国国家航空航天局极其成功的勘测者太空项目开始于 1960年，它包括 7 个机器人航天器。它们于 1966 年 5 月至 1968 年 1 月间先后被成功发射。它们实际上是人类为登月而进行的阿波罗远征行动的先遣军。这些多功能的太空机器人被用来研究软着陆技术，并在月球表面寻找将来可以作为着陆点的地方。同时，它们还进一步加强了人们对于月球的科学了解。

"勘测者一号"航天器于 1966年 5 月 30 日被成功发射，在月球表面的风暴洋成功实现软着陆。

这个航天机器人发现月球表面土壤的承压强度足以支撑载有宇航员的"阿波罗号"的登陆航天器（也被称为登月模块或 LEM）。这一发现推翻了人们最初的假设。人们最初认为：像 LEM 这么重的航天器会被掩埋消失于月球表面的尘埃微粒中。想象中的尘埃微粒非常非常细小，看上去就像滑石粉一样。"勘测者一号"还拍摄了许多月球表面的画面。

"勘测者二号"是执行软着陆任务的系列航天探测器中的第二个。它于 1966 年 9 月 20 日在卡纳维拉尔角由一枚宇宙神—半人马座火箭送入太空。这个机器人登陆器在飞往月球的途中，进行了例行的途中机动，结果它的微调发动机失灵了。微调发动机的失灵导致前冲力的失衡，并最终导致"勘测者二号"的坠落。尽管美国国家航空航天局的工程技术人员试图挽救这次太空任务，但最终还是没有成功。

比较起来，美国国家航空航天局进行的下一次机器人登陆器发射任务进行得非常顺利，这个机器人登陆器仍以月球为任务目标。"勘测者三号"在 1967 年 4 月 17 日被成功发射。它软着陆于一个小陨石坑的一侧，这个小陨石坑位于风暴洋的另一个地区。这个漂亮的太空机器人利用连接在机械臂上的一个铁锹在月球表面挖了一道沟，并发现月球表面土壤的负载承压强度随深度的增加而增加。"勘测者三号"还传回了许多月球表面的图像。

与此同时，喷气推进实验室的工程技术人员正在忙于"流浪者和勘测者太空探索计划"。他们派"水手号"系列航天器来完成对水星、金星和火星的探测。"水手号"在整个 20 世纪 70 年代早期所进行的太空探测任务实际上取得了开拓性的成就，这些任务增强了人们对像地球这样的行星的科学了解，也增强了人们对太阳系内部结构的科学了解。第一个执行太空探测任务的"水手号"航天器被称为"水手一号"，它的任务是针对金星近天体探测飞行。美国国家航空航天局和喷气推进实验室的工程技术人员是根据"流浪者号"月球航天器对这个航天器进行设计的。1962 年 7 月 22 日，宇宙神-阿金纳 B 型火箭对"水手一号"实施了发射。发射最初是成功的，但是很快悲剧发生了。当火箭突然改变方向并脱离轨道时，在卡纳维拉尔角空军基地内，负责飞行安全的官员被迫在发射后大约 293 秒时，将"水手一号"毁掉。由于错误的指令，火箭的飞行极为不稳定，"水手一号"有可能坠落在地球表面的某个地方，或许落在北大西洋的海洋航路上，或许落在某个有人居住的地区。"水手一号"航天器的被毁是令人痛心的，因为它将再也没有机会向世人展示它的能力了。但是，

这是经过艺术加工的美国国家航空航天局的"水手二号"航天器的照片。"水手二号"航天器是世界上第一个被成功发射的星际航天器。它在 1962 年的 8 月 27 日,在卡纳维拉尔角被成功发射。"水手二号"在 1962 年 12 月 14 日偶然飞过金星的上空,它们之间的距离大约为 4.1 万千米。

(美国国家航空航天局 / 喷气推进实验室)

航天人并没有被失败吓倒。美国国家航空航天局和喷气推进实验室的科研团队很快研发出和"水手一号"一模一样的另一个航天器,并把它命名为"水手二号",由它来代替"水手一号"来完成人类历史上第一次星际间的近天体探测飞行任务。

"水手二号"于 1962 年的 8 月 27 日在卡纳维拉尔角被成功发射。"水手二号"先是在太空中巡游,接下来便成为第一个飞过其他行星(这里指金星)的机器人航天器。"水手二号"于 1962 年的 12 月 14 日飞过了金星的上空,它的飞行高度大约是4.1 万千米。在针对金星进行了近天体探测飞行以后,"水手二号"进入了围绕太阳运行的轨道。"水手二号"给人类带来的关于金星的科学发现包括:缓慢的逆向旋转速率、炎热的表面温度、极高的表面压力、主要由二氧化碳构成的大气、顶部海拔高度大约为 60 千米的连续云层和未能探测到其磁场。"水手二号"在执行针对金星而进行的星际飞行任务时,收集到大量的数据。数据显示:在星际空间内始终存在着太阳风气流，这里的宇宙尘埃的密度要远远低于地球周围太空区域内的宇宙尘埃的密度。

"水手二号"对金星进行的探测帮助科学家们消除了许多关于金星的幻想，这些幻想在太空时代到来之前就形成了。这其中也包括下面的推测：金星这个被厚厚的云层所覆盖的行星是一个史前时期的世界，它折射出地球的年轻时期。这一推测曾经出现在许多科学著作和科幻小说中。除了体积大小和表面引力水平这两个方面以外，金星和地球在其他物理特征方面几乎没有相似点。在 20 世纪 60 年代和 70 年代，机器人航天器曾多次造访过金星。探测结果始终显示地球和金星是两个截然不同的星球。例如，金星的表面温度大约可以达到 500℃；它的气压相当于地球气压的九十多倍；它的表面没有水；它的密度很高的大气层就像一个可以带来灾难的失控温室，这是因为其中的二氧化碳含量过高，可以达到大约 96% 的水平。此外，它还包括一个由硫酸构成的浓云层。

美国国家航空航天局和喷气推进实验室进行的下一个"水手号"太空探测任务是针对火星进行的。为此，航天人准备了两个太空航天器："水手三号"和它的后援"水手四号"（与"水手三号"一模一样）。

"水手三号"于 1964 年 11 月 5 日在卡纳维拉尔角被成功发射，但是由于保护性覆盖物无法弹出，"水手三号"最终没有到达火星。三个星期以后，"水手四号"成功发射并开始了为期 8 个月的火星探索。航天人究竟是如何在这么短的时间内重整旗鼓并重新进行航天发射的呢？

---

**知识窗**

## "维尼拉号"（"Venera"）探测器和航天器

在 1961 年至 1984 年间，苏联所完成的绝大多数成功的机器人太空探测任务，都是由"维尼拉号"系列探测器和航天器来完成的。这些太空探测任务涉及人造卫星、登陆车和大气状况探测器。在 1967 年的 10 月，"维尼拉四号"航天器将一个登陆探测器放置在金星的大气层内，并利用它收集相关数据。数据显示金星大气层内的二氧化碳含量可以达到 90%~95%。这个探测器的重量为 380 千克，它依靠降落伞降落需要大约 94 分钟，接下

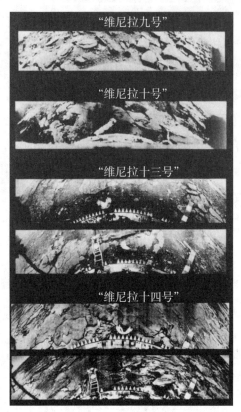

"维尼拉九号"

"维尼拉十号"

"维尼拉十三号"

"维尼拉十四号"

分别由苏联的"维尼拉九号""维尼拉十号"
"维尼拉十三号"和"维尼拉十四号"登陆航天
器传回的金星表面的广角图像照片。
（美国国家航空航天局）

来数据传输在海拔高度为 25 千米的地
方中断了。

1970 年 12 月，"维尼拉七号"航
天器将一个重量为 495 千克的探测器
放置在金星的表面，数据的传输进行
了大约 20 分钟。1972 年 7 月，"维尼
拉八号"航天器将一个探测器放置在
金星的大气层内。这个探测器在通信

系统方面，与以往相比有了极大的改
进。它成功地在金星的表面着陆，并
在那里停留了大约 50 分钟。金星表面
的生存条件极差，看上去像地狱一样。

1975 年 10 月，"维尼拉九号"和"维
尼拉十号"航天器也分别将探测器送到
金星的表面。这些探测器不但成功地在
金星表面着陆，而且还第一次成功地传
回了关于金星表面的黑白图像。从图像
来看，金星的表面到处是岩石。"维尼
拉十一号"和"维尼拉十二号"航天器
在 1978 年被成功发射，它们的任务也
主要是进行近天体探测飞行和放置登陆
探测器，它们携带的传感器更加灵敏。

在 20 世纪 80 年代，苏联在太空
领域的科学家先后向金星发射了 4 个
更加精密的"维尼拉号"航天器。"维
尼拉十三号"和"维尼拉十四号"航
天器在 1981 年底被成功发射，它们
的重量是 5 000 千克。它们携带了可
以分别完成近天体探测飞行任务和登
陆任务的装置。1982 年 3 月 1 日，"维
尼拉十三号"在金星表面成功着陆。
1982 年 3 月 5 日，"维尼拉十四号"
也在金星表面实现了成功着陆。它们
在登陆以后还成功地传回了金星表面
的黑白和彩色图像。此外，它们还第
一次对金星表面的土壤进行了分析。

"维尼拉十五号"和"维尼拉十六号"航天器在 1983 年 6 月成功发射，它们也是最后一对"维尼拉号"航天器。它们没有携带完成登陆任务的装置。它们的任务是利用自身的人工孔径雷达系统来完成对金星表面的测绘任务。金星的表面被厚厚的云层所覆盖。它们在轨道内运行了大约 1 年的时间，并传回了许多金星表面的图像，图像的分辨率介于 1~2 千米之间。

在太空探测时代的早期，航天器发射失败是经常发生的事情。航天工程师和管理者们认为：为了谨慎起见，有必要为了同一发射任务建造两个（或者更多个）一模一样的航天器。一旦一个航天器发生致命的发射事故，另一个航天器可以在很短的时间内做好准备，利用特定的星际发射窗口再次发射。如果两个航天器都成功发射，那么该次太空探测任务回收的科学信息量相当于一般情况下的两倍多。在这种幸运的情况下，科学家们可以利用第一个太空机器人收集到的初步信息来指导第二个太空机器人的信息采集工作，因为第二个太空机器人在几周后才会靠近作为研究目标的行星。

美国国家航空航天局在 20 世纪 70 年代，先后成功发射了 3 对执行太空探索任务的太空机器人，它们分别是："先锋十号"与"先锋十一号"（近天体探测宇宙飞船），"海盗一号"和"海盗二号"（登陆车和人造卫星），"旅行者一号"和"旅行者二号"（近天体探测宇宙飞船）。从 2004 年开始，航天人的运气一直不错。美国国家航空航天局发射了两台火星探测漫游车（MERs），并把它命名为"勇气号"和"机遇号"。这两台探测漫游车成功地到达了火星，并开始在火星的表面移动，它们的任务是对火星进行科学勘查，并获取大量的科学数据。

发射窗口是指从航天器发射升空到它到达目的地的时间间隔。星际发射窗口受地球围绕太阳运行的轨道的位置的限制，一般被限定在每年的几个星期（或更短的时间）内。合理的时间安排可以使运载火箭利用地球在整个轨道内运动。如果航天器要到达星际空间的某一个地点，选择好从地球出发的时间也是十分关键的。对于其他目标行星，道理也是一样的。通过合理选择发射窗口，星际航天器可以利用霍曼过渡轨道这种最低能量传输路径。这个轨道是以德国工程师沃尔特 · 霍曼（Walter Hohmann）（1880—1945）的名字来命名的，霍曼于 1925 年首先描述了轨道过渡技术，轨道力学、有效负载质量和火箭推力都会影响到星际旅行。

火星与地球间的能量利用率最高的最佳发射时间大约每隔两年出现一次。如果要针对那些遥远的巨大行星完成太空探测任务，确定发射窗口就不那么简单了。例如，每隔 176 年，木星、土星、天王星和海王星这四大行星才会排列成直线。这样一来，如果一个航天器在适当的时候从地球上被成功发射并以木星为目的地，它可以利用同一次太空旅行造访其他 3 颗巨大的行星，这种技术被称为重力助推。这样难得的机会在 1977 年曾出现过，美国国家航空航天局利用当时天体的特殊排列，发射了两个精密的机器人航天器，它们分别被称为"旅行者一号"和"旅行者二号"。它们要执行对多颗行星进行探索的任务。不久以后，好消息传来："旅行者一号"访问了木星和土星；"旅行者二号"更是完成了一次伟大的旅行，它在同一次旅行的过程中访问了 4 颗巨大的行星。

在 20 世纪 60 年代早期，太空探测领域取得的巨大成就不仅赢得了世人的关注，还被蒙上了浓重的政治色彩。一些超级大国会因为率先完成了这样或那样的太空探测任务，而赢得世界政治舞台上的核心地位。美国国家航空航天局的管理者们很快承认：事实证明，为了追求重大科研目标而建造两个一模一样的航天器（以防其中的一个没有完成任务），既是一种经济成本相对较低的方法，又是一种可以同时赢得政治资本的方法。冷战时期各个超级大国之间的竞争引发了太空领域内的爆炸性变革，开创了史无前例的太空发现时代。在过去的几十年里，人类获取的关于太阳系和宇宙的科学信息在数量上超过了前人获取的同类信息的总和。而这一切主要归功于机器人航天器的使用。随着更加精密的太空机器人（例如"卡西尼号"探测器和"惠更斯号"探测器）被用来探测许多未知的天文现象，激动人心的发现浪潮延续到了后冷战时代。

在讨论"海盗号"航天器完成的太空探索任务和"旅行者号"航天器进行的太空之旅之前，让我们把注意力转移到"水手四号"进行的火星之旅上。这次太空之旅的意义极为重大。"水手四号"在 1964 年 11 月 28 日从卡纳维拉尔角被成功发射，它在星际空间巡游了大约 8 个月，并于 1965 年 7 月 14 日飞越了火星的上空。在进行近天体探测飞行时，它离火星的表面只有 9 845 千米，真正实现了尽可能接近火星的目标。在这一过程中，它还收集到第一批与其他行星有关的近距离图像，并利用小型的播放设备长时间反复播放这些图像。图像显示：火星表面也有一些陨石坑，看上去很像月球表面的陨石坑，在寒冷的夜晚，一些陨石坑的表面会结霜。同当代机器人航天器带给人们的关于火星的高分辨率图像相比，"水手四号"呈现在人们眼前的 21 幅完整的画面（还有第 22 幅画面上的 21 条直线）显得十分粗糙。然而，正是这些画面引发了一场变革，并推翻了许多长期以来被人们珍视的关于火星的看法。

在人类历史上，火星这颗红色的行星一直是天文思想领域的研究核心。古巴比伦人一直在研究这颗红色的行星在夜空中的运动轨迹，并把它命名为战神（Nergal）。罗马人也把它奉为战神，罗马人给它起的名字一直沿用到今天。火星表面也存在大气层和极地冰盖，也有日夜更替现象。所以，在太空时代到来以前，许多天文学家和科学家一直认为火星是一颗类地行星，它有可能是外星人的住处。美国天文学家帕西瓦尔·罗威尔（Percival Lowell）（1855—1916）对"火星运河理论"鼎力支持。他先后在几本重要的期刊上撰文指出：火星是一个即将毁灭的行星，聪明的火星人修建了许多深深的运河来运送火星上稀少的水资源。自从 H. G. 威尔斯（H.G. Wells）在 19 世纪末出版了经典科幻小说《星际战争》（War of the Worlds）以来，火星人入侵地球一直是科幻小说和电影的流行主题。

然而，随着"水手四号"引导的科学革命浪潮的到来，出现了越来越多的精密机器人航天器，它们分别是：近天体探测宇宙飞船、人造卫星、登陆车和巡游车。它们彻底地击碎了"火星运河理论"，在人们心中，该理论一直是一个浪漫的神话。根据这个理论：在这个即将灭亡的星球上，有一族古代火星人一直在努力将极地冰盖地区的水运往物产更加丰富的地区。航天器带给人们的数据表明：这个红色的星球实际上是一个一分为二的世界。像月球和水星表面一样，火星表面的一部分地区是古代世界，火星表面的另一部分地区则像地球一样进化程度更高。火星仍然是新一批精密机器人航天器进行宇宙探索的核心地区。在美国国家航空航天局现在的太空探测日程表上，首先要完成的两个任务是：继续在火星上寻找微生物生命（可能存在也可能已经灭绝）；揭开关于火星表面液态水的谜团。看起来在火星的表面有大量的液态水在流动，许多人对这一现象非常感兴趣。

由"水手号"系列成功完成的太空探测任务包括："水手五号"于 1967 年成功发射，它的目的地是水星；"水手六号"于 1969 年成功发射，它的目的地是火星；"水于七号"于1969年成功发射,它的目的地也是火星;"水手九号"于1971年成功发射,它的目的地还是火星。在1971年的11月,"水手九号"成为火星的第一颗人造卫星,它也是人类历史上第一颗围绕其他行星运行的航天器。首先这个机器人航天器耐心地等待强烈尘埃风暴的减弱,因为这场风暴覆盖了整个火星表面。然后,"水手九号"将收集一整套关于火星表面的图像,从而使科学家们第一次获取了这颗红色星球的全景图像。"水手九号"还将对火星的两颗卫星进行了近距离拍摄,这两颗卫星分别是佛伯斯(Phobos)和德摩斯(Deimos)。

"水手十号"是第一个利用引力助推原理实现行星跨越的航天器。引力助推在航天飞行领域是一项重要的技术革新,它使人类有可能利用机器人航天器去探索更远的星球。"水手十号"于1973年的11月在卡纳维拉尔角被成功发射。1974年2月,这个航天器被送往金星,并围绕金星进行近天体探测飞行。由于引力助推的作用,它在1974年的3月和9月,又先后两次与水星相遇。在人类历史上,"水手十号"是第一个也是唯一一个对太阳系中最远的行星进行过探测的航天器。在2004年的8月3日,美国国家航空航天局在卡纳维拉尔角又成功地发射了"信使(MESSENGER)号"航天器,这个人造卫星航天器经过长时间的星际旅行,将飞向水星。在2011年的3月,"信使号"成为围绕水星运行的第一个机器人航天器。

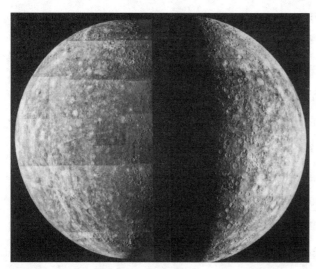

这是水星的全景图,它是由许多照片合成而成的。这些照片是美国国家航空航天局的"水手十号"航天器在先后三次遇到水星时拍摄下来的(1974—1975)。

(美国国家航空航天局/喷气推进实验室)

第一次在火星上大范围寻找生命的活动开始于1975年,当时美国国家航空航天局开始了"海盗号"系列航天任务。这次航天任务包括两颗人造卫星和两个登陆航天器,"海盗号"航天项目的开始标志着美国于20世纪60年代至70年代首先提出的火星系列探测计划巅峰时刻的到来。这个星际系列探测计划开始于1964年,这一年"水手四号"成功发射。接下来，"水手六号"和"水手七号"在 1969 年又分别完成了近星体探测飞行的任务。"水手九号"在 1971 年和 1972 年也分别完成了围绕飞行的任务。

按照设计，"海盗号"航天器将要围绕火星运行，并在火星表面着陆以便进一步完成其他任务。在这一计划中，共建造了两个一模一样的航天器，它们分别包括一个登陆车和一个人造卫星。"海盗号"系列航天计划的发射任务都是在位于佛罗里达州的卡纳维拉尔角进行的。"海盗一号"在 1975 年的 8 月 20 日成功发射，"海盗二号"在 1975 年的 9 月 9 日成功发射。为了避免火星的环境被地球微生物污染，登陆车在发射前都进行了消毒处理，这些航天器在通往火星的路上花了将近一年的时间。"海盗一号"在 1976 年的 6 月 19 日实现了围绕火星的飞行，"海盗二号"在 1976 年的 8 月 7 日开始围绕火星飞行。"海盗一号"的登陆车在 1976 年的 7 月 20 日第一次实现了在火星表面的软着陆。它着陆于克里斯平原（Chryse Planitia，又称黄金平原）西面的斜坡上。黄金平原位于北纬 22.46°，西经 48.01°。"海盗二号"的登陆车于 1976 年的 9 月 3 日在乌托邦平原成功着陆。该平原位于北纬 47.96°，西经 225.77°。

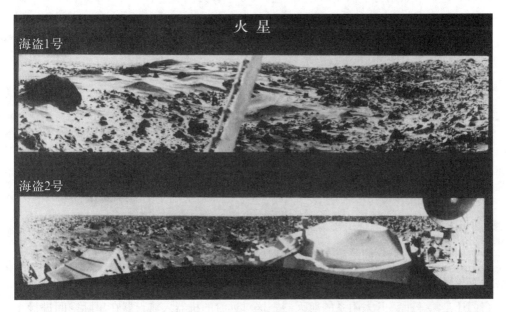

这是由"海盗一号"和"海盗二号"拍摄的火星表面的全景照片。"海盗一号"的登陆车在 1976 年的 7 月 20 日第一次实现了在火星表面的软着陆。它着陆于黄金平原（Chryse Planitia）西面的斜坡上，黄金平原位于北纬 22.46°，西经 48.01°。"海盗二号"的登陆车于 1976 年的 9 月 3 日在乌托邦平原成功着陆，该平原位于北纬 47.96°，西经 225.77°。

（美国国家航空航天局）

按计划，"海盗号"将在着陆后进行为期 90 天的探测活动。然而，每个宇宙飞船和登陆车的实际工作时间要远远长于它的预计寿命。例如，"海盗一号"在轨道内围绕火星的实际飞行时间比预计飞行时间多了 4 年。"海盗号"探测任务的主要任务于 1976 年的 11 月 15 日正式结束。11 天后，火星运行到太阳的背面（这一天文事件被称为超级天体会合）。在这次天体会合发生后，也就是在 1976 年 12 月中旬，遥测数据和其他相关指令重新启动，后续扩展任务开始执行。

1978 年 7 月 25 日，由于飞行姿态控制系统的汽油已经耗尽，"海盗二号"宇宙飞船的任务不得不终止。"海盗二号"宇宙飞船的飞行姿态控制系统的汽油也所剩不多，但是它还可以继续飞行。经过细致的计划，它在两年内（在降低水平的情况下）继续收集科学数据。最后，随着姿态控制系统的汽油被耗尽，控制"海盗一号"宇宙飞船的电动开关也在 1980 年 8 月 7 日被正式关闭。

1980 年的 4 月 11 日，"海盗二号"登陆车传回了最后一组数据。1982 年的 11 月 11 日，"海盗一号"登陆车传回了最后一组数据。在与"海盗一号"登陆车失去联系后，科学家们为了恢复联系又进行了 6 个多月的努力，并于 1983 年的 5 月 23 日正式终止了"海盗号"的探测任务。

除地震检波器外，人们为"海盗号"补充了其他科学探测设备，从而获取了大量与金星有关的数据，这些数据在数量上远远高出预计。登陆车的主要目标是确定火星表面现在是否存在（微生物）生命，登陆车带给人们的相关证据仍然是争论的焦点。但是，绝大多数科学家都坚信：这些证据足以表明火星上现在没有生命。然而，通过之后对火星陨石的相关分析，人们又重新对这个非常重要的问题表现出极大的兴趣。火星又一次成为大规模科学勘查活动的目标，执行勘查任务的是更加精密的科学航空器。

根据最初的设计，"先锋十号"和"先锋十一号"是真正完成深度太空探测任务的机器人探测器。它们是第一批能够穿梭于小行星带的人造天体。它们是第一批造访木星以及其强烈的辐射带的航天器。它们也是第一批与土星会面的航天器。此外，它们还是第一批离开太阳系的航天器。这对远游的机器人航天器在星际空间进行飞行的同时，还调查了磁场、宇宙射线、太阳风和星际尘埃浓度等问题。

如果讨论访问过最多行星的单个航天机器人，人们自然会想到喷气推进实验室的旅行者太空探测计划。"旅行者一号"和"旅行者二号"这对姊妹航天器在 1977

年成功发射，它们在1979—1981年间分别飞越了木星和土星。"旅行者二号"又于1986年和1989年分别完成了与天王星和海王星的会面。在1989年8月25日，"旅行者二号"实现了与海王星的最近距离接触，它们之间最近的距离仅有5 000千米。许多太空历史学家把这次近行星探测飞行当作是行星探索时代第一个黄金时期结束的标志。正是太空科技和机器人航天器的发展把人们引入了行星探索时代。

"旅行者一号"和"旅行者二号"现在正在各自不同的轨道内进行星际空间旅行。在1998年2月，"旅行者二号"超过了"先锋十号"，成为太空中最遥远的人造天体，"旅行者号"星际探测计划将在未来的10年里继续进行。

再过几百万年或上千万年，人类文明可能从地球上彻底消失。然而，这4个机器人航天器（"先锋十号"和"先锋十一号"，"旅行者一号"和"旅行者二号"）将继续在空荡荡的星际空间内漂浮。每一个航天器都是人类文明的宝贵遗产，因为它们可以证明人类的创造力和对知识的渴望。同时，由于它们携带了来自地球的特殊信息，它们也可以作为永久的证据，证明在人类发展史上的某一时刻，曾经有一些人抬头仰望星空并渴望能够了解天上的星星。人们最初设计这4个探测器是希望它们完成对太阳系内部的科学探索任务。现在，这4个相对简单的机器人探测器已经成为证明人类文明的最好的人工制品。比起那些山洞内的绘画、岩石雕刻、雄伟的纪念碑、巨大的宫殿和拔地而起的现代都市，这4个探测器对人类文明的见证力将持续更久。

## ◎行星探测的新一轮浪潮

20世纪80年代晚期和90年代的早期，更加精密的新一代航天器出现了。它们的出现使美国国家航空航天局可以针对行星和太阳进行更加细致的科学勘察。在完成针对木星进行的"伽利略号"探测任务和针对土星的"卡西尼号"探测任务的过程中，机器人航天器再一次发挥了重要的作用。这些机器人航天器体现了人类在感应技术、计算机技术和太空工程技术领域内取得的巨大进步。

### "伽利略号"太空探测任务

"伽利略号"太空探测任务开始于1989年10月18日。当时，"宇宙神号"火箭将精密的航天器送入低的地球轨道内。然后这个航天器开始利用惯性上面极运载火箭来完成星际旅行。在进行近天体探测飞行时，它利用重力助推作用，到达了木星。

"伽利略号"航天器还先后一次飞越水星，两次飞越地球。在星际空间越过火星飞往木星的途中，它还于1991年10月和1993年8月分别与"加斯帕号"小行星和"艾达号"小行星相遇。"伽利略号"航天器在1991年10月29日进行了针对"加斯帕号"小行星的近天体探测飞行，使科学家们可以第一次近距离了解这颗小行星。在它最后一次靠近木星的时候，"伽利略号"航天器观测到木星受到了彗星碎片的冲击。这些碎片来自"苏梅克列维九号"这颗破裂的彗星。在1995年的7月12日，"伽利略号"的主航天器与它一路上的伙伴（一个大气探测器）实现了分离。两个机器人航天器分别向最终目的地飞去。

1995年12月7日，"伽利略号"对主发动机实施了点火，然后进入围绕木星运行的轨道。同时，它开始收集大气探测器传输的数据。这个探测器在降落伞的帮助下下降到木星大气层的高度。在完成主要任务的两年间，"伽利略号"航天器先后实施了10次近天体探测飞行，这些飞行主要针对木星的主要卫星。1997年12月，这个精密的机器人航天器开始完成太空探测拓展任务，太空探测拓展任务主要包括8次针对木卫二（Europa）的近天体探测飞行和2次针对木卫一（Io）的近天体探测飞行。"欧罗巴号"卫星的表面被冰所覆盖，所以非常光滑。木卫一（Io）的表面有许多火山，它的颜色与比萨饼的颜色很像。

"伽利略号"在2000年初开始完成第二个太空探测拓展任务。这次任务包括针对伽利略卫星（木卫一、木卫三和木卫四）的近天体探测飞行和与"卡西尼号"航天器共同进行的对木星的观测。在2000年12月，"卡西尼号"航天器再一次飞越了木星这颗巨大的行星，以获取足够的重力助推，以便最终实现到达土星这个目标。"伽利略号"在2002年11月完成了最后一次针对木星的卫星而进行的近天体探测飞行。当时，它从木卫五（Amalthea）号卫星的上空呼啸而过，木卫五是一颗体积很小的内卫星。

"伽利略号"与木卫五的相遇使它在2003年9月进入了可以直接对木星施加影响力的轨道。美国国家航空航天局的技术控制人员计划让"伽利略号"的母舰在木星坠落，从而避免来自地球的微生物污染木卫二。当然，"伽利略号"航天机器人的太空探索任务已经进入尾声，而且已经取得了丰硕的成果。不过，由于"伽利略号"是一个失去控制的废弃航天器，在几十年后它还是有可能最终坠落在木卫二的表面。许多外空生物学家怀疑：在木卫二表面的冰层下面，有可能存在由液态水构成的海洋，这里可能产生生

这幅图片向人们展示了"伽利略号"航天器于 2002 年 11 月执行任务时的情况。当时,"伽利略号"正在执行木卫五的近天体探测飞行任务。木卫五的体积很小,是木星的一颗内卫星。

（美国国家航空航天局）

命。因为"伽利略号"航天器有可能搭载了各种各样的地球微生物,所以科学家们认为应该谨慎地避免木卫二被污染的可能性。解决这个有可能出现的问题的最简单的方案是:索性将"伽利略号"这个已经退休的航天器在木星的云层中处理掉。木星的云层看起来是那么冷酷,而且到处充满了漩涡。美国国家航空航天局和喷气推进实验室的控制人员在完成这一任务的同时,还保持了对"伽利略号"的飞行状况和飞行轨道的必要控制。

## "卡西尼号"和"惠更斯号"航天器

"卡西尼号"和"惠更斯号"航天器于 1997 年的 10 月 15 日在佛罗里达州的卡纳维拉尔角空军基地成功发射。执行发射任务的是"大力神四号"半人马座巨型火箭。这是美国国家航空航天局和欧洲航天局（ESA）的一个合作项目。它的主要任务是对土星和它的主要卫星大力神卫星（土卫六）进行深度探测。同时,还要对土星其他卫星的复杂结构进行探测。"卡西尼号"航天器效仿"伽利略号"航天器,也利用重力助推作用来完成自己在太阳系的巡游。"卡西尼号"航天器在到达土星之前,利用了"VVEJGA"（Venus-Venus-Earth-Jupitegravity assist）轨迹的重力助推作用。VVEJGA 轨迹是利用二次金星引力加速（地球与木星各一次加速）的原理。"卡西尼号"在星际空间巡游了将近 7 年，行程 35 亿千米。最后，它终于在美国东部标准时间 2004 年 7 月 1 日到达土星。

这个体积巨大且结构复杂的机器人航天器，是以出生于意大利的法国天文学家乔凡尼·多美尼科·卡西尼（Giovanni Domenico Cassini）（1625—1712）的名字来命名的。卡西尼是巴黎皇家天文观测台的首任主任，他对土星进行了大量的观测。"惠更斯号"探测器名字是为了纪念荷兰天文学家惠更斯（Christiaan Huygens）（1629—1695），他在 1655 年发现了"大力神号"卫星。

土星轨道插入（SOI）是成功发射以后执行相关任务的最为关键的阶段。当"卡西尼号"到达土星以后，这个精密的机器人航天器花了 96 分钟的时间对主发动机实施点火，以降低自身的速度使自己成为土星的卫星。它从土星 F 环和 G 环之间的缝隙穿过，开始近距离围绕土星进行飞行。它将花 4 年的时间来完成主要的探索任务，在这期间，它总共要围绕土星运行 72 周。

在"卡西尼号"到达土星这段时间内，科学家们可以获得独特的机遇来观测土星和土星环。这段时间是在完成探索任务的整个期限内，"卡西尼号"离土星最近的时期。正如人们预期的："卡西尼号"航天器到达土星以后，就马上进入工作状态，并传回了科学数据。

科学家们研究了土星扭曲的 F 环。自从发现了这一现象，科学家们一直感到困惑。在 F 环区域内，科学家们还发现了一个运行天体，也可能是两个运行天体。此外，他们还在这一区域发现了一个圆环，它的组成物质与土星的卫星 Atlas（土卫十五）有关。科学家们通过"卡西尼号"对土星环进行了近距离观测。结果，他们发现在 F 环的外侧边缘有一个小天体在运动，这个小天体同时位于 Pandora 这颗土星卫星的轨道内部。它的直径是 5 千米，暂时被命名为 S/2004 S3。它有可能是一颗围绕土星运行的小卫星，与土星中心之间的距离为 14.1 万千米，与土星 F 环之间的距离为 1 000 千米。另一个天体被暂时命名为 S/2004 S4，曾经出现在"卡西尼号"最初提供的图像中。它的体积同 S/2004 S3 一样，这个天体呈现出奇怪的运行方式，并最终穿过了 F 环。

在观测 F 环区域的过程中，科学家们还发现了一个不为人知的圆环，并把它命名为 S/2004 1R。这个新发现的环与土星的卫星 Atlas 有关，它位于 Atlas 的运行轨道

　　图中的航天器是"卡西尼号"航天器，它正在完成关键的土星轨道插入（SOI）任务。这一任务是在 2004 年 7 月 1 日主发动机点火以后进行的。通过执行这一任务，"卡西尼号"可以降低自身的速度，以便使自己被土星的引力所吸引，进入围绕土星运行的轨道。在成功地完成了这一任务以后，"卡西尼号"开始了为期 4 年的探测行动。探测的目标除了土星以外，还包括它的神秘卫星，令人惊讶的土星环和复杂的磁场环境。在 2004 年 12 月 25 日，"卡西尼号"与一路同行的伙伴——"惠更斯号"探测器正式分道扬镳。"惠更斯号"探测器进入了"大力神号"卫星的大气层，"大力神号"卫星是土星最大的卫星。为了完成这一具有历史意义的任务，"惠更斯号"将一去不归。

（美国国家航空航天局 / 喷气推进实验室）

内，与土星中心之间的距离为 13.8 万千米，位于 A 环和 F 环中间。据科学家们估计，它的宽度为 300 千米。

　　"卡西尼号"到达了土星，并于 2004 年 7 月成功地完成了轨道插入燃烧以后，便开始了对土星整个系统的深度研究。在这一过程中，它至少要围绕土星运行 76 周。在这期间，它会和已知的 7 颗土星卫星近距离接触 52 次。在围绕"大力神号"卫星（土卫六）进行近天体探测飞行的过程中，"卡西尼号"会承受重力推力。正是这种力量，确定了"卡西尼号"围绕土星运行的轨迹。针对土卫六号进行的近天体探测飞行，还使"卡西尼号"航天器可以拍摄到土卫六表面的高分辨率图像。土卫六的表面被厚厚的云层所覆盖，充满了神秘的色彩。"卡西尼号"航天器携带了一个叫"大力神成像雷达"的设备。利用这个设备,"卡西尼号"可以透过不透明的云层对土卫六的表面进行拍摄,所得到的地形图像格外逼真。

科学家们在为"卡西尼号"设计运行轨道时要考虑到下面的因素:轨道体积的大小,该运行轨道与土星和太阳之间的相对方位,该轨道与土星赤道之间的倾角。上述因素都要受到不同科学探测要求的限制,这些探测要求包括:成像雷达对土卫六表面的覆盖范围,有选择地对冰层覆盖的土星卫星的近天体探测飞行,土星环的掩星现象,对土星环平面的穿越。

"卡西尼号"宇宙飞船至少完成了 6 次目标明确的近天体探测飞行。被精心挑选出来的被冰层覆盖的卫星都极具科研价值,它们分别是:伊阿佩托斯(Iapetus)(土卫八)、恩克拉多斯(Enceladus)(土卫三)、狄俄涅(Dione)(土卫四)和瑞亚(Rhea)(土卫五)。"卡西尼号"在进行近天体探测飞行时,利用高分辨率的望远镜摄像机拍摄到许多图像。图像显示:土卫六表面的空间分辨率相当于专业的棒球场的大小。除

在进入围绕土星运行的轨道的 9 天前,美国国家航空航天局的"卡西尼号"航天器捕捉到了这幅土星环的精美画面。这幅画面是在 2004 年的 6 月拍摄的。拍摄时从土星环下面选取了有利的角度,并用窄角摄像机进行拍摄,摄像机距离土星640 万千米。

(美国国家航空航天局 / 喷气推进实验室)

了土卫六以外,"卡西尼号"宇宙飞船围绕土星的其他主要卫星进行了至少 24 次飞行。不过,在进行这些飞行的过程中,"卡西尼号"离天体较远(飞行高度可以达到10 万千米)。"卡西尼号"围绕土星运行的轨道倾角会不断发生变化,所以它既可以研究土星的极地地区,又可以研究土星的赤道地区。

土卫六除了是惠更斯探测器的研究目标,还是"卡西尼号"宇宙飞船进行近距离研究的目标。"卡西尼号"先后针对它进行了 45 次近天体探测飞行。土卫六是土星

最大的卫星。有时"卡西尼号"离土卫六的表面只有大约 950 千米的距离。在土星的卫星中，只有土卫六拥有足够大的体积，可以使"卡西尼号"的运行轨道在重力助推作用的影响下发生重大的变化。通过对"卡西尼号"飞越土卫六上空的地点的准确测算和控制，可以确定整个这次太空之旅的轨迹。这种对整个任务的策划方法类似于当年"伽利略号"航天器使用过的方法。当年，"伽利略号"利用与木星较大的卫星（伽利略卫星）相遇的机会，确定了对整个木星系统进行成功探测的模式。

按照目前的计划，"卡西尼号"航天器的主要任务将于 2008 年 6 月 30 日结束。4 年前，它成功地到达了土星。2008 年的 5 月 28 日，它将围绕土卫六进行近天体探测飞行。在 2008 年的 7 月 31 日，"卡西尼号"还要针对土卫六再进行一次近天体探测飞行。在执行拓展任务的过程中，这些航天任务的指挥者们将有机会让它进行更多次的近天体探测飞行。只要能量供应（例如控制飞行姿态地推进燃料的供应）允许，按照目前的设计，"卡西尼号"航天器在完成对土星整个系统的探测后，完全可以继续完成其他拓展任务。

"卡西尼号"航天器是人类建造的体积最大且结构最复杂的星际航天器，它最初包括一个宇宙飞船和"惠更斯号"探测器。宇宙飞船的净质量为 2 125 千克。"惠更斯号"探测器的重量为 320 千克，负责姿态控制和整个飞船控制的推进燃料的重量为 3 130 千克。当把"惠更斯号"探测器和一个适配器装载在宇宙飞船上，同时推进燃料也加载完毕时，宇宙飞船的总发射质量为 5 712 千克。"卡西尼号"在装载完毕等待发射时，高度为 6.7 米，宽度为 4 米。

"卡西尼号"航天器一共装载了 18 台科研设备，其中有 6 件装在锅状的"惠更斯号"探测器上。这个探测器是由欧洲航天局（ESA）赞助的。它于 2004 年的 12 月 25 日实现了与"卡西尼号"主航天器的分离，并于 2005 年 1 月 14 日进入土卫六的大气层，成功地开始执行自己的科研任务。这个探测器的科研设备包括：悬浮物质采集器和高温热解器、降落成像系统和光谱辐射计、多普勒风仪、气相色谱仪和成分分光计、大气结构分析仪和表面科学工具包。

"卡西尼号"宇宙飞船装载的科研设备包括：复合红外分光计、成像系统、紫外成像摄谱仪、可见光和红外线测绘分光计、成像雷达、无线电科学子系统、等离子体分光计、宇宙尘埃分析仪、离子和中性粒子质谱仪、磁力计、磁场成像仪、无线电波和等离子体波科学仪器。利用通讯天线的遥测技术，它可以观测土卫六和土星

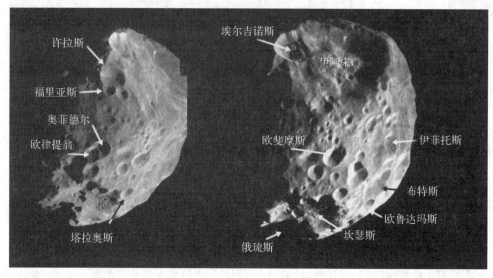

许拉斯

埃尔吉诺斯

伊阿宋

福里亚斯

奥菲德尔

欧斐摩斯

伊菲托斯

欧律提翁

布特斯

欧鲁达玛斯

塔拉奥斯

俄琉斯

坎瑟斯

这幅图片是由关于土星卫星"福柏"的两幅图片复合而成的。它们是"卡西尼号"在2004年6月拍摄的。图上列出了国际天文学协会对24个陨石坑的暂定命名。

（美国国家航空航天局／喷气推进实验室）

的大气层，还可以测量土星和它的卫星的磁场强度。

按照设计，"卡西尼号"航天器（包括"惠更斯号"探测器及其宇宙飞船），要对土星进行详细的研究。它的研究目标自然要包括以下方面：土星环、土星的磁气圈、土星的冰层覆盖的卫星和它最大的卫星土卫六。"卡西尼号"航天器针对土星这颗行星进行的探测任务包括以下方面：云层特性、大气层构成、表面的风和温度、内部结构和旋转、电离层特征、起源和演变。对土星环系统的研究包括：结构和构成、内部动态过程、与卫星之间的相互联系、由尘埃和微流星体构成的环境。

土星的磁气圈由土星周围的大量磁泡构成，这些磁泡是由于土星内部的磁力而产生的。土星的磁气圈还包括位于磁泡内的带电粒子和不带电粒子。对土星磁气圈进行的科学研究包括：目前的结构，来源及下沉，动态过程，与太阳风、卫星和土星环之间的相互作用，土卫六与磁气圈和太阳风之间的相互作用。

在"卡西尼号"的轨道运行阶段（从2004年7月1日至2008年6月30日），它将针对已知的冰层覆盖的土星卫星进行多次近天体探测飞行。利用这些近天体探测飞行，航天器的探测设备可以对土星的卫星进行下列研究：结构和地质历史、表面形态改变的原理、表面构成和分布、与土星的磁气圈之间的相互作用、磁泡的构成和内部结构。

土星的卫星多种多样：从像行星一般大的土卫六，到直径只有几十千米的不规则小天体。科学家们认为：所有这些天体（除了土卫九以外）除了由水构成的冰以外，还包括其他化学成分，例如，甲烷、氨和二氧化碳。在使用机器人航天器进行太空探索活动以前，科学家们认为：从地质学的角度来看，一些外层空间行星的卫星没有任何生命力，它们缺乏科学研究的价值。他们还认为：行星提供的热源不足以熔化卫星的地幔，从而提供液体、半液体（冰）或由硅酸盐构成的泥浆。

## 火星探测漫游者航天器

在 2003 年 9 月，美国国家航空航天局发射了两个火星漫游车。它们将在 2004 年期间在火星的表面进行探测活动。"勇气号"［火星探测"漫游者 A 号"（MER–A）］在 2003 年 6 月 10 日从卡纳维拉尔角被"德尔塔二号"火箭发射升空，并于 2004 年的 1 月 4 日在火星成功着陆。"机遇号"（MER–B）在 2003 年 7 月 7 日卡纳维拉尔角被"德尔塔二号"火箭发射升空，并于 2004 年的 1 月 25 日在火星表面成功着陆。两次着陆都成功利用了缓冲气垫的弹力和滚动，这种技术在火星探路者计划也得到了体现。

火星漫游车到达火星表面后，分别在不同的位置开始行进，并进行针对火星表面的探测活动。它们与地面的通讯联系主要通过围绕火星运行的宇宙飞船来实现的，例如，火星"奥德赛 2001 号"，这些宇宙飞船实际上在进行数据接力。

"勇气号"在古谢夫环形山着陆，这个陨石坑位大约位于火星南纬 15° 的地方。美国国

这幅有趣的拼接图是由美国国家航空航天局的"勇气号"火星探测漫游车在 2004 年 1 月 4 日利用航天摄像机拍摄的。美国国家航空航天局的科学家们对原图片进行了加工处理，以便使人们能够从俯视的角度清晰地看到位于火星表面的火星探测漫游车和它的主航天器。

（美国国家航空航天局／喷气推进实验室）

家航空航天局的技术人员选择这里作为着陆点是因为这里看上去像一个湖床。"机遇号"在子午线台地成功着陆，这一地区也被称为赤铁矿地区，因为有证据表明这里存在粗粒赤铁矿。赤铁矿是一种含铁量极为丰富的矿物，通常在水中形成。这个航天器的主要科研目标还包括：搜寻火星表面的各种土壤和岩石并总结它们的特征。通过这些研究可以了解到：火星表面的水在过去是如何运动的。到 2006 年底，这两个火星漫游车实际上早已完成既定任务。按计划，它们要在火星表面进行为期 90 天的探索活动。

每个火星漫游车的质量为 185 千克，它们在火星表面的行进速度可以达到每天（火星上的时间）100 米。"勇气号"和"机遇号"携带了数量相同的同样科研设备，它们在努力寻找证据来证明火星的表面在古代曾经存在液态水。作为美国国家航空航天局整个探测计划的一部分，火星漫游车在火星表面的不同地点着陆。它们在着陆以后，立刻对着陆地点进行勘查。这种勘查主要是通过拍摄全景（360°）的可见图像和红外图像来实现。利用火星漫游车每天传回的图像和光谱，在喷气推进实验室工作的美国宇航局专家可以利用通讯和遥控技术来管理整个的科研项目。这两个火星漫游车时不时可以得到技术人员的技术指导，它们看上去就像机器人勘探者一样，在研究岩石和土壤标本并分析只有在显微镜下才能看到的组成和结构。

## ◎探测太阳系内的小天体

以前，科学家们对于太阳系内的小天体（例如彗星和小行星）并没有过多的了解。对于彗星核的真实本质，科学家们存在着很多不同的猜想，没有人近距离观察过小行星的表面。后来，机器人航天器经过了其中的一些天体，并针对它们完成了摄像、采集样本、探测和登陆活动。这样，科学家们对于小天体的了解在很短的时间内就被彻底地改变了。在本章我们将讨论迄今为止的一些最重要的小天体探测活动。

小行星和彗星被认为是太阳系早年形成时期留下的残余物，太阳系形成于四十多亿年以前。从地球上有生命诞生的那一天起，一直到 1994 年 6 月"苏梅克-列维九号"彗星和木星之间发生剧烈碰撞，这些小天体一直影响着行星环境的基本形成过程。当然，地球也存在于这个行星环境中。

科学家们现在认为：小行星是一些原始的物质；当太阳系于 46 亿年前形成的时候，由于木星的强大引力，小行星并没有变成行星一样大的天体。据推算，如果把所有小行星的质量加起来，将构成一个直径大约为 1 500 千米的天体，这个天体的直径大小不到月球的一半。

美国国家航空航天局的"伽利略号"航天器是第一个对小行星进行近距离观测的航天器，它于 1991 年和 1993 年分别经过加斯帕（Gaspra）和艾达（Ida）这两颗主带小行星。加斯帕和艾达这两颗小行星被证明是形状不规则的天体，看上去非常像土豆。它们的表面布满了陨石坑和断层。"伽利略号"航天器还发现艾达拥有自己的卫星，这是一个非常小的天体，名字叫达克载（Dactyl）。它在轨道内围绕艾达小行星运行。科学家们认为：达克载有可能是一些碎片，它们的成因与小行星带内部在过去发生的碰撞有关。

经过航天实验证实：彗星的表面十分污浊，而且布满了冰层；它们是由尘埃、冰和气体构成的；它们也是围绕太阳运行。当彗星从太空的深处接近太阳系的内部时，

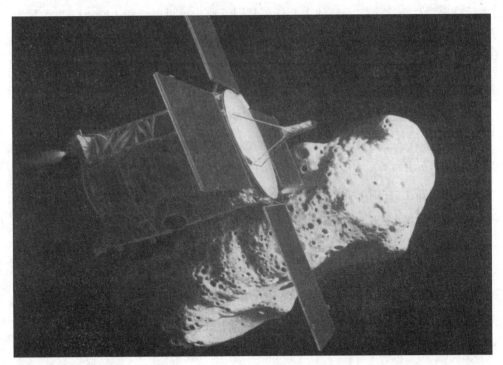

这张图片向人们再现了近地小行星"会合号"（NEAR）航天器在 2000 年 2 月 14 日遇到厄洛斯小行星时的情景。"NEAR 号"进入了围绕厄洛斯运行的轨道。然后，它对这颗小行星进行了为期 1 年的探测。在 2001 年 2 月 12 日，在这颗小行星的马鞍形地区着陆以后，它的任务正式结束。为了纪念美国地质学家和天文学家苏梅克（Eugene M. Shoemaker）（1928—1997），美国国家航空航天局把这个机器人航天器重新命名为"NEAR– 苏梅克号"。

（美国国家航空航天局）

太阳辐射使冰冻物质开始气化（升华），形成了一个彗形象差和一个由尘埃和离子构成的长长的彗尾。尽管彗形象差和彗尾体积很大，但彗核的直径通常只有几十千米或更短。科学家们认为这些被冰层覆盖的小行星体是原始物质的残留物。形成于几十亿年前的外层空间的行星正是由这些原始物质构成的。

## 探访近地小行星计划

美国国家航空航天局的探访近地小行星（NEAR）航天器是第一个致力于探索小行星的科学航天器。它于1996年2月17日在卡纳维拉尔角被一艘名为"德尔塔（Delta）二号"的一次使用运载火箭发射升空。"会合号"（NEAR）航天器装载了以下设备：X射线分光仪和伽马射线分光仪，近红外成像摄谱仪，多谱段摄像机，激光测高仪和磁力计。其中，多谱段摄像机还装有成像探测仪，这个成像探测仪配有电荷耦合器件。这个航天器的主要任务是同近地小行星厄洛斯（Eros）（也被称为433厄洛斯）会面并围绕它运行。

厄洛斯是形状不规则的S类小行星，它的体积为 $13 \times 13 \times 33$ 千米。这颗小行星是第一颗被人类发现的近地小行星，它在1898年8月13日被德国天文学家古斯塔夫·维特（Gustav Witt）（1866—1946）发现。在希腊神话中，厄洛斯是赫尔墨斯（Hermes）和阿佛洛狄特（Aphrodite）的儿子，被人们奉为爱神。

在被发射升空并离开地球轨道以后，NEAR进入太空巡游任务的第一个阶段。这个机器人航天器在这一阶段的绝大多数的时间内处于最小活动状态（休眠状态），这种状态持续了几天。接下来，它在1997年6月27日，开始成功地针对"玛蒂尔德（Mathilde）号"小行星进行近天体探测飞行。在这段时间，它离"玛蒂尔德号"小行星有1 200千米，它的飞行速度为每秒9.93千米，科学家们可以通过它收集图像和其他科学数据。

按照最初的计划，它应该在1999年1月与小行星厄洛斯会面并围绕它运行，然后在大约1年的时间里研究这颗小行星。然而，由于软件出了问题，导致为第一次会面而进行的火箭发动机燃烧失败。美国国家航空航天局不得不对原计划进行了修改。按照新计划，它将在1998年12月23日针对小行星厄洛斯进行近天体探测飞行。接下来，它又将在2000年2月再一次实现与小行星会面并围绕它运行。

"NEAR-苏梅克号"在2000年2月14日追上了小行星厄洛斯，并围绕它运行了1年。在这1年内，它先后研究了这颗小行星的表面、轨道、质量、构成和磁场。[为了纪念美国地质学家和天文学家苏梅克（1928—1997），美国国家航空航天局把这个航天器重新命名为"NEAR-苏梅克号"，苏梅克在1997年7月18日死于车祸〕2001年2月，在技术人员的指导下，"NEAR-苏梅克号"实现了航天器第一次在小行星表面的登陆。2001年2月12日，它在厄洛斯表面的马鞍形区域登陆。

### "乔托欧空（Giotto）号"探测器

欧洲航天局的"乔托欧空号"科学探测器于1985年的7月2日，在位于法属圭亚那的库鲁火箭发射场被"阿丽亚娜一号"火箭发射升空。在1986年的3月13日，这个航天器成功地与哈雷彗星会面，它们之间的最近距离为596千米。这次具有历史意义的会面恰逢哈雷彗星回归内太阳系期间，而哈雷彗星的这次回归已经被科学家们预测到。在这次成功会面以后，"乔托欧空号"进入休眠状态。在1992年，它从休眠状态中醒过来，开始研究"格里格-斯克杰利厄浦（Grigg-Skjellerup）号"彗星。这次研究是它的拓展太空任务的一部分。

"乔托欧空号"科学探测器装载了10件硬件科研设备：1个窄角摄像机，3个用于测量中性粒子、离子和尘埃微粒的质谱仪、1个照相偏振测量仪、几个不同的尘埃测定仪和1套等离子体实验设备。在与哈雷彗星相遇的过程中，所有的实验都进行得很顺利。它还收集了大量的重要科学数据。也许最重要的成绩是清晰地辨认了彗核，并证实了人们对彗星"脏雪球"式（也就是岩石加上冰）的构成模式的假定。

欧洲航天局是以意大利画家乔托·迪·邦多纳（Giotto di Bondone）（1266—1337）的名字来命名"乔托欧空号"航天器的。这位画家在1301年目睹了哈雷彗星从空中飞过。这位文艺复兴时期的著名画家在他的著名壁画《三博士来朝》中描绘了这颗著名的彗星，这幅壁画现在收藏在帕多瓦的斯科洛文尼教堂。

### 星尘计划（Stardust Mission）

星尘计划的主要目标是从"威尔特（Wild）二号"彗星的旁边飞过，收集这个彗星的彗形象差中的尘埃和易挥发物质。美国国家航空航天局于1999年2月7日从卡纳维拉尔角的空军基地利用"德尔塔二号"的一次使用运载火箭将"星尘号"航天器发射升空,在被成功发射以后,"星尘号"航天器进入了围绕太阳运行的椭圆轨道。到2003年夏天的中段，它已经完成了围绕太阳运行两周的任务。在2004年的1月2

日，它又成功地飞越了"威尔特二号"彗星的彗核。

当"星尘号"航天器飞越彗星的彗核时，它的相对速度大约为每秒 6.1 千米。在这次同彗星会面的过程中，在离彗星最近时，它与彗核的距离仅为 250 千米。它还传回了彗核的图像。该航天器的尘埃监控数据表明：已经收集到了大量的微粒样本。航天器传回的遥测数据显示：在这次与彗星近距离接触的过程中，"星尘号"航天器收集了成千上万的离子和易挥发的物质，它们都是由彗星物质构成的。

接下来，"星尘号"航天器于 2006 年 1 月在近地球轨道飞行。收集到的彗星物质样本被收藏在一个特制的样本储存保险柜里，这个保险柜被放在"星尘号"航天器的返回舱内。当这个机器人航天器于 2006 年 1 月中旬飞越地球上空时，它成功地将装有样本的返回舱弹出。这个返回舱穿越了地球大气层，并成功地在犹他州的沙漠里实现了软着陆。科学家们现在正在仔细研究返回舱内的物质，这些来自地球以外的细小微粒是关于彗形象差物质和（被怀疑是）星际物质的原始样本。这些样本在被机器人航天器收集到以后，又被它送回地球供科学家进行科学研究。

## 深度撞击任务（Deep Impact）

2005 年 7 月初，美国国家航空航天局的"深度撞击号"机器人航天器在太空进行了一个复杂的实验。这个实验对彗星内部进行了探测，揭开了关于彗星内部结构的奥秘。在这个实验过程中，体积较大的航天器将体积较小的航天器送入围绕"坦普尔（Tempel）一号"彗星飞行的轨道。这个体积较大的航天器正在执行近天体探测飞行任务，而这个体积较小的航天器将要执行撞击任务。这个实验就好比这样一个游戏：一颗彗星子弹正在追逐一颗航天器子弹（将要撞击彗星的航天器），而另一颗航天器（执行近天体探测飞行任务的航天器）一边高速飞行一边观察。

当技术人员创建"深度撞击号"的飞行系统并收集相关实验设备时，他们面对的最大的挑战是：如何让航天器对准"坦普尔一号"彗星的彗核并进行撞击。"坦普尔一号"彗星的彗核直径为 6 千米。执行撞击任务的航天器的飞行相对速度为每秒 10 千米，它在距离彗星 86.4 万千米的地方脱离了主航天器。这个自我控制的航天器将要撞击被太阳照耀的彗核的某个区域，以便让执行近天体探测飞行任务的航天器利用相关设备拍摄撞击的过程和撞击的结果。

"深度撞击号"飞行系统包括两个机器人航天器：执行近天体探测飞行任务的航

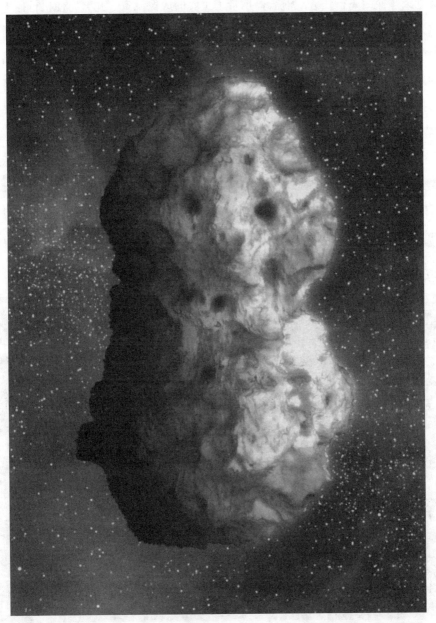

　　这是一幅"坦普尔一号"彗星彗核的艺术合成图片。这幅图片是根据"斯皮策号"太空望远镜（SST）提供的信息绘制而成的，它采用了模拟红外视角的方式。"斯皮策号"太空望远镜传回的数据表明：彗星是一种不光滑的黑色天体，它的体积大约为 $14 \times 4$ 千米。

（美国国家航空航天局／喷气推进实验室）

天器和执行撞击任务的航天器，每个航天器都具有接收和传输数据的设备和能力。执行近天体探测飞行任务的航天器携带了主要的成像设备，并努力使执行撞击任务的航天器靠近彗星的彗核。作为执行这次航天任务的主航天器，它要比实际撞击时间提前24小时实现与执行撞击任务的航天器的分离。当执行撞击任务的航天器到达目的地以后，主航天器要收集它传来的相关数据。同时，主航天器还会利用有关设备来拍摄撞击过程，观测撞击后的现象（包括撞击产生的坑和撞击时喷发出来的物质），并把所有的科学数据传回地球。

在2005年1月12日，深度撞击航天器在卡纳维拉尔角成功发射。这也标志着一次有趣而特别的航天任务的开始。在成功发射以后，"深度撞击号"的主航天器和执行撞击任务的航天器共同进入了围绕太阳运行的轨道，它们在7月初与"坦普尔一号"彗星会面。在7月3日，为了取得更好的观测效果，主航天器对执行撞击任务的航天器发出了减速和重新对准的指令。

这幅系列图片是由哈勃太空望远镜拍摄的。它是在2005年7月4日美国国家航空航天局深度撞击航天器的抛射物和"坦普尔一号"彗星发生碰撞以后拍摄的，这个抛射物的重量为373千克。图中呈现出一缕明亮的由尘埃构成的烟雾。图片的顺序形象地向人们展示了彗星的喷射物从逐渐膨胀到喷向太空的演变过程。

（美国国家航空航天局／约翰斯·霍普金斯大学的应用物理实验室）

深度撞击探测器按计划与 " 坦普尔一号 " 彗星在其向阳面成功发生了碰撞。就在碰撞发生几秒钟以前，安装在探测器上的摄像机拍摄了彗核的画面并通过主航天器传回地球。在撞击的瞬间，主航天器的摄像机的视野里充满了快速喷发出来的大量尘埃。世界各地的观众目睹了这一壮观的天文事件。美国国家航空航天局通过电视和互联网向全世界直播了这一壮观的天文事件，这次直播是在接近实时的状态下进行的。当这个人造天体撞击彗星时，美国国家航空航天局旗下的所有运行天文望远镜都对这一独特的天文事件进行了观测，这其中包括：哈勃太空望远镜、"钱德拉号" X 射线望远镜和 "斯皮策号" 太空望远镜。

在撞击发生时，主航天器距离彗星大约 1 万千米。在距离撞击进行还有大约 60 秒的时候，它开始收集图像。在撞击结束以后，又过了大约 600 秒，主航天器开始观测撞击产生的坑。当时，它距离彗核大约 4 000 千米。这一观测活动一直持续到主航天器最接近彗核的时候。主航天器与彗核间的最近距离为 500 千米。在深度撞击结束后 16 分钟，摄像工作也结束了。执行近天体探测飞行任务的航天器重新调整运动方向，在 21 分钟内穿越了彗星内部的彗形象差区域。然后，该航天器又一次调整了运动方向，以便从反方向对彗星进行拍摄。又过了 50 分钟，这个航天器将所有储存的数据传回地球。"深度撞击号" 航天器现在处于休眠状态，它们在等待未来。将来有一天，它们可能再一次被唤醒来完成进一步的科学探索任务。虽然这次撞击的力量很大，但还不足以使彗星围绕太阳运行的轨道发生重大改变。由于撞击产生了巨大热量，彗星表面的冰气化了，从撞击产生的坑里喷射出大量的尘埃和碎片。随着科学家们进一步整理执行近天体探测飞行任务的航天器所收集到的数据，它们会对彗星的内部结构拥有更多的了解，会弄清楚彗星的内部和彗星的表面是否是截然不同的。

## ◎ "新视野号"冥王星——柯伊伯带近天体探测航天器

美国国家航空航天局的"新视野号"冥王星——柯伊伯带近天体探测航天器（New Horizons Pluto-Kuiper Belt Flyby Mission）在 2006 年的 1 月 19 日在卡纳维拉尔角被成功发射。它最初的名字叫冥王星快速近天体探测航天器。现在，它正在飞往冥王星的途中。这个侦查型的探测飞行器将帮助科学家们了解冥王星这颗有趣的行星。冥王星位于太阳系的边缘，它是一颗被冰层覆盖的行星。以前，科学家们对它了解得很少。在接下来的 9 年里，于 2015 年夏天，成为第一个围绕冥王星和其卫星卡戎（冥卫一，Charon）飞行的近天体探测航天器。冥王星和冥卫一共同构成了一个看上去冷冰冰的双行星系统。这个航天器将会继续飞越冥王星，（如果有机会的话）它将会在 2026 年以前访问一个或者更多的柯伊伯带的天体。该航天器的长途旅行将会帮助科学家们解答一些与这些冰冷的天体相关的基本问题。例如，它们的表面特征、它们本身的特点、它们的地质构造、它们的内部构成和它们的大气层。

关于冥王星–冥卫一双行星系统，科学家们的主要科研目标包括：对冥王星和冥卫一的地形学研究，对它们的整个地质状况的研究、对冥王星的表面进行测绘、确定冥王星昙花一现的大气层的构成和结构。由于冥王星将会逐渐远离 1989 年的近日点，它的稀薄大气层将会再一次发生冰冻，并落在冥王星的表面。按计划，对冥王

这幅图片向人们展示了 2015 年夏天"新视野号"航天器按计划与冥王星这颗矮行星（前景）和它相对较大的卫星冥卫一相遇时的情景。（2005 年的天文观测显示：冥王星可能拥有两颗体积稍小的卫星。这两颗卫星并没有出现在这幅图片中。）这个航天器用钚 –238 作为燃料，它的电力由寿命较长的放射性同位素热电发电机系统（汽缸位于航天器的左下方）来提供。这个机器人航天器将要从一些遥远星球的旁边飞过。这些星球看上去冷冰冰的，它们与太阳之间的距离有几十亿、乃至上百亿千米。如图所示，这个航天器有一个最明显的特征：它的天线是圆盘形的。这个天线的直径为 2.1 米。"新视野号"正是通过它与远在 75 亿千米以外的地球上的科学家们保持通讯联系。人们希望"新视野号"在访问冥王星以后，将会有机会探测位于柯伊伯带内的一个或几个冰冷的类星天体。

（美国国家航空航天局 / 喷气推进实验室）

星进行探测的这个航天器将会在大气层冰冻现象出现以前到达冥王星。对这个双行星系统的研究实际上是从 2015 年的中段开始进行，这时距离航天器最接近冥王星还有 12~18 个月的时间。这个体积适中的航天器没有任何可展开的结构，它的电力供应来自使用寿命很长的放射性同位素热电发电机。在这一点上，它与围绕土星运行的"卡西尼号"航天器非常相似。

这个航天器将会完成最初确定的利用机器人航天器来对太阳系进行科学侦查的任务。目前，冥王星是太阳系中人类了解最少的主要行星。据科学家们推算，冥王星甚至可以被看作是柯伊伯带内的原始天体家族中体积最大的天体，这些原始天体被表面的冰层所覆盖。除了近距离观测冥王星的表面和大气层以外，这个航天器还要了解冥王星、冥卫一和柯伊伯带内（可能存在）的几个天体，了解它们表面总的物理特征和化学特征。如果这个机器人航天器要利用天体动力学的重力助推原理，

这是一幅关于冥王星系统的图片。观测冥王星的地点位于新发现的一颗冥王星卫星的表面。在 2005 年，天文学家们在利用哈勃太空望远镜观测冥王星这颗冰冷的矮行星时，发现它有 3 颗卫星，它们分别是：冥卫一、尼克斯冥卫二（Nix）和许德拉冥卫三（Hydra）。

（美国国家航空航天局）

在 2007 年获得木星的重力助推力，它必须在从 2006 年 1 月中旬至 2006 年 2 月初的这段时间成功发射。木星的重力助推作用将会提高航天器的运行速度，从而为这次长途星际旅行节省很多年的飞行时间，这次长途星际旅行的目的地是太阳系的尽头。

研究人员在 2005 年的 5 月 15 日，利用哈勃太空望远镜观测到：冥王星这颗冰冷的行星拥有不止一颗卫星，实际上它一共拥有 3 颗卫星。这一重大发现给这次本已不可思议的星际旅行增添了更多的科学惊喜。

这两颗新发现的冥王星的卫星，分别被命名为"许德拉号"（S/2005 P1）冥卫三（Hydra）和"尼克斯号"（S/2005 P2）冥卫二（Nix），它们距离冥王星大约有 4.4 万千米。换句话讲，它们与冥王星之间的距离相当于冥卫一与冥王星距离的 2 倍或 3 倍。

这些卫星的体积非常小。据推算，它们的直径介于 64~200 千米之间。相比之下，冥卫一的直径为 1 170 千米，而冥王星本身的直径大约是 2 270 千米。

关于冥王星的第二个有趣的事件发生于 2006 年 8 月 24 日。国际天文学协会（IAU）的会员国在捷克共和国首都布拉格召开会议。会议（通过投票表决的方式）决定将冥王星从九大行星系列中去掉，将它降档到一个新的行星系列，这个系列被称为矮行星。IAU 的决定使太阳系中除了拥有八大行星以外，还有 3 个矮行星，它们分别是：冥王星（它是标准的矮行星）、谷神星（最大的小行星）和位于距离遥远且面积广大的柯伊伯带中的天体。位于柯伊伯带中的天体也被称为 2003UB313（它们的绰号叫 Xnea）。天文学家们预计将来还会在太阳系的遥远区域发现其他的矮行星。

国际天文学协会将冥王星从主要行星降档为矮行星的决定并没有影响美国国家航空航天局的"新视野号"的科研目标。在 2006 年 9 月初，美国国家航空航天局通过收集"梅西耶七号"星团的图像，来测试航天器的远程勘测成像仪（LORRI）的性能。电子图像显示："新视野号"的 7 个科学实验装置在太空中运转正常，它们在航天器被成功发射以后不断传回有价值的科学数据。截至 2006 年 9 月，这个机器人航天器还在向着既定目标进行飞行。它在 2015 年的 7 月历史性地实现针对冥王星这颗矮行星进行近天体探测飞行。

# 4

光学天文学和哈勃太空望远镜

光学天文学是天文学的一个分支学科，它主要是利用电磁光谱范围内的可见光区的辐射来研究天体和天体现象。电磁光谱的波长范围是 400~700 nm。天文学家们利用位于地面上和太空中的天文望远镜来收集关于可见光区辐射的相关信息，并通过分析这些信息来研究行星、恒星及其演变、正常星系与活跃星系以及宇宙的整体结构。

利用肉眼进行观测的天文学是指不借助任何光学望远镜进行天文观测的天文学。从本质上讲，它也属于光学天文学，因为人的眼睛对可见光是非常敏感的。正是可见光带来的信息使人们形成了对宇宙及其构成的视觉认识，在 17 世纪前进行的天文观测都是通过肉眼观测的方式进行的。然而，那些通过肉眼进行天文观测的天文学家们经常使用一些古代的天文观测工具，例如他们会使用星盘来确定天体的位置并跟踪它们的运动轨迹。丹麦天文学家第谷 · 布拉赫（Tycho Brache）（1546—1601）被认为是最后一位也是最伟大的用肉眼进行天文观测的天文学家。

望远镜天文学也是光学天文学的一部分，前提是观测设备对可见光源非常敏感。当然，许多现代天文望远镜在进行天文观测时具备超出电磁光谱狭窄的可见光区的观测能力，它们可以观测到位于可见光区两侧的近红外线区域和紫外线区域。这些现代天文望远镜有的位于太空中，如哈勃太空望远镜。有的在地球的表面（通常位于高山的山顶），位于地面的现代天文望远镜的横断面较宽。当波长大约超过 2.0 微米（在红外线区域）时，来自光学望远镜自身的辐射（如果该望远镜位于地球的表面）和地球大气层的辐射就会增加。这时，需要使用特殊的探测设备，光学望远镜在设计上要进行"冷化"处理。研究红外天文学的天文学家们使用经过特殊设计的天文望远镜。这些天文望远镜有的位于太空中，有的位于地球的表面，位于地球表面的天文望远镜通常被放置在高山的山顶。这样一来，它们实际上就可以摆脱大气层中绝大多数的复杂天气条件的干扰。

许多相关学科对光学天义学领域的传统观测和测量领域进行了补充，其中就包括天体摄影术、光学干涉量度法和光谱学。天体摄影术是指使用摄影技术来为天体进行成像。天文学家们已经用光电耦合器件来代替敏感度不高的感光乳剂，光电耦合器件可以呈现出电磁光谱的可见光区、红外线区域和紫外线区域内的图像。摄影技术在观测天文学领域内的应用开始于 19 世纪的中叶，从此以后，摄影技术对观测天文学的发展产生了巨大的影响。

光学干涉量度法主要使用干涉仪这种观测设备。在 19 世纪 80 年代的早期，阿尔伯特 · 亚伯拉罕 · 迈克尔逊（Albert Abraham Michelson）（1852—1931）在亚历山大 · 格雷汉姆 · 贝尔（Alexander Graham Bell）（1847—1922）的经济援助下，设计出精密的光学干涉仪（也被称为迈克尔逊干涉仪）。贝尔是一位美国的发明家，他出生于苏格兰。迈克尔逊曾经获得过诺贝尔奖的桂冠，迈克尔逊发明的设备可以先让一束光按照两个不同的路径来传播，然后再把两个光束结合起来。如果每一个光束的传播距离和传播速度不同（由于经过了不同的传播媒介），再次结合的光束就会失相并产生与众不同的亮暗相间的光带，这种光带被称为干涉模式。

从理论上讲，光学干涉可以形成并测量由两个或更多的连续光波串产生的干扰带。这些光波串产生于同一辐射源（或光源）。天文学家们可以把光信号结合起来，获得角分辨率极高的测量数据。这些光信号要依靠至少两台单独使用的（光学）望远镜来收集。光学干涉量度法被用来准确测量波长和光源的角辐，并确定光源的角坐标。

在 1859 年，德国化学家罗伯特 · 威廉 · 本生（Robert Wilhelm Bunsen）（1811—1899）与德国物理学家古斯塔夫 · 罗伯特 · 克基霍夫（Gustav Robert Kirchhoff）（1824—1887）合作研究光谱学。他们的前沿性研究给天文学领域带来了巨大的变革，从此以后，科学家们终于可以确定遥远天体的化学组成了。光谱学涉及对不同原子和分子的光谱线研究，当代的天文学家们利用放射光谱学来推断天体的物质构成，这些天体会放射出不同的光。同时，这些天文学还利用吸收光谱学来推断介于其间的媒介的物质构成。

天文学家们过去习惯用"可观测到的宇宙"来描述从地球上可以观测到的整个宇宙的特定区域。从 1610 年（伽利略首先利用天文望远镜来进行天文观测）到 20 世纪初，"可观测到的宇宙"主要局限于可以被探测和研究的宇宙的特定区域。对这一区域的研究主要是通过对可见光的研究来实现的，这些可见光，既包括某些天体（例如恒星）自身发出的可见光，又包括另外一些天体反射其他天体（像月球和其他行星）的可见光。从 20 世纪中叶开始，科学家们拓展了"可观测到的宇宙"这一概念的外延，它指宇宙中可以进行全方位探测活动的区域。这种探测活动既包括电磁光谱的整个范围内（包括伽马射线、X 射线、紫外线、可见光、红外线、微波和无线电频率）的探测活动，又包括通过研究高能宇宙射线和微中子来进行的探测活动。从逻辑上讲，宇宙中的暗物质（或短缺质量）不应该被包括在"可观测到的宇宙"的最新含义内。

## 知识窗

### 安德斯·昂格斯特罗姆

安德斯·昂格斯特罗姆（Anders Ångström）是一位瑞典物理学家，同时也是一位在太阳波谱研究方面发挥着先锋作用的太阳天文学家。1862 年，他发现在太阳大气中存在着氢气，于是他发表了一幅太阳光谱的细节图，图中还揭示了其他几种化学元素的存在。现在被人们使用的一种特殊波长单位"埃"（符号：Å）就是为了纪念他在光谱学和天文学方面的贡献。

昂格斯特罗姆于 1814 年 8 月 13 日出生于瑞典的洛格多（Lögdö）。他在乌普萨拉大学学习物理和天文，1839 年毕业并获得博士学位。乌普萨拉大学建于 1447 年，是斯堪的那维亚半岛的大学中最古老的一所。昂格斯特罗姆刚毕业就成为这所大学的物理学和天文学讲师。在而后 30 多年的时间里，他在这所大学下属的许多学术和研究机构中任职。例如，1843 年他成为著名的乌普萨拉天文台的一名观测人员，这个天文台是安德斯·摄尔修斯（Anders Celsius）（1701—1744）于 1741 年创建的。1858 年，昂格斯特罗姆成为物理系的主任，并在余后的生涯中一直担任物理系的教授。

昂格斯特罗姆在热传递、光谱学和太阳天文领域进行了许多重要的研究。他在热传递领域的贡献，主要是研究出对热的传导性进行测量的方法，这种方法的原理是根据热的传导性和电的传导性成比例这一理论。昂格斯特罗姆还是 19 世纪光谱学研究领域的开拓者之一。他观察到一束电火花能产生两个重叠的光谱，一个光谱与电极能够产生电火花的金属有关，另一个光谱与电火花经过的气体有关。

昂格斯特罗姆还将伦哈特·欧拉（Leonhard Euler）（1707—1783）的共振定理应用到实验中并获得了原子光谱数据。同时，他还发现了光谱分析的一条重要原理。他在 1853 年递交给瑞典科学院的论文《光学调查报告》中指出，白炽气体发光时的波长与冷却后吸光时的波长是完全一致的。这一发现是昂格斯特罗姆在光谱领域内最重要的研究成果，它为克基霍夫在光谱学领域的发现奠定了基础。后来，克基霍夫提出了辐射定律。同时，昂格斯特罗姆还阐述了多种金属合金的可见光谱的结构特征。

昂格斯特罗姆在乌普萨拉大学的实验活动给他提供了在新兴的光谱学领域内亲自进行实践的机会。他在太阳天文学领域所进行的具有开拓性的科学观测正是建立在前期的实验室研究的基础上。1862 年，昂格斯特罗姆在进行太阳光谱方面的科学研究时，发现太阳大气中包含氢气。1868 年，他发表了著名的《关于太阳光谱的研究报告》，报告中包括了对近 1 000 条"夫琅禾费线"进行测量的数据，这部研究报告也被认

为是一部太阳光谱地图集。不同于罗怕特·本生和古斯塔夫·克基霍夫等早期的光谱学家，昂格斯特罗姆对相应的波长进行了精确的测量，精确度的单位可以达到万分之一米。相比之下，早期的光谱学家的测量方法显得比较随意。

昂格斯特罗姆关于太阳光谱的地图作为天文学家参考的标准为人类服务了近 20 年。1905 年，国际科学界为了纪念他的贡献，将他所使用的波长单位命名为埃，1 埃等于 $10^{-10}$ 米。物理学家、光谱学家和使用显微镜的技术人员在讨论电磁光谱的可见光区时使用的单位就是埃。人的肉眼能感受到波长在 400~700 纳米之间的电磁辐射。这些数字非常小，所以科学家觉得他们在讨论技术问题时使用埃作为单位更方便。例如，我们可以说人的视觉范围在 4 000~7 000 埃之间。

1867 年，昂格斯特罗姆成为第一个研究北极光光谱的科学家。因为他在本领域的前沿研究，人们时常把他的名字与具有代表性的北极光的黄绿色亮光联系起来。他是瑞典皇家科学院（位于斯德哥尔摩）和乌普萨拉皇家科学院的会员。1870 年，他入选伦敦皇家科学协会，并于 1872 年获得此组织颁发的著名的拉姆福德奖。1874 年 6 月 21 日，他在乌普萨拉与世长辞。

## ◎恒星和它们的生命周期

从本质上讲，恒星是自我发光的由炙热的气体构成的球形天体，恒星通过发生在核心部分的热核聚变反应产生巨大的能量。天文学家把恒星分为正常恒星和非正常恒星，正常恒星的发光非常稳定，太阳就是一个典型的例子。这些恒星呈现出红色、橙色、黄色、蓝色和白色等不同的颜色。绝大多数恒星的体积都比太阳小，还有许多恒星和太阳非常相似。但是，比太阳体积大的恒星很少。除此以外，天文学家们还观测到几种非正常恒星，例如巨星、矮星和许多可变恒星。

如果要对恒星进行光谱分类，绝大多数的恒星都可以被归为 O、B、A、F、G 和 M 这几种普通类型的恒星。从 19 世纪中期到 19 世纪晚期，天文学家们根据表面温度递减的顺序确定了对可观测到的恒星进行分类的顺序。O 型恒星非常炙热，它们是体积巨大的蓝色星球，它们的温度在 2.8 万 ~ 4 万 K 之间，有时可能会更高，它们有时也被称为紫外线恒星。O 型恒星在可观测到的恒星中温度是最高的。它们的寿命非常

天文学家把这群恒星叫 M80（或 NGC 6093）。在银河系中差不多有 150 个已知的星团，其中密度最大的就是 M80。M80 距离地球大约 2.8 万光年，它包括几十万颗恒星。所有这些恒星受到同一引力的作用，聚集在一个球状星团内。天文学家们发现对球状星团的研究有利于研究恒星的生命周期，因为一个星团内部的恒星的寿命是相同的（大约在 137 亿 ~140 亿年之间），但是它们的质量是不一样的。这幅图里的恒星或者进化程度远远高于太阳，或者质量多于太阳。但是后一种情况相对较少。

（美国国家航空航天局）

短，一般在 300 万 ~ 600 万年之间。B 型恒星的体积也非常庞大，它们是炙热的蓝色星球，它们的表面温度在 1.1 万 ~2.8 万 K 之间。猎户座 β 就是一个典型的例子。A 型恒星的颜色介于白色和蓝白色之间。它们的表面温度在 7 500~11 000 K 之间。织女星、天狼星和牛郎星都是 A 型恒星。F 型恒星的颜色是白色，它们的表面温度在 6 000~7 500 K 之间。老人星和北极星属于 F 型恒星。G 型恒星是黄色的，它们的表面温度在 5 000~6 000 K 之间。太阳系的父母星——太阳就属于 G 型恒星。K 型恒星的颜色是橘红色，它们的表面温度在 3 500~5 000 K 之间，大角星和毕宿五就是典型的例子。最冷的恒星是 M 型恒星，它们看起来是红色的，表面温度低于 3 500 K。天蝎座 α 和参宿四属于 M 型恒星。

在 20 世纪 40 年代中期，天文学家们发现可以在原来对恒星进行光谱分类的基础上进一步把恒星分为 10 种类型。原来的光谱分类用英文字母来命名恒星的类别，这次分类采用从 0 至 9 的阿拉伯数字，这种分类方法也非常有用。根据当代天文学领域的这种分类方法，恒星的温度越高，代表它的类别的数字越小。所以，天文学家把太阳归类为 G2 恒星。也就是说，太阳比 G3 恒星温度略高，比 G1 恒星温度略低。参宿四（猎户座 α 星）属于 M2 恒星，织女星属于 A0 恒星。

**知识窗**

## 参 宿 四

参宿四是一颗红超巨星，也被天文学家们称为猎户座 α 星。这颗耀眼的恒星位于猎户星座的右肩处。猎户星座的命名与古希腊神话中的猎人有关。根据光谱分类法，它是 M2Ia 恒星。它的半规则变化周期为 5.8 年。它的视星等的正常变化范围在 0.3~0.9 之间（平均值为 +0.41），但是它的视星等也可能在 0.15~1.3 之间变化。这颗巨大的恒星（它的直径大约是太阳的 500 倍）离地球大约 490 光年。猎户星座中的两颗最亮的恒星分别被命名为猎户座 α 星（参宿四）和猎户座 β 星（参宿七）。这一顺序是根据它们表面的亮度，并使用了德国天文学家约翰·巴耶（Johann Bayer）

恒星的体积

地球运行轨道的体积

木星运行轨道的体积

　　这是除了太阳以外的第一幅恒星的图片。这颗恒星被叫作猎户座 α 星，即参宿四。它是一颗红超巨星，很像太阳，但是它已走入生命末期。哈勃太空望远镜在 1996 年 1 月 15 日收集到的图像显示：这颗恒星拥有体积巨大的紫外线大气层。另外，在这颗巨大的恒星的表面有一个神秘的亮点。这个亮点的直径是地球直径的 10 倍多，它的温度比恒星表面的其他部分至少高出 2 000 K。

（美国国家航空航天局 / 欧洲宇航局）

（1572—1625）最先使用的符号。然而，最近更加精确的观测结果显示：参宿七比参宿四更加明亮。不过，为了避免混乱并保持天文学的传统，天文学家们还沿用以前的恒星命名方法。

　　当代天文学家发现根据光度对恒星进行分类同样很有意义。这种分类是根据恒星的光谱线的宽度这种光谱特征来进行的。根据天体物理学原理，科学家们知道：光谱线的宽度对恒星光球层的密度状况非常敏感。反过来，天文学家可以以把恒星光球层的密度和恒星的光度联系起来。天文学家利用光度的等级来区分巨星和主序恒星以及超巨星和巨星。天文学家们使用的光度等级如下：Ⅰa 级恒星是明亮的超巨星；Ⅰb 级恒星是超巨星；Ⅱ级恒星是明亮的巨星；Ⅲ级恒星是巨星；Ⅳ级恒星是亚巨星；Ⅴ级恒星是主序恒星和矮星。

　　太阳的直径大约为 140 万千米，它的表面温度大约是 5 800 K。（在本书的第 9 章将详细讨论太阳的情况。）太阳像其他恒星一样，是一个能够发生核反应的巨大的火炉，它的温度、压力和密度都足以使较轻的原子核结合在一起或发生聚变。例如，在太阳的内部，占太阳质量90%的氢原子可以聚变成氦原子，在这一过程中，释放出大量的能量。这些能量到达太阳的表面，并辐射整个太阳系。太阳现在处于平衡状态。换句话说，也就是作用于太阳的两种相互竞争的力量处于平衡状态。它们分别是引力（把太阳的质量向里拉的力量）和压力（把太阳的质量向外推的力量）。这里的压力既包括辐射产生的压力又包括热核反应带来的炙热气体产生的压力。

银河系里的许多恒星看起来都有星伴。它们由于引力被捆绑在一起，形成了二元星系、三元星系乃至更大的星系。和银河系里的其他行星相比，太阳稍微有些特别，它没有任何已知的恒星星伴。然而，一些天体物理学家为了解释发生在6 500万年前的明显的宇宙灾难周期，假定太阳有一个星伴，它是一颗遥远、巨大而昏暗的恒星，它的名字叫尼弥西斯。

通过利用天文望远镜进行仔细的观测，并通过分谱学测量，天文学家和天体物理学家看起来已经发现了恒星的生命周期。恒星产生于星云的压缩。星云是由宇宙尘埃和氢气构成的，它的体积通常很大。引力是恒星诞生背后的主导力量，根据牛顿的万有引力定律，所有的天体都会相互吸引，引力的大小与它们的质量和相互距离存在一定的比例关系。这些体积巨大的星云中的尘埃和气体微粒相互吸引并逐渐靠近。最后足够多的微粒聚集在一起，在太阳的中心形成了一个块状物质，它的质量足以通过引力把星云的其他部分捆绑在一起。这时，星云的边缘开始向内塌陷，并和余下的尘埃和气体发生分离。

最初，由于与星云收缩相关的热能释放很容易向外进行，星云收缩得很快。然而，随着星云的体积变得越来越小，密度变得越来越大，核心释放出来的热量无法在短时间内到达星云的外表。这导致星云内部的温度急剧升高，由于引力而产生的不间断的收缩的速度开始放缓，但是它并没有停下来。

当星云内部的密度极大且温度极高时，热核聚变发生了，此时恒星才真正诞生了。热核聚变反应释放出的热量要多于引力收缩释放出的热量。核聚变成为恒星产生能量的主要方式。位于星云中心的气体由于热核聚变反应而温度升高并开始上升，从而与作用于星云外层的引力形成均衡态势。恒星也停止了衰变的过程，并达到了内外力平衡的状态。这时的恒星被天文学家和天体物理学家称为主序恒星。和太阳一样，恒星会在几十亿年内保持平衡状态，直到有一天位于核心部分的氢燃料都被转化成氦。

　　恒星处于主序状态时，氢是它的燃料。这一状态能够持续多久主要取决于它的质量。据估计，太阳可以在大约 100 亿年的时间内保持主序状态。现在，大约 50 亿年已经过去了。体积较大的恒星的燃料燃烧得快，燃料燃烧时的温度高。因此，这些恒星处于主序状态的寿命较短，有时才刚刚 100 万年。比较起来，红矮星的燃料燃烧得非常缓慢。经过上万亿年以后，它们的氢燃料才会被耗尽。普通的红矮星的质量不到太阳质量的 1/10。当恒星耗尽了氢燃料时，它就不再处于正常状态或主序状态。这一切都是由于恒星的核心部分由氢转化成了氦。这种变化是因为发生了热核聚变反应。

　　当主序恒星核心的氢燃料被耗尽时，原子核开始衰退。与此同时，氢核聚变反应开始从核心部分向外围周边区域扩散。氢原子被转化成氦原子的过程还在继续，这一过程继续释放出辐射能量。但是，当这一燃烧过程进入外层区域时，恒星的大气层急剧膨胀。这时，它就变成了一颗红巨星。红巨星这一叫法是非常贴

　　这幅壮观的图像是由美国国家航空航天局的哈勃太空望远镜在 1995 年拍摄的。图中显示了 M16 星云中一颗恒星的诞生过程。M16 星云是位于巨蛇星座的开放星云。图中显示的稠密的气体云被称为巨分子云（GMCs）。它们主要位于银河系的螺旋形的旋臂处。天文学家们相信巨分子云是恒星诞生的地方。当引力导致星云密度较大的区域变成原恒星时，一颗恒星就诞生了。原恒星将继续收缩，直到它被压缩的核心部分引发了氢和氦的燃烧。这时，主序恒星就形成了。

　　　　　　　　（美国国家航空航天局）

切的。按照科学家们的想象：如果把一颗红巨星放在太阳现在的位置上，水星这颗最内侧的行星将被它吞没；如果把一颗体积更大的超红巨星放在太阳现在的位置上，这颗超红巨星的势力范围将会超过火星的运行轨道。

随着恒星的核聚变继续进行，它有可能变成一颗可变恒星。换句话讲，在为期几个月至几年的周期里，它的体积和亮度可能会发生跳跃式的改变。如果一颗非正常恒星光学亮度的改变系数为100，那么它的整体能量输出的改变系数仅为2或3。

随着一颗非正常恒星的体积越来越大，它的不断收缩的内部核心的温度会急剧升高并最终导致除了氢以外的核燃料被燃烧。在这些核燃料中，氦是人们首先会想到的。这些氦是经过几百万年乃至几十亿年的主序燃烧而产生的。恒星接下来的演变过程是非常复杂的，但总体上这一过程是以一系列的引力收缩和新的核反应燃烧为特征的。每一次新的系列核聚变反应在释放大量能量的同时，还会产生一连串较重的化学元素。例如氦的燃烧可以产生碳，碳的燃烧可以产生氧，等等。

最后，当核燃烧不能再释放出足够的辐射能量来支持巨星时，它会开始衰变。位于巨星核心的高密度的核会变成高度压缩的白矮星或体积极小的中子星。这个衰变的过程同样会引发恒星外层爆炸，这时的恒星外层会变成超新星。除了极少数体积巨大的恒星以外，恒星的核心部分（甚至有可能是整个恒星）可能会变成黑洞。

像太阳这样的恒星，一旦耗尽所有的核燃料，就会在引力的作用下产生衰变。直到有一天，电子的集合阻力停止这一收缩过程。这时，没有生命力的恒星会变成白矮星，它的体积和地球的体积差不多。它的原子结合得非常紧密，一块糖块般大小的白矮星碎片的质量可以达到成千上万千克。在接下来的几十亿年里，白矮星会冷却下来，它的颜色会经历从白色到黄色，再到红色，最后到黑色的转变。它最终变成了一个寒冷而黑暗的球状天体，所以有时也被称为黑矮星。（注意：白矮星并没有经历热核燃烧的过程，它发出的光来自大气层，而它的大气层是由炙热而稀薄的气体构成的，大气层的热量会逐渐被消散到太空里）据天体物理学家们估计，仅银河系里就有超过100亿颗的白矮星，它们中的许多白矮星最终变成了黑洞。黑矮星是指白矮星冰冷的残留物，它不再释放出可见光辐射，这个不产生辐射的球状天体可能是由星际气体构成的。这些气体在引力的作用下发生收缩，但是由于质量太小不足以引发核聚变。银河系内的绝大多数恒星经过几百万年都会从白矮星转变为寒冷的黑矮星。和银河系内的绝大多数其他恒星一样，太阳也无法摆脱这个命运。

然而，如果一颗恒星的质量大约是太阳的质量的 1.4~3 倍时，它经过衰变会进一步收缩并最终变成中子星，这颗中子星的直径也许仅为 20 千米。在中子星的内部，强烈的引力把电子吸引到原子核里，并使电子和质子结合起来，然后再把电子和质子的结合体转化为中子。在这一过程中，原子核被毁掉。只有中子对压缩过程的集合阻力可以使衰变的过程停下来。这时，恒星的物质密度已经相当大。每立方厘米的质量可以达到几十亿吨。

如果当恒星的生命周期结束时，它的质量仍然超过太阳质量的几倍，那么由于引力而产生的衰变过程即使面对中子的阻力也不会停下来。这些巨大的恒星最终可能会变成黑洞。一些点式群体或奇点被几乎一片漆黑的区域所包围，它们的密度可以达到令人难以置信的程度。在这一区域内，引力十分强大以至于包括光在内的任何事物都无法逃脱。

现在，许多天文学家把超新星和脉冲星这两种天文现象和中子星及其演变联系起来。从巨星到中子星的转变，使恒星的物理条件发生变化，并最终导致外层区域的爆炸和超新星的诞生。这种宇宙爆炸会释放出大量的能量，爆炸产生的碎片的亮度可能会暂时超过银河系中所有普通恒星的亮度。

拉丁语中的 "nova" 一词可以译为 "新的"，它的复数形式是 "novas" 或 "novae"。普通的新星出现的频率更高，它们的反应不那么剧烈，外表也不那么壮观。普通类型的新星，也就是经常出现的新星，是由于气体的核燃烧而产生的，这些气体在引力的作用下被从伴星表面吸引到白矮星的表面。这样的二元星系非常普遍，有时这些恒星的运行轨道非常接近，一颗恒星可以把另一颗恒星表面的气体吸引过来。

在质量巨大的恒星的生命周期即将结束时，如果出现了超新星，剧烈的爆炸产生的物质就会充满整个浩瀚的宇宙空间。这些物质在未来的几百年乃至上万年间都会释放出辐射。超新星爆炸产生的碎片会冷却下来，并最终变成尘埃和气体。这些尘埃和气体构成了体积巨大的星云的一部分。这些碎片也可能又被压缩成恒星或行星。人们认为：地球上发现的绝大多数较重的化学元素都产生于超新星，因为普通的热核聚变反应不可能产生这么重的化学元素。然而，超新星爆炸产生的巨大力量，可以把较轻的化学元素结合起来，并最终形成自然界中最重的化学元素（例如，铅、钍和铀）。发生在古代的超新星爆炸通过巨大的力量把大量的物质注入星际空间，太阳和它的行星极有可能就是在这一时期丰富了自己的物质构成。

1967年，无线电天文学家们首先发现了脉冲星。脉冲星是宇宙中准确的脉冲波的发源地。这些脉冲波是由无线电信号发出的。这些无线电信号非常有规律，以至于第一次发现它们的科学家们还以为是拦截到了智商很高的外星人发出的无线电信号。

脉冲星的命名方式与它的无线电波调号有关。这种调号总是有规律的开启或关闭，从而形成了脉冲波。脉冲星被认为是快速旋转的中子星。在蟹状星云的中心有一颗脉冲星。蟹状星云是在公元1054年那次超新星爆炸中形成的，这个由气体构成的巨大星云直到今天依然非常明亮。中国和韩国的古代天文学家观察并记载了这次壮观的超新星爆炸。脉冲星的发现使科学家们可以更好地了解超新星。

在超新星爆炸的过程中，质量巨大的恒星几乎在一瞬间就被摧毁了。但是爆炸产生的碎片还会在太空中游荡，它们的亮度会在短时间内超过银河系中所有物质的亮度。除了使物质飞散到星际空间以外，超新星爆炸还会留下一个密度极高的核。这个核是由中子构成的，而且已经发生了衰变。中子星具有极强的磁场，它们在每秒钟内会旋转若干周，并释放出无线电波、X射线和其他辐射。这些辐射有可能会由于脉冲星的强磁场得到进一步加强。它们就像灯塔上不断转动的信号灯一样在太空中扫来扫去。中子星是剧烈的超新星爆炸的最终产物，中子星最后将变成脉冲星。

为了解释脉冲星是如何在同一时间内产生强烈的无线电波、可见光、X射线和伽马射线的，天体物理学家们必须研究出新的理论。正在运行的X射线观测台已经发现了X射线脉冲星。在二元星系内，中子星会把气态物质从普通星伴的表面吸引过来。科学家们认为X射线脉冲星的产生与上述现象有关。当气态物质被从普通星伴的表面吸引到中子星的表面时，中子星的引力使气态物质的温度急剧升高到几百万开，从而使气态物质释放出X射线。

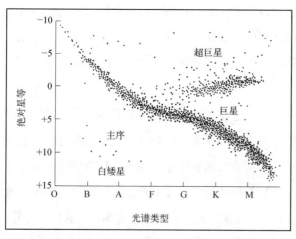

这幅图是著名的赫罗图的一个版本。赫罗图根据光谱分类和绝对星等来排列不同类型的恒星，赫罗图既实用又很生动。绝对星等是衡量恒星的亮度和光度的标准。

（美国国家航空航天局）

太空时代的到来和强大的运行观测天文台的使用，使人们有可能更多地了解众多类型的恒星现象。人们通过哈勃太空望远镜、康普顿伽马射线观测台、钱德拉 X 射线观测台和“斯皮策号”太空望远镜对太空进行了史无前例的观测。最令人兴奋的是，天体物理学领域的发现之旅才刚刚开始。

## ◎亨利·诺里斯·罗素和赫罗图

美国天文学家和天体物理学家亨利·诺里斯·罗素（Henry Norris Russell）（1877—1957）是 20 世纪前半个世纪最有影响力的天文学家之一。作为学生、教授和天文观测台的主任，他前前后后在普林斯顿大学学习和工作了将近 60 年的时间。在这段时间内他取得了丰硕的科研成果。退休后他作为普林斯顿大学的荣誉教授及观测台的荣誉主任依然精力充沛地从事科研工作。

他最初是一位理论天文学家，在光谱学和天体物理学领域作出了重大的贡献。罗素研究了恒星的绝对星等和光谱等级之间的关系。同时，另一位科学家赫兹普龙（Ejnar Hertzsprung）（1873—1967）也在进行同一领域的研究。到 1913 年，经过两位科学家各自独立而又互补的科学研究，著名的赫罗（H-R）图诞生了。这幅图对于那些想了解恒星进化理论的当代天文学家来说具有极其重要的意义。罗素还对食双星进行了开拓性的研究，他还对宇宙中的化学元素的相对丰富性进行了初步的估算。罗素被称为“所有美国天文学家的系主任”，这是因为他在天文学界既是一位优秀的教师和作家，又是一位优秀的科研顾问。

罗素 1877 年 10 月 25 日出生于纽约的牡蛎湾。他是长老会一位牧师的儿子。他在 5 岁时第一次接受了天文学入门教育，他的父母让他看到了 1882 年金星凌日的情景。1897 年他在普林斯顿大学完成了大学学业，由于在学术领域取得的杰出成就，他获得了这所高等学府的最高学术荣誉。接下来他在普林斯顿大学攻读天文学博士学位，在 1900 年毕业时，他又一次获得了最高学术荣誉。

后来，罗素在剑桥大学博士后期间进行了几年研究。1905 年，他又回到了普林斯顿大学，被任命为天文学讲师。他接下来的人生历程都与普林斯顿大学有关。1911 年，他成为普林斯顿大学的全职教授；1912 年，他又成为普林斯顿天文观测台的主任。直到 1947 年退休时，他一直担任着这些职位。从 1921 年起，他又接受了另一项任命，他被任命为威尔逊山天文台的客座研究员。这座天文台位于加州洛杉矶以北的圣加布里埃尔山上。1927 年，他获得了在普林斯顿大学刚刚得到资助而设立的 C. A. 研究型年轻教授的职位，这是 1897 届同班同学特意献给他的荣誉。

在剑桥大学期间，他首先研究的是如何确定恒星间的距离。后来，罗素开始收集与不同类别的恒星有关的大量数据，他注意到这些数据与光谱类型和绝对星等有关。很快他独立地（在没有赫兹普龙参与的情况下）得出结论：宇宙中实际上有两种普通类型的恒星——巨星和矮星。在 20 世纪最初的几年，经过他和赫兹普龙的共同努力，终于研究出了赫罗图。

赫罗图是一幅很有创意的图，它通过描述恒星的亮度（光度）来概括恒星的特征。这里的恒星的亮度（光度）是恒星温度（光谱类型的）的函数。自从罗素在 1913 年的一次学术会议上正式推出赫罗图以来，赫罗图一直是当代天体物理学领域的重要科研工具之一。包括太阳在内的矮星，位于赫罗图的主序区域。这一区域内有很多恒星，它覆盖了赫罗图从左侧顶端到右侧下方的大片区域。巨星和超巨星位于赫罗图主序带上方的右上方区域内。最后，被挤在赫罗图左下方区域的是白矮星，这些位于主序带下方的白矮星密度极大。它们实际上是已经被燃尽的恒星的衰退的核。白矮星这种叫法往往会误导大家，因为各种密度极大的白矮星实际上已经到了生命周期的尽头，由于引力的作用它们正在逐步衰退。

在恒星的评估领域进行了开拓性的研究以后，罗素开始研究同样重要的食双星。食双星是一种双星系统，由于它的轨道平面与地球的特殊相对位置，其中的一颗恒星在运行周期内被另一颗恒星完全或部分遮盖住。罗素与他的研究生哈罗•沙普利（Harlow Shapley）（1885—1972）一起通过分析这些恒星发出的光来推算它们的质量。后来他又和另外一名叫夏洛特•艾玛•莫尔•希特丽（Charlotte Emma Moore Sitterly）（1898—1990）的助手进行合作，利用统计学的方法确定了成千上万的食双星的质量。

在发现核聚变反应之前，罗素试图从引力收缩和持续缩小的角度来解释恒星的演变。他把赫罗图当作流程图来使用。当汉斯•阿尔布雷希特•贝特（Hans Albrecht Bethe）（1906—2005）和其他的物理学家把核聚变反应和恒星的生命周期联系起来时，罗素放弃了关于恒星演变的收缩论。然而，他在赫罗图中所揭示出的信息依然很有科学价值。

在 20 世纪 20 年代末，罗素详细地分析了太阳的光谱。太阳光谱显示：太阳主要是由氢构成的。他同时注意到其他化学元素的存在和它们的相对丰富性。他把这一研究成果应用于对其他恒星的研究。他假设的前提是：绝大多数的恒星的化学组成具有相似性和普遍性，它们的化学组成都表现出某些化学元素（主要是氢和氦）的相对丰富性。这种结构被称为罗素混合物。这一研究结论与先前英国天文学家塞西莉亚·海伦娜·佩恩–加波希金（Cecilia Helena Payne-Gaposchkin）（1900—1979）于1925年提出的理论完全一致。

作为教师，罗素的成就也是傲人的，他先后编写了两册优秀的教科书。他和雷蒙德·杜根（Raymond Dugan）和约翰·斯图尔特（John Stewart）共同编写的《天文学》一书在1926年至1927年间问世。一经问世，这本书便成为世界各大学选用的标准天文学课本。他编写的《太阳系及其起源》（1935）一书成为深入研究天文学和天体物理学的导读教材。即使在1947年从普林斯顿大学退休以后，罗素仍然在美国的天文学界拥有绝对权威的地位。他被任命为普林斯顿大学的荣誉教授和普林斯顿天文台的荣誉主任。在他的余生里，他继续在天体物理学的一些有趣的领域进行研究。1957年2月18日，罗素在新泽西州的普林斯顿离开了人世。

## 科学家

### 埃德温·鲍威尔·哈勃

美国天文学家埃德温·鲍威尔·哈勃（Eduin Powell Hubble）通过证明银河系之外还存在其他星系使人们对宇宙的科学理解发生了根本性的改变。他在20世纪20年代通过观测所获得的重大发现，彻底地改变了科学家对宇宙的认识。这场宇宙论的变革始于1923年。当时，哈勃用造父变星来估算地球到仙女座星系的距离。研究结果直接显示：那些螺旋状的星云实际上是体积巨大且距离遥远的独立恒星系或岛宇宙。接下来，他在1925年针对那些星云（星系）引入了一个分类表，把星云分为椭圆星云、螺旋状星云和不规则星云三大类。如今这个分类表在天文学研究中仍然经常被使用。1929年，哈勃声称：宇宙正在不断地膨胀，其他的星系正在远离我们，它们的退行速度与它们和地球的距离成比例——这个假设现在被称为哈勃定律。哈勃关于膨胀的宇宙充满了许多星系的观点成为现代观测天文学的基础。

哈勃于1889年11月20日出生于密苏里州。在他的早年生活中，哈勃在芝加哥大学学习法律，后来在1910—1913年间作为一名获得罗氏奖学金的研究生在牛津大学学习。1913年，哈勃做出了一个对科学界来说很幸运的决定，他放弃了法学并从事天文学研究。从1914年至1917年，哈勃在芝加哥大学耶基斯天文台任职。在位于威斯康星州威廉斯海湾的日内瓦湖畔，哈勃开始研究有趣的星云。1917年，他得出结论：那些螺旋状星云（现在被称为星系）与弥漫星云（实际上是由尘埃和气体构成的巨大的星云）是截然不同的。

哈勃在第一次世界大战中服了兵役。后来，他成为威尔逊山天文台的工作人员。这个天文台隶属于卡内基研究院，它位于洛杉矶西北部的圣加百利山上。当哈勃于1919年加盟这个天文台时，这个天文台拥有一个直径为25千米的望远镜，这是当时世界上最大的光学观测设备。除了在第二次世界大战期间从事过其他科研工作以外，哈勃在自己的余生进行的科研工作都与这个天文台有关。一回到威尔逊山天文台，哈勃便开始利用天文台的巨型观测设备重新开始对星云进行仔细观测。

1923年，哈勃在仙女座星云中发现了造父变星，造父变星这个天体如今被科学家们称为仙女星系或者是M31。造父变星是一组重要的极其明亮的超巨星中的一个，它的亮度会发生周期性的改变。通过仔细研究M31中这颗造父变星，哈勃可以得出以下结论：它距离我们很远，应该属于银河系以外的一个独立的恒星群体。通过哈勃的开拓性研究，人们已知的宇宙的范围在不断地扩大，扩大的程度令人难以置信。

哈勃继续研究其他星系并在1925年提出了著名的分类方法。根据这个分类方法，星系可以分为螺旋状星系、棒旋星系、椭圆形星系和不规则星系。哈勃随后在1925年研究了星系的退行速度（也就是星系移开时的速度）和它们相互间的距离。他发现离我们较远的星系的退行（移开）速度快于那些离我们较近的星系，这个非常重大的发现揭示出宇宙正在不断膨胀。哈勃的研究为论证宇宙大爆炸理论第一次提供了观测证据，今天宇宙正以均衡稳定的速度向外扩张的理论被写入简单的数学关系法则。为纪念哈勃，这一关系法则被称为哈勃定律（20世纪90年代末观测发现：宇宙的扩张速度实际上是在不断加快而不是均衡的。这使今天的天文学以及宇宙论研究面临了新的困境）。

哈勃规律所描绘的宇宙扩张是线性匀速的。正如哈勃起初的天文观测和后来的天文研究（直到20世纪90年代末）所证明：星系表现出的退行

　　在大犬星座的方向，两个螺旋状的星云擦肩而过。看上去它们就像行驶在夜空中的两艘巨大的船只。从图片中我们看到它们几乎要发生碰撞。这幅图片是哈勃太空望远镜在 2004 年利用行星 2 号广域摄像机拍摄到的。体积较大且质量较大的星云（位于图片的左侧）被命名为 NGC 2207。体积较小的星云被命名为 IC 2163。NGC 2207 的强大引力使 IC 2163 发生变形，它不得不将恒星和气体甩入长长的流光中。这些流光可以绵延 100 000 光年，一直延伸到图片的右侧。

[美国国家航空航天局，欧洲宇航局
和哈勃望远镜的珍藏小组（太空望远镜科学院）]

速度（v）和它们与观测者之间的距离（r）成比例。比例常数是 $H_0$，即哈勃常数。现在，人们普遍认为 $H_0$ 值的变化范围介于 50~90 之间，它的单位是千米 /（秒·百万秒差距）（$km \cdot s^{-1} \cdot Mpc^{-1}$）。哈勃常数的倒数被叫作哈勃时间，天文学家利用哈勃时间来测量宇宙的年龄。如果 $H_0$ 的数值达到 $50 km \cdot s^{-1} \cdot Mpc^{-1}$，那么宇宙的年龄大约有 200 亿年（根据近些年天体物理学家进行的估算，这个年龄似乎过于老了一点）。如果 $H_0$ 的数值达到 $80 km \cdot s^{-1} \cdot Mpc^{-1}$，说明宇宙比较年轻，年龄在 80 亿—120 亿年之间。

　　尽管哈勃常数可以被用来研究退行星系的宇宙年龄，但是在今天的天体物理学界内部，对于哈勃常数的恰当数值，仍然存在着很大的争议。通过使用一系列研究技术，宇宙学家和天体物理学家得出结论：宇宙的年龄大约为 137 亿年。20 世纪 90 年代对远距离超新星的天文学观测表明了宇宙的扩张速度实际上还在不断加快。这将会影响哈勃定律里本身提出的线性扩张速度的假说，同时也会影响到根据哈勃时间估测出的宇宙的年龄。然而，尽管这些年进行的这些天文观测意义十分重大，但是它们无法掩盖哈勃所进行的前沿性研究所取得的辉煌成就。这就是哈勃现代宇宙论中所提出的宇宙模式：宇宙的体积相当巨大，它在不断扩张，它由亿万星系组成的。

哈勃和许多从事天文学研究的前辈一样，他们通过自己的努力使我们对物质宇宙的认识发生了根本性的改变。正是通过哈勃极其投入的观测研究，科学家们了解到银河系以外还存在其他星系，他们同时还了解到宇宙似乎在不断扩张。美国国家航空航天局以他的名字来命名哈勃太空望远镜是十分恰当的。这个作用强大的轨道运行天文台延续着人类对银河系以外的探索，而这一探索活动正是由哈勃最先发起的。哈勃于 1953 年 9 月 28 日在加利福尼亚州的圣马力诺去世。

## ◎哈勃太空望远镜

哈勃太空望远镜（HST）是欧洲航天局（ESA）和美国国家航空航天局的合作项目。它的目标是在太空建立一个长期的光学天文观测平台，这个天文观测平台将为整个国际天文学界服务。这个正在运行的天文观测设备是以美国天文学家埃德温·鲍威尔·哈勃的名字来命名的。哈勃通过自己在 20 世纪上半叶所进行的具有开拓性的天文观测活动，从根本上改变了人们对宇宙的体积、结构和构成的原有认识。

天文学家和太空科学家利用哈勃太空望远镜对看得见的宇宙进行观测，他们目前的观测距离是以前从来没有达到过的。他们还利用哈勃太空望远镜来研究各种有趣的天文现象。例如，哈勃太空望远镜在 1996 年的观测结果显示：宇宙中存在星系的数量要比先前科学家们预计的数量大约多出 500 亿（即 $10^9$）个。

哈勃太空望远镜的长度为 13.1 米，它的直径是 4.27 米。按照最初的设计，这个太空天文观测台提供的详细观测数据将覆盖电磁光谱的可见光区、近红外区域和紫外线区域。它的电力供应系统包括两块太阳电池板（当航天器进入运行轨道后它会展开），电池和电源调节设备。它的质量为 1.1 万千克。这个自由飞行的天文观测平台在 1990 年 4 月 25 日被"STS-31 号"航天飞机首先放置在 600 千米的低地球轨道。当时，"STS-31 号"航天飞机正在执行"发现号"太空探索任务。

在哈勃太空望远镜被成功发射以后的若干年里，有一些重大的事件发生。其中包括科学家们发现了天文望远镜的光学系统存在球面像差——这一瑕疵严重威胁到太空望远镜的实用性。然而，人们最终还是找到了解决这个问题的有效方案。"STS-61 号"航天飞机在 1993 年 12 月执行"奋进号"航天任务时成功地完成了对哈勃太

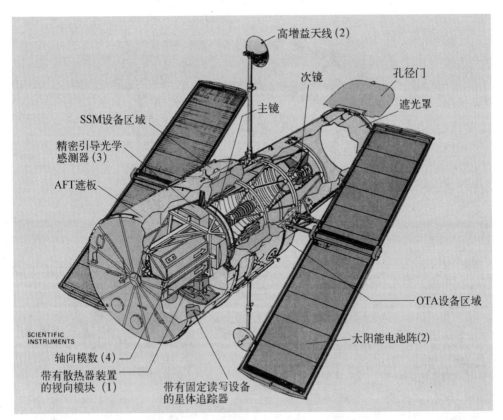

高增益天线(2)

次镜

孔径门

遮光罩

主镜

SSM设备区域

精密引导光学
感测器(3)

AFT遮板

OTA设备区域

太阳能电池阵(2)

SCIENTIFIC
INSTRUMENTS

轴向模数(4)

带有散热器装置
的视向模块（1）

带有固定读写设备
的星体追踪器

这幅切面图向人们展示了哈勃太空望远镜（HST）（ca. 1985）的整体结构。1990 年 4 月，"发现号"航天飞机上的宇航员将这个功能强大的光学太空望远镜部署在围绕地球运行的轨道内。这也是"STS－31 号"所执行的任务的一部分。它的命名是为了纪念美国天文学家埃德温 · 鲍威尔 · 哈勃（1889—1953）。HST 为人类对宇宙的探索作出了巨大的贡献。在宇航员将 HST 部署在围绕地球运行的轨道之内之后，我们又利用航天飞机执行任务的机会多次对 HST 进行了在轨检修。在这一过程中，一些老化或失灵的实验设备被更换掉，例如，太阳能电池和陀螺仪。

（美国国家航空航天局）

空望远镜的在轨检修。球面像差的影响被克服了，哈勃太空望远镜又恢复了正常的工作状态。在执行这次任务期间，宇航员用第二代广域和行星照相机更换了最初的广域和行星照相机。第二代广域和行星照相机中的中继反射镜产生的球面像差可以抵消整个观测系统主镜的球面像差。主镜的边缘厚度为 2 微米，如果第二代广域和行星照相机中的修正镜片的厚度也是 2 微米，那就显得太厚了。除此以外，宇航员在检修任务时还用太空望远镜光轴补偿校正光学仪（COSTAR）取代了高速光度计。按照设计，COSTAR 可以用来改正其他 3 个实验设备主镜的球面像差。这 3 个设备分别是：欧洲航天局制造的暗天体照相机（FOC），暗天体摄谱仪（FOS）和戈达德

　　从图中我们可以看到：1989 年 10 月，哈勃太空望远镜在佛罗里达州的肯尼迪航天中心被工作人员利用设备升高至垂直位置，这也是发射准备工作的一部分。在 1990 年 4 月，这个体积巨大并能自由飞行的光学太空望远镜被"发现号"航天飞机的宇航员成功部署在低地球轨道内。这也是"STS-31 号"执行的航天任务的一部分。

（美国国家航空航天局）

高解析摄谱仪（GHRS）。

　　1997年2月，"STS－82号"航天飞机在执行"发现号"航天任务时，成功完成了对哈勃太空望远镜的第二次检修（HST SM-02）。作为这次检修任务的一部分，宇航员们为哈勃太空望远镜安装了太空望远镜影像摄谱仪（STIS）、近红外线照相机和多目标分光仪（NICMOS）。同时，宇航员们利用这些设备分别替换掉戈达德高解析摄谱仪（GHRS）和暗天体摄谱仪（FOS）。STIS可以在4个光谱波段的范围内对宇宙进行观测。它的观测范围从紫外线区域，延伸到可见光区域并进入近红外线区域。天文学家们可以利用STIS来分析天体的温度、构成、运动和其他重要特征。由于NICMOS的波长范围在近红外线区域内，天文学家们可以利用它来观测由尘埃构成的星系内核并研究位于恒星周围的有趣的圆盘。这里提到的星系是银河系中十分活跃的中心星系。这些有趣的圆盘是由原行星构成的。

　　1999年11月13日，由于第四个陀螺仪失灵，地面指挥中心的工作人员让哈勃太空望远镜进入安全模式。在安全模式下，哈勃太空望远镜不能对天体目标进行观测，但是，它的整体安全性能得到了保证。这种保护模式使地面指挥中心可以控制哈勃太空望远镜。由于只有两个陀螺仪处于工作状态，哈勃太空望远镜对准观测目标的精确度无法达到进行科学观测的技术要求。为了保护光学仪器，地面指挥中心的工作人员将哈勃太空望远镜的孔径门关闭，然后他们又调准了航天器的方向以确保太阳电池板可以接收到充足的太阳光。

　　1999年12月19日，7位宇航员登上了"发现号"航天飞机。航天飞机从肯尼迪航天中心起飞，这次航天飞行的任务是对哈勃太空望远镜再一次进行在轨检修。当哈勃太空望远镜的第三个陀螺仪失灵时（为了保证科学观测的精确度，太空天文望远镜至少需要3个能进行正常工作的陀螺仪），美国国家航空航天局决定将第三次检修任务分为两个阶段：3A检修任务（SM3A）和3B检修任务（SM3B）。在6天的时间里，宇航员先后3次在太空船以外对哈勃太空望远镜进行了检修。他们换掉了一些破旧和过期的设备，完成了SM3A阶段的关键任务。在这一阶段，最重要的任务是替换使望远镜可以准确对准天体目标的陀螺仪。宇航员还为哈勃太空望远镜安装了高级中心计算机、电子数据记录器、电池改善工具和新的绝热毯。在"发现号"和它的宇航员（于12月27日）安全地返回地面以后，负责哈勃太空望远镜飞行的地面指挥中心的工作人员开启了使哈勃太空望远镜进入正常运行状态的开关。由于这次检修任

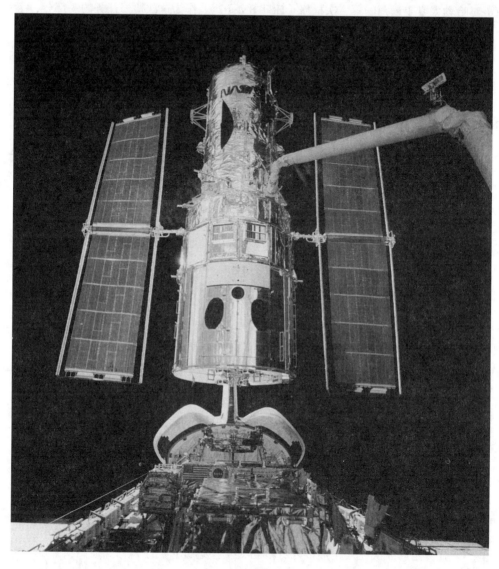

　　从图中我们可以看到：1997 年 2 月，美国国家航空航天局的哈勃太空望远镜（HST）被小心翼翼地从"发现号"航天飞机的有效载重舱内吊出，然后又被航天飞机的机械臂放置在阳光下。这一情景发生在"STS–82 号"航天器执行太空飞行任务期间，在这次太空飞行中，它要完成美国国家航空航天局安排的对 HST 进行第二次检修（HST SM–02）的任务。

（美国国家航空航天局）

务的成功完成，哈勃太空望远镜已经焕然一新，它又可以执行各种天文观测任务了。

第三次检修任务的第二阶段在 2002 年 3 月进行。美国国家航空航天局将"哥伦比亚号"航天飞机发射升空。这样，7 名宇航员可以同哈勃太空望远镜会面并对它进行升级改造。"STS-109 号"任务也被称为 SM3B。这次任务开始于 2002 年的 3 月 1 日，在执行这次任务期间，宇航员一共进行了 5 次太空行走。他们的主要任务是为哈勃太空望远镜安装一台新的科学实验设备，它就是先进的巡天照相机（ACS）。这台设备把已经为人类服役了将近 12 年的哈勃太空望远镜带入了 21 世纪。ACS 具有观测视野广、图像质量清晰和敏感度高等特征，在 ACS 的帮助下，哈勃太空望远镜的观测范围扩大了一倍。在数据收集量方面，ACS 是第二代广域和行星照相机（HST 早期使用的观测设备）的十多倍。

在执行这次任务的过程中，宇航员还对哈勃太空望远镜的电力供应系统进行了升级改造。他们换掉了已经使用 8 年的 4 块太阳能板，取而代之的是体积更小，硬度更大的新的太阳能板，它们可以多产生 30% 的电力。在进行最后一次太空行走的过程中，STS-109 的宇航员为哈勃太空望远镜的近红外线照相机和多目标分光仪安装了新的冷却系统。在原有的冷却剂被耗尽以后，这两个观测设备一直处于休眠状态。原有的冷却剂的重量为 100 千克，它是一种由氮构成的固态冷却剂。新的冷却系统可以使 NICMOS 的红外探测器的温度下降到 -193℃ 以下。最后，宇航员还替换了 4 个反作用轮配件中的一个，这 4 个反作用轮配件构成了哈勃太空望远镜的对准控制系统。

2004 年 1 月 16 日，美国国家航空航天局的执行官奥基弗宣布取消对哈勃太空望远镜的第四次检修任务。按原计划，这次检修任务将在 2006 年进行，这也是航天飞机最后一次针对哈勃太空望远镜进行太空飞行。在这期间，宇航员除了进行检修工作以外，还要为哈勃太空望远镜安装新的实验设备。在"哥伦比亚号"失事（2003 年 2 月 1 日）以后，美国国家航空航天局的执行官在制定新的航天飞行计划时，首先要考虑它的安全系数。然而，美国国家航空航天局的执行官迈克尔 · 格里芬已经决定利用航天飞机再一次对哈勃太空望远镜进行检修，这项任务已经被列入美国国家航空航天局 2007 年度的财政预算中。

除此以外，美国国家航空航天局还考虑用机械臂捕获哈勃太空望远镜并让它脱离现在的运行轨道（这是一个备份计划）。美国国家航空航天局的管理者们无法让哈勃太空望远镜的生命周期超过 2007 年。这是因为它的两个关键部件需要更换或检修。这两个关键部件就是陀螺仪和电池。哈勃太空望远镜的替代者是詹姆斯·韦伯太空望远镜。按原计划将会在 2011 年 8 月发射升空，现推迟至 2021 年 7 月发射。

虽然哈勃太空望远镜在夜以继日地工作，它并非把全部的时间都花在对宇宙的观测上。哈勃太空望远镜每运行一周大约要花 95 分钟，其中一部分时间用来处理日常事务，另一部分时间用来进行天文观测。这些日常事务具体包括：获取新的观测目标、避开太阳或月亮、改变通讯天线的方向和数据传输的模式、接受地面关于工作安排的指令、下传实验数据、校准实验仪器和其他类似的活动。负责指挥和协调哈勃太空望远镜的科学探测活动的是霍普金斯大学的太空望远镜科学研究院，位于马里兰州巴尔迪摩的厚姆伍德校区。

由于哈勃太空望远镜位于地球大气层的上方，它的科学实验设备可以获得分辨率极高的天体图像。由于受到大气层的影响，位于地面的天文望远镜所获得的图像

　　哈勃太空望远镜拍摄的 CL1358+62 星云星团的图像（左图）同时揭开了一个更遥远的星系的引力透镜图像的面纱。这个星系离星团很远很远。通过右上方的图片可以近距离观测这个遥远的星系的引力透镜图像。在这个延伸图像上我们可以看到一些微小的节状物，它们代表了生命力旺盛的恒星的诞生过程。哈勃太空望远镜在 1997 年拍摄到这幅图像。天文学家们第一次可以仔细地观测形成中的星系的早期形成过程。图片右下方是星团的一种理论模式，天文学家利用这种模式把星系的引力透镜图像恢复成星系的正常图像。天文学家们推算：引力透镜图像中呈现的年轻星系距离我们大约 130 亿光年，产生引力透镜作用的前景星团距离地球大约 50 亿光年。
　　　　　　　　　　　　　　（美国国家航空航天局，荷兰的格罗宁根大学和圣克鲁兹的加利福尼亚大学）

　　这是一幅哈勃太空望远镜在 2004 年拍摄的图像。这幅图像也被称为"哈勃超深空影像"（HUDF）。图像向人们展示了成千上万的星系，它是人们获得的最深的关于宇宙的可见光图像。这幅镶嵌着无数星系的图像揭示了宇宙的深邃核心的样本。它跨越的范围可以达到几十亿光年。在这幅宇宙照片中，我们看到的星系在年龄、体积、形状和颜色等方面都各不相同。图中体积最小、颜色最红的星系可能存在于最遥远的已知星系当中。当这些星系存在时，宇宙的年龄为 8 亿年。那些最近的星系往往体积更大，看上去更明亮。它们的形状一般是螺旋形或椭圆形。在 10 亿年前，它们表现得非常活跃（当时，宇宙的年龄大约是 130 亿年）。

（美国国家航空航天局，太空望远镜科学院）

的分辨率很少会高于 1.0 角秒。当然，在观测条件极好的情况下，它的分辨率偶尔会高于 1.0 角秒。比较起来，哈勃太空望远镜的分辨率大约比地面天文望远镜的分辨率强 10 倍，也就是 0.1 角秒。

哈勃太空望远镜带给人类许多令人惊喜的发现，下面列举其中的几项：（1）它使天文学家们第一次详细地观测了 300 个古代星系的形状。这些星系位于距离我们 50 亿光年的一个星团内。（2）它使天文学家们很好地观测到位于巨大的椭圆星系核心部位的黑洞"发动机"的工作状况。（3）它捕捉到新生成的恒星的详细图像，从而证实了一百多年来天文学家们针对太阳系的形成所提出的假说和猜想。（4）它使天文学家们第一次观测到：在一颗恒星的内部有一个迅速膨胀的气体泡状物，它在爆裂之后脱离了恒星（天鹅座新星在 1992 年 2 月 19 日发生爆炸）。

如果不考虑哈勃太空望远镜本已很广阔的观测范围的局限性，哈勃太空望远镜实际上为人类揭开了银河系中最古老的燃尽恒星的面纱。通过对这些历史悠久的黯淡的白矮星的观测，天文学家们可以完全独立推断出宇宙的年龄，这种推理不依靠对宇宙膨胀的测量。根据哈勃太空望远镜在 2001 年拍摄的图像，古代白矮星的年龄看起来在 120 亿~130 亿年之间。由于发现了这些最古老的恒星，天文学家们可以推算出宇宙的绝对年龄。通过分析位于球状星团内部的最冷的、最黯淡的白矮星可以推断出球状星团的年龄。球状星团是宇宙中最古老的由恒星构成的星团。

从 2003 年 9 月至 2004 年 1 月，哈勃太空望远镜完成了对"哈勃超深空影像"（HUDF）的拍摄。这是有史以来人类获得的可观测的宇宙的最深的图像。HUDF 向人们展示了诞生于"黑暗时代"的第一批星系。就在宇宙大爆炸发生以后不久，黑暗时代到来了。第一批恒星使寒冷的宇宙再一次温度升高。这幅具有历史意义的关于早期宇宙的图像是由两幅图像合成而成。两幅图像分别由哈勃太空望远镜 ACS 和 NICMOS 拍摄，它们都经过了长时间的曝光。

哈勃太空望远镜带给人类的图像从根本上改变了人类对可观测的宇宙的科学了解。航天飞机上的宇航员多次对哈勃太空望远镜进行在轨检修，使得哈勃太空望远镜又一次焕然一新。在未来的几年里，这个神奇的航天设备将继续为天体物理学家和天文学家提供一些有趣而又令人难以置信的科学数据。

# 5

## 伽马射线天文学和康普顿伽马射线天文台

伽马射线天文学是高能天文学和天体物理学的一个分支，它是一门新兴的学科。这门学科是建立在人类有能力对高能伽马射线进行探测的基础上。与高能伽马射线有关的天体现象包括：超新星、爆炸星系、类星体、脉冲星和黑洞周围的天体现象。

伽马射线（符号是 γ）是一些能量极高，波长极短的量子，这些量子是电磁辐射产生的。伽马射线的光子同 X 射线非常相似，它们的不同点在于：伽马射线的光子能量更多，它们产生于原子核内部的转变过程当中。伽马射线的能量介于 10 000 电子伏特和 10 000 000 电子伏特之间（也就是 10 keV 和 10 meV 之间），它们的波长相应较短，频率相应较高。在天体物理现象中与伽马射线的释放有关的过程包括：（1）放射性原子核的衰变。（2）宇宙射线间的相互作用。（3）极强磁场内的曲率辐射。（4）物质与反物质的灭绝。伽马射线具有极强的穿透力，要阻断或防御它必须依靠密度较大的物质，例如铅和钨。

超超新星 "hpernova"，也叫极超新星，是超新星的一种。天体物理学家认为它与具有神秘色彩的伽马射线爆发有关，伽马射线爆发这一天文现象会产生大量的能量。天文学家在 2003 年意外地观测到了能量巨大的伽马射线爆发，这次爆发被称为 GRB 030329，它覆盖了 X 射线，光波和无线电波的波长范围。这些近期获得的科学数据为科学家们提供了重要的线索，使他们揭开了宇宙中最神秘的天体现象的面纱。

## ◎伽马射线爆发

伽马射线爆发（GRB）以 X 射线和伽马射线的形式释放出大量的能量，这些能量等于或超过一颗超新星的能量。不到几分钟，伽马射线的爆发就结束了。这种有趣的天文现象有时也被称为伽马射线爆源，它是天文学领域内最大的谜团之一。

从 20 世纪 60 年代末开始，在较短的波长范围内观测的太空天文学家们开始探测伽马射线的爆发。伽马射线爆发的强度极大,但它持续的时间却短得令人难以置信。这些射线看起来来自太空的不同方位,毫无任何规律可言,可以在一天之内观测到几次伽马射线的爆发。当时,太空会被伽马射线产生的强光照亮,这种强光的亮度要超过当时所有其他的宇宙辐射源的亮度总和。接下来,伽马射线的爆源会彻底消失。更让人们感到惊讶的是,没有人能预测出下一次伽马射线爆发会在什么时候发生,下一次伽马射线爆发会从宇宙的哪一个方向出现?

伽马射线爆发最初是在 20 世纪 60 年代末被一位名叫雷·克莱贝萨德尔(Ray Klebesadel)的科学家发现的。这位科学家在洛斯·阿拉莫斯国家实验室(LANL)工作。他的工作主要是分析维拉系列核试验探测火箭传回的数据资料。同时,他还听从美国空军方面的命令。克莱贝萨德尔和他的同事研究了一摞摞电脑打印出来的卫星图片,他们要确保伽马射线探测器和其他确保核条约实施的监控设备的正常运转。这些监控设备是能源部为国防部的系列军事卫星专门设计制造的。在 1969 年年中,克莱贝萨德尔研究了一些已经存档的伽马射线资料,这些资料是由"维拉号"在 1967 年 7 月 2 日传回的。他注意到图片资料中先后出现了一个上升信号、一个下降和又一个上升信号,最后还出现了一个长长的尾巴。这并不是外层空间秘密进行的

美国空军将两颗"维拉号"核爆炸探测卫星发射升空,并使它们进入了位于 11 万千米高空的绕地运行轨道。大家从图中看到的是"维拉五 A 号"和"维拉五 B 号"卫星,它们在 1969 年 5 月被"大力神 Ⅲ C 号"火箭发射升空。按照设计,这些自旋稳定的多面体卫星将专门用来探测核爆炸,这些核爆炸可能发生在地球的表面,也可能发生在地表以上或太空当中。

(美国空军)

核试验所揭示出的伽马射线标志。克莱贝萨德尔以及实验室的同事和空军方面派来的专家都想弄清楚这一与众不同的图片资料究竟代表了什么。

在伽马射线这一与众不同的天文事件第一次被科学家们注意到以后，从已经存档的"维拉号"传回的图片资料中，科学家们很快发现了其他类似的天文事件。同步运行的"维拉五号"和"维拉六号"的时间差在 1/64 秒以内。"维拉号"的团队可以通过比较爆发到达不同卫星的时间差，对伽马射线爆发的地点进行三角测量。美国科学家证实了伽马射线爆发来自太阳系以外这一猜想。这些天文事件在太空中的位置毫无规律，这恰恰表明：产生它们的爆源极有可能在银河系以外。1973 年克莱贝萨德尔和他的研究团队已经准备将研究成果发表在《自然》杂志上，他们同时还准备在美国天文学协会的会议上正式宣读他们的研究成果。当时，他们已经确认了至少 16 次伽马射线爆发。不过，当时为了维护国家的安全利益，政府方面出台了许多这方面的限制规定。所以，这些研究成果的公布被推迟了。而且，按照当时的规定，在研究报告中不能提及美国空军方面曾参与了这项研究。直到 1989 年冷战结束以后，这些限制规定才被取消。

美国天文学家在 20 世纪 60 年代末发现了伽马射线爆发以后，又在 1973 年正式对外界公布了这一重大发现。此后，他们使用最先进的太空伽马射线探测设备记录下这些神秘的天文事件。随着天文学家观测到的伽马射线爆发次数的增加，在国际天文学界的内部出现了许多关于伽马射线爆发起源的理论。关于伽马射线爆发是发生在银河系内还是发生在其他的星系内，科学家也存在争议。幸运的是，科学家们每一次观测到新的伽马射线爆发，都意味着他们对下面的事实多了一分确认，这个事实就是：伽马射线爆发从来没有来自同一宇宙源或同一地点。

1991 年发射升空的康普顿伽马射线观测天文台使人们可以获得更多的观测新伽马射线爆发的机会。这个航天器进行的爆发和暂时源实验（BATSE）可以对整个太空进行监控，它拥有史无前例的灵敏度。随着科学家们观测到的伽马射线爆发的数量的增加，有一点已经变得很清楚，那就是：伽马射线的爆发与银河系内的宇宙源绝无任何联系。1997 年，意大利和荷兰合作发射了"BeppoSAX 号"卫星，它使科学家在对伽马射线爆发的基本了解方面实现了突破。"BeppoSAX 号"卫星将伽马射线望远镜和 X 射线望远镜有效地结合起来，结果，它成功地探测到几次伽马射线爆发的余晖，并准确地确定了伽马射线爆源的位置。这样一来，其他的（对电磁光谱的不同区域都很敏感的）太空望远镜可以立即研究太空中的这些区域。这一研究结果证明：伽马射线爆发产生于非常遥远的星系。这也意味着产生伽马射线爆发的爆炸威力可能达到令人难以置信的程度。

伽马射线爆发研究的又一次重大突破发生在 1999 年 1 月 23 日，GRB990123 这次威力巨大的天文事件被探测设备发现了。在精密的太空探测仪器的提醒下，天文学家们得以在第一时间内对这次天文事件进行了观测。这次观测在波长范围和计时精确度方面都达到了史无前例的程度。事实上，这次天文事件离我们非常遥远。天文学家们认为：假如伽马射线的释放是等向的，伽马射线爆发释放出来的能量相当于中子星静止质量能量的两倍；反过来，假如伽马射线爆发的能量释放是沿着任意方向成束状进行的（恰巧有一束指向地球），这时释放出来的能量的数量更容易让人接受，也更容易进行科学解释。

今天，科学家们含糊地提出：伽马射线爆发是由飞向地球的物质产生的，这些物质几乎以光的速度飞向地球。这种物质被怀疑是在两颗中子星或两个黑洞发生碰撞的过程中被释放出来的。还有一种假说认为：伽马射线爆发产生于超超新星。按照科学家们的假设，超超新星是一种巨大的爆炸。根据假设，它发生在体积超级巨大的恒星的生命周期的尽头，这时的恒星会衰变成黑洞。然而，天文学家们也承认：在最终确定这些能量巨大且充满神秘色彩的伽马射线爆发的中心动力来源（也可能存在几个动力来源，因为有可能存在几个动力系统）之前，还需要将来在更多的波长范围内，对更多的伽马射线爆发进行即时观测。

## ◎ 美国国家航空航天局的康普顿伽马射线天文台

康普顿伽马射线天文台（CGRO）是美国国家航空航天局为了进行太空天文研究而研发的 4 大巨型天文台之一。这个特殊的科学航天器家族的另外三个成员分别是：钱德拉 X 射线天文台、哈勃太空望远镜和斯皮策太空望远镜。

1991 年 4 月 7 日，"亚特兰蒂斯号"的宇航员在执行"STS－37 号"太空任务时，将康普顿伽马射线天文台成功地部署在低地球轨道（LEO）。接下来，这个天文台又被推入高纬度的圆形轨道。这样，它就可以完成各种科学探测任务了。这个质量为 16 300 千克的巨大航天器携带了各种灵敏的实验设备，以便在 30 keV 到 30 GeV 的能量范围内探测伽马射线。康普顿伽马射线天文台是探测能力极强的设备。它可以

被用来探测宇宙中最让人感
到惊讶的天体物理谜团，这
其中包括：能量巨大的伽马
射线爆发、脉冲星、类星体
和活跃的星系。美国国家航
空航天局为了纪念美国物理
学家亚瑟·霍利·康普顿，
用他的名字来命名这个航天
器。在它执行的有价值的太
空探测任务即将结束的时候，
航天飞行的控制者故意让这
个巨大的航天器进行脱轨燃
烧。康普顿伽马射线天文台
在 2000 年 6 月再一次进入地

美国国家航空航天局的康普顿伽马射线巨型天文台在 1991
年 4 月由"亚特兰蒂斯号"航天飞机的宇航员部署在低地球轨
道上，这些宇航员正在执行"STS–35 号"航天任务。
（美国国家航空航天局）

球的大气层，并安全落入了太平洋的遥远海域。

---

## 科学家

### 亚瑟·霍利·康普顿

美国物理学家亚瑟·霍利·康普顿
（Arthur Holly Compton）（1892—1962）
是研究高能物理学的先锋之一。1927
年他和另一个物理学家共同获得了诺
贝尔物理学奖。他研究了由于电子产
生的高能光子散射现象，这一重要的
现象被命名为康普顿效应。通过 1923
年的实验研究，他首次提出了能够证

明电磁辐射既具有粒状特性又具有波
状特性的实验证据，康普顿的重要发
现使人们可以相信量子物理学理论。

康普顿于 1892 年 9 月 10 日出
生在俄亥俄州伍斯特的一个著名的知
识分子家庭。他的父亲是伍斯特学院
的教授；他的哥哥卡尔学习物理专
业，后来成为麻省理工学院的院长。

作为一个年轻人，康普顿的家庭环境给他带来了两个方面的重要影响：深深的宗教归属感和对脑力工作的崇高追求。

康普顿在慎重地考虑后，听从了家人的建议选择了从事物理学领域的工作。在 1913 年，他在伍斯特学院取得了本科学位，接着和他哥哥一起在普林斯顿大学深造，并于 1914 年取得了文科硕士学位，1916 年取得了博士学位。在他的博士论文中，康普顿研究了 X 射线经水晶反射后的角分布规律。

1917 年，他在明尼苏达大学担任物理学讲师。在随后的两年里，他在宾夕法尼亚州的匹兹堡威斯汀豪斯电气和制造公司担任物理工程专家。1919 年，他接受了美国政府颁发的第一届国家研究协会奖学金。康普顿利用这次获得的奖学金在拜伦·欧内斯特·卢瑟福在英国的卡文迪许实验室研究 γ 射线的散射效应。通过与卢瑟福的合作研究，康普顿通过实验证明了一个由其他物理学家提出的令人疑惑的理论：由于散射角度的作用，γ 射线在波长上经历了变化。

1920 年，康普顿又回到了美国，并在密苏里州圣路易斯的华盛顿大学担任物理系主任。在这段时间内，他主要研究 X 射线，并重新开始探索光子散射和波长变化的奥秘。1922 年，他的实验揭示了波长的增量随散射角的不同而变化，这一现象被称为康普顿效应。他应用了特殊相对论和量子力学的理论去解释这一实验结果，并发表了著名的论文《与轻元素引起的 X 射线散射现象相关的量子理论》。这篇论文被刊登在 1923 年 5 月的《物理评论》上。1927 年，康普顿与英国的查尔斯·威尔逊（Charles Wilson）（1869—1959）共获当年的诺贝尔物理学奖。这要归功于他对电子作用下的高能光子散射现象所进行的开拓性研究（威尔逊在那年获得这个声望极高的奖项是因为他发明了云室）。

正是威尔逊的云室帮助康普顿证实了 X 射线散射反冲电子的活动状况。对反冲电子的信号云的跟踪研究为康普顿提供了证明电磁辐射的粒状活动的证据，他的精确实验描述了由自由电子引起的偶然辐射散射增加了 X 射线的波长。自从康普顿的实验结果证明了散射的 X 射线光子比原来的 X 射线光子拥有较少的能量，他便成为第一个通过实验证明电磁波的粒状量子本质的科学家。他的著作《X 射线产生的二级辐射》于 1922 年出版，书中论述了他的大多数重要的实验研究及实验过程。在20世纪20年代至30年代之间，康普顿的散射发现（又被称为康普顿效应）成为科学界接受和快速发展量子动力学的技术催化剂。

康普顿成功地发现了散射效应这个物理规律。他成功的背后，是应用于高能天体物理学领域的大量先进的X射线和γ射线探测技术。为了肯定他对当代天文学发展的杰出贡献，美国国家航空航天局以康普顿的名字来命名一个巨大的运行高能天体物理学天文观测台，它的名字叫康普顿γ射线天文台。

1923年，康普顿成为芝加哥大学的物理学教授。在新的校园安顿下来以后，他重新开始研究X射线，X射线拥有改变世界的力量。作为一位杰出的教师和实验科学家，康普顿撰写了《X射线和电子》一书，书中总结和传播了他所进行的具有开拓性的实验研究。从1930年至1940年间，康普顿在世界范围内引领了一场科学研究，研究的目标是测量宇宙射线的强度并研究宇宙射线强度的地理变化。精确的测量结果显示：实际上，与宇宙射线强度有关的是地磁纬度而不是地理纬度。康普顿的研究结果还显示：

宇宙射线是高能带电的粒子，它们和地球磁场相互作用。他的"太空前时代"研究为太空物理学的发展作出了重要贡献，使人们对了解地球磁层环境产生了极大的科研兴趣，从而决定了人们在早期的人造卫星上搭载什么样的实验设备，包括在美国"探索一号"卫星上搭载的詹姆斯·范·艾伦的实验设备。

在第二次世界大战期间，康普顿在美国研发和使用原子弹的过程中发挥了重要的作用，他被任命为高级科学顾问，而且是芝加哥大学曼哈顿项目冶金实验室（Mt Lab）的主任。埃里克·费米（Enrico Fermi）（1901—1954）参加了康普顿领导下的冶金实验室的项目。埃里克·费米出生在意大利，这位美籍物理学家在1942年12月2日，建造并控制使用了世界上第一个核反应堆。这个成功的铀-石墨反应堆被称为芝加哥反应堆1号。从技术上讲，它是位于华盛顿汉福德地区的能够生产钚的巨大反应堆的祖先。位于汉福德的反应堆生产出的钚，被使用在世界上第一次原子爆炸中。这场爆炸正是由这个三位一体的设备于1945年7月16日在新墨西哥州的南部引爆的。同时，这个设备还在 1945 年 8 月 9 日引爆了在日本的长崎投下的原子弹"胖子"。

第二次世界大战以后，康普顿把物理学研究工作放在一边，接受了华盛顿大学校长的职位。一直任职到 1953 年。之后，作为一位自然哲学教授，他继续在华盛顿大学工作。由于健康状况每况愈下，他不得不于 1961 年退休。1962 年 3 月 15 日，康普顿在加利福尼亚州的伯克利逝世。

康普顿伽马射线天文台还携带了 4 个进行同步观测的补充实验设备，它们的伽马射线能量范围是 5 decades，也就是介于 30 keV~30 GeV 之间。按照光谱能量递增的顺序，它们分别是：爆发和暂时源实验（BATSE），可变向闪烁光谱仪实验（OSSE），成像望远镜（COMPTEL）和高能伽马射线望远镜（EGRET）。这里提到的每一台实验设备都具有比前一代同类实验设备更高的灵敏度。

康普顿伽马射线天文台所携带的 4 台实验设备，与以前在太空进行天文观测的伽马射线天文望远镜相比，体积更大且灵敏度更高。拥有较大的体积对于康普顿伽马射线天文台进行天文观测绝对是有必要的，因为探测器能够记录下来的伽马射线相互作用的数量与探测器的质量有直接的联系。因为同宇宙源产生的光量子的数量相比，宇宙源产生的伽马射线光子的数量非常少，所以天体物理学家必须使用体积较大的探测设备在一定的时间内探测大量的伽马射线。通过使用这些设备，可以探测到介于 30 keV 和 30 GeV 之间的光子能量。

为了了解康普顿伽马射线天文台的 4 台实验设备的设计和用途，我们首先应该了解下面的原理：当物质的能量超过 X 射线光子的能量（10 keV，大约是光量子能量的 10 000 倍）时，它不容易折射或反射进入物质的辐射并形成图像。所以，科学家们不得不使用替代的方法来收集伽马射线光子，以便为太空中的伽马射线源成像。在测量伽马射线的能量时，天体物理学家可以选用以下三种不同的方法或者把这三种方法结合起来使用：（1）在高密度的媒介内，部分或全部吸收伽马射线的能量。例如，我们可以使用一大块由碘酸钠构成的水晶作为媒介。（2）利用吸收能力极强的物质封闭绝大部分天空，形成小范围的视野进行瞄准。（3）在测量极高的能量时，在火花室（Spark chamber）内完成从伽马射线到电子—正电子串的转换，从而发现进入光子的方向特征。

康普顿伽马射线天文台进行科学观测的日程安排包括对各种高能天体现象的观测，包括：太阳耀斑、伽马射线爆发、脉冲星、新星和超新星爆炸、附着在恒星质量上的黑洞、类星体放射和宇宙射线在星际媒介中的相互作用。利用康普顿伽马射线天文台的探测设备，科学家们已经获得了许多令人感到惊喜的科学发现。这些发现有的已经被人们预测到，有的完全出乎人们的意料。例如，他们发现在高能伽马射线试验望远镜（EGRET）拍摄到的全天图中到处都是放射现象，这些放射现象是由宇宙射线或星际气体之间相互作用而产生的，它们主要出现在银河系。科学家们已经知道至少有 7 颗脉冲星在电磁光谱的伽马射线区域内产生放射现象。在康普顿伽马射线天文台被发射升空以后，至少有 5 颗伽马射线脉冲星已经被发现。EGRET的另一重大发现是它发现了一种被称为耀类星体的天体。它们所释放出的绝大多数电磁辐射能量在 30 MeV 和 30 GeV 之间的电磁光谱区域内。我们在衡量耀类星体的距离时，采用宇宙论的标准。有时，我们可以观测到：不同的耀类星体在时间量程的天数上会有所不同。

成像望远镜拍摄的全天图能够对窄波范围内的伽马射线进行成像。这幅图片出人意料地揭示出：在很小的区域内存在浓度极高的放射性铝-26。成像望远镜拍摄到的(伽马射线)图像使几个高能天体变得可以被"观测"了。这其中包括：两颗脉冲星、一个闪耀的黑洞候选天体和一个伽马射线耀类星体。在由定向闪烁光谱仪（OSSE）拍摄的另一幅银河系中心区域图中，观测设备的扫描结果显示：由于星际媒介中的正电子和电子的毁灭产出了伽马射线辐射。OSSE 记录下了太阳耀斑的光谱，从而为科学家们研究高速粒子撞击太阳表面的物质提供了直接的证据。在这一过程中，高速粒子会激活太阳表面的原子核并使它们产生伽马射线辐射。

爆发和瞬变源试验设备（BATSE）的主要研究目标是研究伽马射线爆发这一神秘的天文现象。伽马射线爆发往往发生在不可预知的某个太空区域内，它持续的时间非常短暂。爆发和瞬变源试验设备拍摄到的关于伽马射线爆发位置的全天图显示：这些伽马射线爆发来自宇宙的四面八方。众所周知，银河系中普通的天体通常聚集在银河系平面或中心的周围。通过研究康普顿伽马射线天文台传回的数据，天体物理学家们形成了关于宇宙中的伽马射线爆源的理论。他们认为这个伽马射线爆源应该存在于银河系以外。伽马射线爆发产生的光变曲线表明：正在发生的伽马射线爆发是毫无规律的。任何两次伽马射线爆发都是截然不同的。明亮或黯淡的伽马射线爆发产生的普通光变曲线看起来与目前的天文解释是一致的。科学家们现在认为：伽马射线爆发发生在宇宙论的距离范围内。按照假设，黯淡的伽马射线爆发离我们的距离更远。在宇宙论的时间范围内，它们比明亮的伽马射线爆发延伸得更远，这是因为它们参与了宇宙扩张的过程。

康普顿伽马射线天文台航天器是一种稳定的自由飞行的地球卫星。它拥有三个轴，并能在 14 天或在更长的时间内对准任何天体，误差范围在 0.5° 以内，它的计时精确度在 0.1 毫秒以内。为了进行在轨检修，这个重要的运行试验室搭载了重量大约为 1 860 千克的推进系统，这个推进系统包括联氨单元推进剂。在 2000 年 6 月，当康普顿伽马射线天文台的科学探测任务即将结束时，控制这次航天飞行的技术人员利用故意预留出来的推进剂，使航天器成功地执行了脱轨燃烧命令。最后，这个航天器在技术人员的控制下，重新回到地球并落入事先选定的太平洋遥远海域。

## ◎宇宙射线卫星（COS-B）

欧洲航天局（ESA）研发的宇宙射线卫星（COS-B）主要研究能量介于 25 MeV 和 5 GeV 之间的地球以外的伽马射线。1975 年 8 月 9 日，COS-B 在加州的范登堡空军基地被"德尔塔号"一次性运载火箭发射升空，并成功地进入围绕地球运行的高椭圆轨道。

"COS-B 号"卫星的高椭圆轨道的近拱点位于 340 千米处，它的远拱点位于 99 876 千米处。它的运行周期是 37.1 小时，它的运行轨道的倾角是 90.13°，偏心率为 0.881。这颗卫星上搭载的伽马射线天文望远镜使科学家们第一次详细地了解了银河系在电磁光谱的伽马射线区域内所呈现出的景象。COS-B 的最初设计使用寿命为两年。实际上，这个航天器为人类服役了 6 年零 8 个月（1975 年 8 月至 1982 年 4 月）。

## ◎鱼燕轨道观测卫星

鱼燕轨道观测卫星在 2004 年 11 月 20 日在佛罗里达州的卡纳维拉尔角空军基地被波音·德尔塔 II 型火箭发射升空。在成功发射以后，"鱼燕号"卫星开始执行自己的探测任务。它的主要任务是研究伽马射线爆发并识别伽马射线爆源。在同类卫星中，"鱼燕号"是第一个在不同的波长范围内研究伽马射线爆发（GRBs）的太空天文观测台。

　　为了在伽马射线、X 射线、紫外线和光波的波长范围内观测伽马射线爆发和它们的余晖,"鱼燕号"同时使用三个不同的观测设备。"鱼燕号"的主要任务目标是:确定伽马射线爆发的源头,对伽马射线爆发进行分类,寻找新型的伽马射线爆发,研究伽马射线爆发产生的光波的演变和它们与周围环境的相互作用,利用伽马射线爆发来研究早期宇宙的历史,第一次对宇宙进行硬 X 射线勘查。"鱼燕号"携带的天文望远镜可以在伽马射线、X 射线、紫外线和光波的波长范围内进行观测。这意味着:从在电磁光谱范围内的观测能力来看,"鱼燕号"是哈勃太空望远镜的一百多万倍。美国国家航空航天局的科学家们预测:在计划中的两年太空飞行当中,"鱼燕号"将会观测到二百多次伽马射线爆发。那将是有史以来人类对伽马射线爆发的余晖所进行的最大规模的研究。

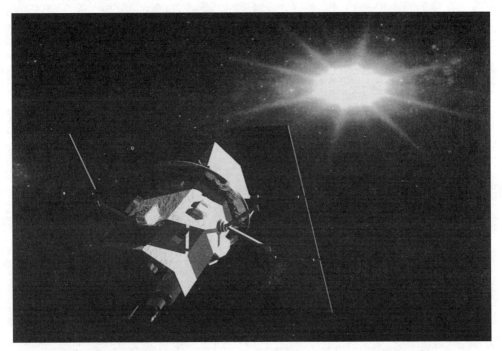

　　这幅图片中,美国国家航空航天局的"鱼燕号"卫星正在收集与伽马射线爆发这一神秘的天文现象有关的各种科学数据。

(美国国家航空航天局)

# 6

## X射线天文学和钱德拉X射线天文台

　　X射线天文学是与高能天体物理学有关的3个学科中最先进的学科。这3个学科分别是：X射线天文学、伽马射线天文学和宇宙射线天文学。由于地球的大气层吸收了绝大多数来自各种天体现象的X射线，科学家们不得不利用在高空飞行的探测气球平台、探测火箭和运行航天器来研究这些有趣的X射线。X射线通常与宇宙中发生的剧烈天体现象有关，这些天体现象还会释放出大量的能量。X射线的放射可以使人们了解天体的各种物理条件，这些物理条件与X射线的放射密切相关。它们包括天体的温度、天体的密度和天体的年龄等，观测X射线的放射对研究高能天体事件是非常有价值的。通过观测X射线的放射，天体物理家们不仅可以研究二元星系的质量转移问题，还可以研究星际气体与超新星残余物之间的相互作用，以及类星体的运转。

　　1949年，运载火箭上搭载的试验设备第一次完成了对太阳X射线的测量。13年以后，里卡尔多·贾科尼（Riccardo Giacconi）（1931—　）、布鲁诺·罗西（Bruno Rossi）（1905—1993）和他们的同事探测到第一个太阳以外的X射线源，这个X射线源被叫作天蝎座X-1。在1962年6月，他们利用探测火箭的飞行取得了意想不到的重要发现，这一事件被当作是X射线天文学的开端。在接下来的8年里，火箭和探测气球上的探测设备探测到位于银河系中的几十种明亮的X射线源，它们还探测到位于其他星系中的几种X射线源。随着科学探测航天器的出现，X射线天文学带给人类的惊喜也越来越多。卫星的出现使科学家们可以将复杂的观测设备长期放置在地球大气层的上方。在接下来的35年里，这些运行天文台使人类对剧烈的高能天体现象有了更多的了解。这些现象往往与天体的X射线放射有关。

　　1970年12月，美国国家航空航天局发射了"探测者42号"卫星，也就是"小天文卫星一号"，这颗卫星是第一颗专门用来研究X射线天文学的卫星。它后来被重新命名为 Uhuru（斯瓦希里语的一个单词，意思是"自由"）。这颗卫星是在圣马可火箭发射场被发射升空并进入围绕地球飞行的轨道的。这个火箭发射场位于非洲东海岸的肯尼亚境内。这颗卫星一直正常工作到 1973 年 4 月，对太空的 X 射线第一次进行了全方位的勘查。除了探测到三百多个 X 射线源以外，Uhuru 还收集到与 X 射线二元星系和银河星团 X 射线漫射有关的数据。从那以后，对天体 X 射线放射的观测任务由越来越精密的航天器来完成。

例如，美国国家航空航天局在 1978 年 11 月成功地发射了"高能天文台 2 号"（HEAO-2）。为了纪念物理学家阿尔伯特·爱因斯坦，这个天文台也被命名为"爱因斯坦号"天文台。这颗重量为 3 130 千克的巨大卫星装有一台巨大的掠射 X 射线望远镜，从而为人类第一次获得了太空 X 射线的全方位图像。在这以前，科学家们主要通过以下方法来研究 X 射线源：确定它们的位置，测量它们的 X 射线光谱，监控 X 射线随时间而改变的亮度。通过 HEAO-2，科学家们不仅可以确定 X 射线源的位置，还可以定期获得 X 射线源的图像。掠射 X 射线望远镜的出现使天文观测领域再一次实现了重大突破。

X 射线是由电磁能量构成的能量包（光子），它不能被玻璃镜面或透镜折射或反射。众所周知，可见光的光子可以聚焦在传统的光学望远镜的镜面上。然而，如果 X 射线与表面几乎平行，也就是说，X 射线以掠射的方式到达，能量很高的光子可以通过一种有用的方式发生反射。掠入的 X 射线被特殊表面反射的方式取决于物质的原子结构和 X 射线的波长范围（能量等级）。科学家们利用掠射技术，可以使（能量在一定范围内的）掠入 X 射线在特殊材料的帮助下"聚焦"于一系列的探测设备的镜面上。

"爱因斯坦号"天文台（HEAO-2）是第一台部署在地球轨道上的成像 X 射线天文望远镜，它的科研目标是准确地定位和研究能量介于 0.2~4.0 keV 之间的 X 射线源，进行高灵敏度的光谱学研究，对瞬变 X 射线源进行精确度极高的测量。直到 1981 年，HEAO-2 一直在运行。它向天文学家们提供了各种天体的 X 射线图像。这些天体包括：超新星残余物、正常星系、由星系构成的星团和银河系的核心部分。在"爱因斯坦号"天文台带给人类的诸多发现当中，最出乎人们意料的是：它发现所有的恒星都会放射出数量可观的 X 射线。

通过美国国家航空航天局的"爱因斯坦号"天文台和欧洲 X 射线天文台的天

文观测活动，成千上万的宇宙 X 射线源已经被人类所了解。欧洲 X 射线天文台的发射是在 1983 年 5 月由欧洲航天局组织实施的。由于 X 射线天文学的许多重要发现，天文学家们现在意识到：几乎所有有趣天体都会释放出辐射；在这些辐射当中，有相当一部分以 X 射线的形式存在于宇宙中。

1990 年 6 月，德美英三方共同将伦琴卫星（ROSAT）送入绕地运行轨道。这颗卫星是对超级紫外线（EUV）和软（能量较低的）X 射线进行观测的天文台。它是以发现 X 射线的德国物理学家威廉 · 康拉德 · 伦琴（Wilhelm Conrad Roentgen）（1845—1923）的名字来命名的。ROSAT 探测任务十分成功，其主要包括：研究不同光谱类型的恒星的 X 射线放射现象，勘测银河系的超新星残余物的 X 射线辐射，进行各种不同活跃星系的本源研究，对本地星际媒介进行详细的 EUV 勘查。一些新型的 X 射线天文台为科学家们提供了光谱分辨率和角分辨率较高的科学数据。同时，探测活动的精确度也得到了大幅度的提高。这些新型的 X 射线天文台包括美国国家航空航天局的钱德拉 X 射线天文台和欧洲航天局的 XMM– 牛顿天文台。这些运行中的精密 X 射线天文观测设备为科学家们揭开了许多高能天体物理学领域内的不解之谜。

## 知识窗

### X 射 线 爆 源

X 射线爆源是一种 X 射线源，它释放出的能量相当于太阳能量的千万倍。它爆发的时间只有短短的几秒钟。天体物理学家们认为：二元星系内的中子星会从伴星的表面吸积质量直到它的温度升高到足以发生氢核聚变的程度。接下来，原子核在短时间内突然发生燃烧并释放出大量的能量。

X 射线二元星系是最常见的发光银河 X 射线源。它是一种紧密的二元星系统。在这一系统内，物质（在引力的作用下）会从巨大的正常恒星流向高密度的恒星伴星，例如中子星或黑洞（对于最亮的 X 射线源），以及白矮星（对于亮度不那么强的 X 射线源）。

从伴星那里吸引过来的气状物质会在中子星的周围形成一个吸积盘。吸积盘内部旋转物质的温度会急剧升高。同时，它们会释放出稳定的 X 射线流。随着向内流入的气体在中子星的表面不断聚集，气体的温度会由于表面物质的压力而上升。最后，被捕获的物质的温度达到发生热核聚变反应的程度。结果，氢在很短的时间内发生热核燃烧。这一现象释放出大量的能量，并以 X 射线的爆发为特征。随着时间的推移，又有新的吸积物质在中子星的表面聚集，又一次短暂的 X 射线爆发正在酝酿当中。

有时，并非所有来自恒星伴星的内落物质都会落在附近的中子星的表面。在这种情况下，一部分内落的气态物质会以气流的形式被高速喷向星际空间。例如，天文学家们观测到一个有趣的天体，这个天体叫 SS 433。这个天体每年要向外喷射两股细细的气流，它们的运行方向截然相反，并且都与吸积盘的方向垂直。两股气流所包含的物质的质量与一个地球相当。当这些气流（以每秒大约 8 万千米的速度——大约相当于光速的 25%）与星际媒介相互作用时，它们会在电磁光谱的无线电波区域内释放出辐射。

1999 年 7 月被发射升空的钱德拉 X 射线天文台最初被叫作高级 X 射线天体物理学观测设备。后来人们用印度裔美籍物理学家苏布拉马尼扬·钱德拉塞卡（Subrahmanyar Chandrasekhar）的名字来命名这个太空天文观测台。这个围绕地球运行的天体物理学观测设备可以用来研究宇宙中一些最有趣的 X 射线源。这其中包括来自活跃的银河系的核心、正在发生爆炸的恒星以及掉入黑洞中的物质的放射现象（本书的第 12 章将讨论黑洞的问题）。

欧洲航天局的天文台也为当代 X 射线天文学的发展作出了重大贡献。它是在 1999 年 12 月 10 日由"阿丽亚娜五号"火箭从法属圭亚那的库鲁发射升空的，它携带了 3 台非常高级的 X 射线天文望远镜。它最初被叫作 X 射线多镜观测卫星，XMM-Newton 是迄今为止欧洲建造的体积最大的科学探测卫星。同时，它还是一个敏感度极高的天体物理学观测设备，可以探测到几百万个 X 射线源。

太空天文观测台为现代天体物理学家们提供了重要的与 X 射线放射有关的数据。这样，他们就可以更准确地了解恒星的结构和演变过程（包括二元星系统、超新星残余物、脉冲星和黑洞的候选天体）、大规模的星系现象（包括星际媒介本身和本地星系的软X射线放射现象）、活跃星系的本质（包括产生于星系中心区域的放射现象的光谱特征和时间变化）和由星系构成的各种星团（包括与它们有关的X射线放射现象）。如果我们从离地球更近一点的角度来考虑，这些与X射线放射有关的数据还可以帮助太空科学家监控强烈而危险的太阳耀斑。钱德拉X射线天文台、XMM–牛顿天文台和美国国家航空航天局计划中的星座X射线天文台就是具备上述作用的太空天文台。

## ◎美国国家航空航天局的钱德拉X射线天文台

钱德拉X射线天文台（CXO）是美国国家航空航天局的4大运行天文台之一。这个庞大的航天器在1999年7月23日成功发射。"哥伦比亚号"航天飞机的宇航员在执行STS-93航天任务时完成了对它的部署。在研发阶段，美国国家航空航天局曾经把它称作"高级X射线天体物理学探测设备"。在它被发射升空后，美国国家航空航天局又对这个精密的X射线天文观测台进行重新命名。美国国家航空航天局用印度裔美籍天体物理学家和诺贝尔奖获得者苏布拉马尼扬·钱德拉塞卡（也被称为钱德拉）的名字来命名这个航天器，所以这个航天器被称为钱德拉X射线天文台。这个绕地运行的天文观测设备研究了宇宙中一些最有趣的X射线源。钱德拉X射线天文台研究的X射线放射现象，有的来自活跃星系的核心，有的来自正在发生爆炸的恒星，还有的来自掉入黑洞中的物质。

哈勃太空望远镜（HST）在与地球相对较近的圆形轨道内运行。与哈勃太空望远镜不同的是，钱德拉X射线天文台是在高椭圆轨道内运行。为了最终进入预定的运行轨道，钱德拉X射线天文台先被"哥伦比亚号"航天飞机送入低地球轨道。然后，宇航员再将它从货物舱运到海拔250千米的轨道内。接下来，惯性上面级火箭两次实施点火，钱德拉X射线天文台利用自身的助推系统（在于IUS火箭实现分离以后）几次实施点火。经过上述过程，钱德拉X射线天文台最终进入围绕地球运行的高椭圆轨道。在离地球最近时，钱德拉X射线天文台的飞行高度大约为9 600千米；在离地球最远时，它的飞行高度大约为14万千米。这时，它走过的路程相当于到月球的路程的将近1/3。钱德拉X射线天文台的运行轨道具有以下特征：周期为64.2小时，倾角为28.5°，偏心率为0.798 4。

　　肯尼迪航天中心的工作人员正准备把太阳能电池板组合安装在钱德拉天文台上，这是发射前的准备工作的一部分。

（美国国家航空航天局）

知识窗

## 苏布拉马尼扬·钱德拉塞卡（也被称为钱德拉）

苏布拉马尼扬·钱德拉塞卡（Subrahmanyan Chandrasekhar）是杰出的印度裔美籍物理学家，他在关于恒星演变的理论研究方面作出了重要贡献。他特别提出：白矮星是许多与太阳质量相仿的恒星的最后一个发展阶段。他与物理学家威廉·艾尔弗雷德·福勒 William Alfred Fowler（1911—1985）同获 1983 年度的诺贝尔物理学奖。这是因为他们研究了许多对恒星结构和演变极为重要的物理过程。

世人也称他为"钱德拉"（在古印度语中可以解释为"发光的"或"月亮"）。钱德拉塞卡被公认为是 20 世纪最著名的天体物理学家。他于 1910 年 10 月 19 日出生在印度的拉合尔，在印度马德拉斯大学接受了物理学的基础教育。后来，他又在英国剑桥大学攻读博士学位，并从师于拉尔夫·霍华德·福勒爵士（Ralph Howard Fowler）（1889—1944）。最终，他成功地获得了博士学位。在他的职业生涯早期，他曾经提出：白矮星的质量存在上限。这一理论现在被称为"钱德拉塞卡极限"。

1937 年，钱德拉塞卡从印度移民至美国，并成为芝加哥大学的一名教师。他和妻子拉里莎·多雷斯瓦米在 1953 年加入了美国国籍。钱德拉塞卡是芝加哥大学的一位知名教授，他的研究领域几乎覆盖了所有理论天体物理学领域的分支研究方向。他于年 8 月 21 日在芝加哥逝世。

1999 年 7 月 23 日，美国国家航空航天局发射了高级 X 射线天体物理学探测设备。这是航天飞机执行的 STS-93 航天任务的一部分。当这颗卫星被成功地部署在运行轨道上以后，美国国家航空航天局为了纪念钱德拉塞卡，将这颗天文探测卫星重新命名为钱德拉 X 射线天文台。

这个天文台在高椭圆轨道内运行，从而成功地远离了地球周围的辐射带陷阱。如果天文台灵敏的科学实验设备受到辐射带内大量的带电粒子的影响，它们的数据读数就会出现错误。美国国家航空航天局的科学家们利用这个特殊的椭圆轨道使钱德拉 X 射线天文台与令人讨厌的辐射带保持足够远的距离，从而保证这个天文台每运行一周都能完成 55 小时不间断的天文观测。当然，在受到地球周围的辐射带的干扰时（每运行 1 圈都会遇到 9 个小时的干扰），科学家们不会让钱德拉 X 射线天文台进行任何天文观测。

钱德拉 X 射线天文台主要由 3 部分构成，分别是：飞船系统、望远镜系统和科学实验设备。飞船的太空舱配有计算机、通讯天线、数据记录器。数据记录器主要负责在飞船和地面指挥系统之间传输和接收数据。地面指挥中心的技术人员，在飞船上的计算机和感应器的配合下，实现了对飞船的指挥和控制，并保证飞船在设计使用期限内能够正常运行，它的设计使用寿命为至少 5 年。飞船的太空舱内还装有火箭助推系统，它可以保证整个天文台的准确运行和瞄准。

此外，太空舱内还装有方位摄像机和遮阳感应装置。方位摄像机可以使天文观测台知道自己与恒星的相对位置。遮阳感应装置可以使敏感的观测设备部件避免过多的阳光照射。太阳能电池阵为飞船提供电力，并为飞船上的镍氢电池充电，镍氢电池是飞船的备用电力供应装置。

在望远镜系统的核心部分装有高分辨率的镜面组合（HRMA）。由于高能 X 射线会穿透普通的镜面，航天领域的技术人员专门为钱德拉 X 射线天文台设计了一种圆柱形的镜面。X 射线望远镜包括 4 组内嵌的抛物面—双曲面 X 射线镜面组合。它们被嵌装在圆柱形的镜面上，这些圆柱形镜面位于与它们同心的圆锥体内。从根本上讲，HRMA 相当于一组套在望远镜内的望远镜。射入的 X 射线从反复抛光过的镜面掠过，进入实验设备的区域，被实验设备探测和分析。技术人员在放置这些镜面时，特意让它们保持一点点角度。这样一来，那些位于神秘太空中的 X 射线源将会从它们的表面掠射而过，这就如同一块石头从水坑或小河里掠过一样。HRMA 的作用是将宇宙 X 射线源准确地聚焦在成像设备上，这些成像设备位于长度为 10 米的天文望远镜的末端。

钱德拉 X 射线天文台的 X 射线镜面是同类镜面中体积最大的，它们也是迄今为止人类制造的最光滑的镜面。打个比方来说，如果你认为科罗拉多州的地表还相对平坦，那么相比之下派克山的顶峰（海拔高度为 4 300 米）也就只有不到一英寸（2.54 厘米）高。在钱德拉 X 射线天文台的 8 组镜面中，体积最大的镜面的直径为 1.20 米，长度为 0.91 米。HRMA 被安装在钱德拉 X 射线天文台的圆柱形望远镜设备中，整个

这是一幅经过电脑加工处理的钱德拉 X 射线望远镜的图片。图中的钱德拉 X 射线望远镜正在运行轨道内飞行，它的太阳能电池板已经完全展开。

（美国国家航空航天局）

望远镜设备被能够反射热量的多层保温材料所覆盖。这种设计方案可以协助加热元件保证望远镜装置内部的恒温状态。由于内部温度的恒定，望远镜的镜面不会出现热胀冷缩的情况，从而保证了更高的观测精确度。钱德拉 X 射线天文台的观测范围是电磁光谱的 X 射线区域。同以前使用的 X 射线天文望远镜相比，钱德拉 X 射线天文台的分辨率要高出 8 倍，它的灵敏度高出它们 20~50 倍。

在这个天文台的设备区域内，有两个设备位于细长的望远镜的末端。它们负责收集 X 射线并通过各种方法来分析 X 射线。这两个设备既可以被当作成像仪来使用，也可以被当作光谱仪来使用。钱德拉 X 射线天文台的高分辨率摄像机（HRC）拍下了许多 X 射线图像。这样一来，天体物理学家和天文学家就可以研究许多剧烈的高温天体现象，例如，恒星的消亡和星系的碰撞。

HRC 由两组非常细的氧化铅摄像管构成，这些摄像管总计有 6 900 万个。摄像管的长度只有 0.127 厘米，厚度仅为一根头发丝厚度的 1/8。当 X 射线遇到摄像管时，电了会被释放出来。这些带电粒子在外加高压的作用下，会在摄像管的表面高速移动，并产生离子雪崩现象。大概有三千多万个电子参与了这一过程。在摄像管束的末端装有极板网栅，这种装置是由电线构成的。它可以探测到粒子的流动，并准确地确定最初 X 射线的位置。高分辨率的摄像机成为高级的电荷耦合器件（CCD）和成像频谱仪（ACIS）的有力补充。

成像频谱仪也位于天文台的狭窄的末端，它不仅可以记录下来自宇宙 X 射线源的入射 X 射线的位置，还可以记录它们的能量水平（颜色）。成像频谱仪包括 10 组电荷耦合器件。在家用的录像机和数字摄像机中，我们也会发现电荷耦合器件。不过，观测天文台上使用的电荷耦合器件是用来探测 X 射线的（X 射线与可见光的光子完全不同）。天文学家们通过在地面发出不同的指令来实现有选择地使用这些探测仪器。成像频谱仪可以区分 50 种不同的能量。这些能量应该在天文台的观测范围内。换句话讲，它可以探测到介于 0.09 keV 和 10.0 keV 之间的 X 射线。

为了了解更多能量方面的信息，可以把两个衍射光栅加入到 X 射线的路径当中。衍射光栅看上去就像屏幕一样。X 射线的路径一般介于望远镜和探测仪器之间。光栅改变了入射 X 射线的路径。于是，钱德拉 X 射线天文台的 X 射线摄像机记录下 X 射线的能量水平（颜色）和位置。X 射线光子运行路径的改变程度取决于它最初的能量水平。其中的一个光栅被称为高能透射光栅摄谱仪（HETG），它主要针对能量水平较高和中等的 X 射线，把成像频谱仪当作探测仪来使用；另一个光栅被称为低能透射光栅摄谱仪（LETG），它主要针对能量水平较低的 X 射线，科学家们把它和 HRC 结合起来使用。

科学家们通过研究钱德拉 X 射线天文台收集的 X 射线光谱，并分析典型的 X 射线的已知成分的特征，确定了产生 X 射线的天体的构成，并分析了 X 射线的成因。钱德拉天文台的主要任务目标是：确定从普通恒星到类星体的各种天体的本质，研究发生在天体内部或天体之间的物理过程的本质，帮助科学家们研究宇宙的历史和演变进程。除此之外，这个航天器还被特别用来观测产生于宇宙的高能区域的宇宙 X 射线，例如，超新星残余物、X 射线脉冲星、黑洞、中子星和炙热的银河星团。

美国国家航空航天局的马歇尔航天飞行中心对钱德拉 X 射线天文台航天任务全权负责。根据与美国国家航空航天局签订的协议，史密松森天体物理观测台负责钱德拉 X 射线天文台的科学研究和飞行指挥。史密松森天体物理观测台位于马萨诸塞州的剑桥,包括一个运行控制中心和一个科学研究中心,两个中心可以共享科学数据。

钱德拉 X 射线天文台的运行控制中心主要负责在钱德拉 X 射线天文台围绕地球运行时指挥它完成各种天文探测任务,控制中心的控制团队每天要同钱德拉 X 射线天文台联系 3 次。在这个过程中,他们会接收记录器传回的科学数据和其他日常信息。需要的时候,控制中心的控制团队还会向钱德拉 X 射线天文台发出指令。最后,他们将 X 射线天文台传回的科学数据传给钱德拉 X 射线天文台科学研究中心。

科学家们如果想研究能产生 X 射线的天体,可以来到钱德拉 X 射线天文台科学研究中心。在这里,他们可以获得大量重要的研究数据。类星体和相互碰撞的星系都可以放射出 X 射线。科学研究中心的科研团队为全球科学界的优秀研究人员提供用户支持。这种支持主要是指对钱德拉 X 射线天文台传回的科学数据进行整理和归档。

## ◎美国国家航空航天局的罗西X射线时变探测器

罗西 X 射线时变探测器是美国国家航空航天局的天体物理学探测设备,主要被用来研究一些暂时的宽带光谱现象,这些光谱现象与某些恒星和银河系统有关。在这些恒星和银河系统中,有一些密度很大的天体,它们能够放射 X 射线。这个航天器观测到的 X 射线的能量介于 2 keV 和 200 keV 之间,它的时间量程的变化范围介于微秒和年之间。

这个重量为 3 200 千克的航天器,为了测量来自太空深处的 X 射线放射现象,携带了 3 个特殊的实验设备。它们分别是:正比计数器阵(PCA)、高能 X 射线时变实验(HEXTE)和全天监测仪(ASM)。PCA 和 HEXTE 共同构成了一个巨型 X 射线天文台,它对介于 2 keV 和 200 keV 之间的 X 射线非常敏感。ASM 这台仪器被用来观测 X 射线源的长期变化。同时,它像一个哨兵一样随时注视着太空,保证航天器及时调整方向,对准要观测的目标,并同其他两个观测设备一起对转瞬即逝的观测目标进行及时的观测。这些观测设备共同收集与有趣的 X 射线放射现象有关的各种科学数据。这些 X 射线放射现象有的来自黑洞的附近,有的来自中子星和白矮星。同时,这些设备还被用来研究极具科研价值的高能电磁辐射现象,这些辐射来自正在爆炸的恒星和活跃的银河系核心。

1995 年 12 月 30 日,美国国家航空航天局在佛罗里达州的卡纳维拉尔角使用"德尔塔二号"一次性运载火箭成功地将这个航天器发射升空,并将它送入位于海拔 580 千米高空的圆形轨道,这个航天器开始执行围绕地球的航天飞行任务。接下来,美国国家航空航天局又对这个航天器进行了重新命名,将它命名为罗西 X 射线时变探测器。这是为了纪念杰出的意大利裔美籍物理学家布鲁诺·罗西。布鲁诺·罗西在 X 射线天文学领域内进行了开拓性的研究。这个航天器也被叫作"探测者 69 号"或美国国家航空航天局 X 射线时变探测器。

## ◎美国国家航空航天局计划中的星座X射线天文台

星座 X 射线天文台(也可以简称为星座-X)是美国国家航空航天局在未来将要发射的天文科学观测台,它包括一系列的 X 射线探测卫星。这些卫星将在一个紧密的轨道内共同运行。天文学家和天体物理学家在电磁光谱的 X 射线区域内对宇宙进行观测的范围将会扩大 100 倍,按照现在的计划,将有 4 颗卫星同步运行,它们形成的观测能力相当于一个巨型太空 X 射线天文台的观测能力。

星座-X 观测卫星将会携带高分辨率的 X 射线光谱望远镜,以便收集在激烈的天体过程中产生的高能 X 射线。然后,它们会对与激烈天体过程密切相关的 X 射线进行光谱分析。科学家们认为 X 射线光谱能够反映出那些产生 X 射线的化学物质的某些特征。星座-X 的观测活动将于 2010 年左右开始,星座-X 获得的观测数据将帮助科学家们解决一些急需解决的问题。这些问题已经对科学家们长期信赖的物理规律发起了挑战。例如,星座-X 将对巨大黑洞附近的铁元素进行光谱观测,从而验证阿尔伯特·爱因斯坦的广义相对论是否适用于极端引力环境中。对于这些黑洞是否真的存在,科学界尚无定论。星座-X 还可以帮助科学家们确切了解黑洞的演变过程和产生能量的过程,从而使科学家们获得关于宇宙整体能量水平的重要信息。通过这个天文台提供的信息,科学家们还可以研究以下问题:星系的形成过程、宇宙大规模的演变过程、暗物质的本质和宇宙中的物质和能量的循环过程。例如,来自爆炸恒星核心部分的较重化学元素是如何演变为行星和彗星的? 又如,古老恒星的气体是如何在新恒星的形成过程中发挥作用的?

和所有的 X 射线望远镜一样,星座-X 必须在外层空间运行。这是因为宇宙射线产生的 X 射线光子不会彻底穿透地球的大气层。科学家和技术人员在设计星座-X 时,希望这个 X 射线天文台能够尽可能多地收集"X 射线光"。这实际上是在最大限度地

　　这幅艺术合成图展示的是美国国家航空航天局计划中的星座-X 天文台。这个天文台是由一组观测能力极强的 X 射线望远镜构成的。在航天飞行的过程中，它们保持很近的距离，它们还要同时对同一遥远天体进行观测。如果把它们的观测数据结合起来，那意味着在观测能力方面星座-X 是任何先前的 X 射线望远镜的 100 多倍。

（美国国家航空航天局）

模仿巨型地面光学望远镜，这些地面光学望远镜在最大限度地从遥远天体那里收集可见光，"凯克号"地面光学望远镜就是一个典型的例子。这些技术上的要求促使美国国家航空航天局的技术人员为星座-X精心挑选了一种独特的多卫星设计方案。这4颗卫星是一模一样的，它们的质量都很轻。将来，美国国家航空航天局既可以对它们实施分别发射，也有可能对它们实施成对发射。建造4个一模一样的卫星，既可以降低整个航天任务的成本，又可以避免因为一次发射任务的失败而导致整个航天任务的夭折。一旦星座-X的4台X射线望远镜成功地在运行轨道中同时运行，就会形成极强的整体观测能力。在观测能力方面，它们是任何使用过或正在使用的X射线望远镜的100多倍。

从根本上讲，科学家们利用星座-X在1小时内收集的科学数据要多于现在他们利用X射线望远镜几天或几星期内收集的科学数据。更为重要的是，正是星座-X使天文学家和天体物理学家能够发现并分析成千上万的暗X射线放射源。如今，他们还只能研究一些明亮的X射线源。美国国家航空航天局的星座X射线天文台将很有可能在X射线天文学领域引起一场变革。到那时，科学家们对于发生在整个宇宙范围内的高能天体现象将会拥有更加深刻的理解。

# 7

## 红外线天文学和斯皮策太空望远镜

红外线（IR）天文学是现代天文学的一个分支学科，主要研究和分析天体产生的红外线辐射。绝大多数的天体会释放出同等数量的红外线辐射。然而，如果恒星的温度没有达到足够高的程度，它就无法在电磁光谱的可见光区域内发光。这时，它会在红外线区域内释放出大量的能量。所以，红外线天文学主要研究温度较低的天体，例如，由尘埃和气体构成的星际云（一般温度为100K）和表面温度大约在6 000K以下的恒星。

绝大多数的星际间的尘埃和气体分子在释放热量时都会释放出典型的红外线。天文学家利用上述特点研究发生在星际空间的各种化学反应过程。但是，星际间的尘埃也使天文学家无法观测到在银河系中心产生的可见光。不过，与电磁光谱可见光区内的辐射不同的是，银河系中心的红外线辐射没有被大量地吸收。因此，科学家们可以利用红外线天文学来研究银河系密度极大的核心部分。

红外线天文学使天体物理学家对正在形成的恒星（被称为原恒星）进行观测。它们一般形成于由尘埃和气体构成的巨大的云彩（被称为星云）当中。这时，距离恒星内部热核反应还有相当长的一段时间。同时，这些恒星已经开始进行红外线辐射，这种辐射是可以被天文学家们观测到的。

不幸的是，地球大气层中的水和二氧化碳吸收了绝大部分天体释放出的红外线辐射。在地面进行观测的天文学家只能利用极少数狭窄的红外线光谱波段或窗口来对宇宙进行观测，即便是这些红外线窗口也被"天空中的噪音"（指大气分子所产生的讨厌的红外线辐射）所扭曲。随着太空时代的到来，天文学家们将精密的红外线天文望远镜［例如，红外线天文观测卫星（IRAS）］放置在太空里。这样一来，他们在进行观测时就摆脱了地球大气层的束缚和干扰。科学家们根据宇宙可观测范围内的重要红外线源，整理出完整的目录并绘制出相应的天图。

红外线天文观测卫星于1983年1月被发射升空，这是人类有史以来第一次在电

从图中我们可以看到美国国家航空航天局的"斯皮策号"太空望远镜正在运行轨道内飞行，它主要对太空进行红外线区域（100 微米的波长范围）的观测。

（美国国家航空航天局 / 喷气推进实验室）

磁光谱的红外线区域内对宇宙进行大规模的科学探索活动。IRAS 是由美国、英国和荷兰共同研制的，IRAS 在 1983 年 11 月完成了自己的科学探测任务。IRAS 太空红外线望远镜在执行任务期间，成功地完成了在红外线波长的广阔范围内进行全天扫描。它的观测精确度比以前的望远镜要高出 100~1 000 倍。它在 10 个月的时间内所取得的重要科学研究成果向世人证明：红外线天文学在太空研究领域内将会前途无量。

## ◎斯皮策太空望远镜

斯皮策太空望远镜（SST）是美国国家航空航天局巨星天文台计划中的最后一个航天器。 这个计划包括 4 个运行天文台，它们分别负责在电磁光谱的一个特定区域内对宇宙进行观测。斯皮策太空望远镜最初被称为太空红外线望远镜观测设备，它包括一个直径为 0.85 米的望远镜和 3 台低温制冷科学实验设备。为了纪念美国天文学家莱曼·斯皮策，美国国家航空航天局用他的名字重新命名了这台太空红外线望远镜（关于莱曼·斯皮策的简介，请阅读本书的第1章）。

SST是有史以来人类发射的观测能力最强且灵敏度最高的红外线望远镜，它可以在3~180微米的红外线辐射波长范围内获取天体的图像并对天体进行光谱研究。它在这一重要的光谱区域内进行的绝大多数天文观测，超出了地面天文望远镜的观测范围。这是由于地面天文望远镜无法摆脱地球大气层的阻挡作用。SST在2003年8月25日，在卡纳维拉尔角的空军基地被"德尔塔号"一次性运载火箭发射升空。这个天文台的重量为950千克。这个航天器围绕太阳进行飞行，它的运行轨道位于地球公转轨道的后方。技术人员和设计者特意为它选择了这个运行轨道，以便让望远镜的实验设备能够在消耗最少的制冷剂的前提下迅速冷却下来。它的设计使用寿命不少于5年。现在，SST正和美国国家航空航天局旗下的其他几个巨型天文观测台共同完成天文观测任务。SST可以收集到高分辨率的科学观测数据，从而帮助科学家们更好地理解星系、恒星和行星的形成和演变过程。

斯皮策太空望远镜在技术上实现的一个重大突破就是对运行轨道的明智选择。它没有围绕地球运行，而是围绕太阳运行，它的运行轨道位于地球公转轨道的后方。这个航天器慢慢地远离地球，进入太空的深处。它与太阳的距离为1个天文单位，1个天文单位相当于地球和太阳之间的距离，也就是1.5亿千米。这个望远镜的运行速度大约为每年1/10个天文单位。独特的运行轨道使它可以远离大量的地球热浪，地球热浪的温度可以达到-23℃，在近地轨道内运行的那些传统的卫星和航天器将受到地球热浪的影响。斯皮策太空望远镜的运行温度条件更有利于红外线望远镜进行天文探测活动。这个温度大约为-238℃，也就是35K。通过这种极具创意的设计方案，技术人员使辐射产生的热量散发到寒冷的太空深处，从而保证了观测设备能够及时地冷却下来。

除此以外，SST的特殊轨道设计方案使它摆脱了地球辐射带的干扰。这一设计方案还大幅度减少了电离层对灵敏度极高的红外线辐射探测器的负面影响。

SST的3台主要科学实验设备将对收集到的红外线能量进行研究和记录。这3台设备分别是：红外列阵摄像机、红外线摄谱仪和多波段成像光度计。红外列阵摄像机可以在近红外线和中红外线的波长范围内成像。天文学家们利用这台通用摄像机完成了各种各样的科学研究项目。红外线摄谱仪使天文学家们可以在中红外线的波长范围内进行高分辨率和低分辨率的光谱研究。和光谱仪非常类似，红外线摄谱仪会使红外线辐射进入它的组成波长范围内。科学家们会仔细地研究发射线和吸收线的红外线光谱，发射线和吸收线能够反映出原子和分子的状态。斯皮策太空望远镜的光谱仪没有可以移动的部件。多波段成像光度计可以在远红外线的波长范围内进行成像，并收集有限的光谱科学数据。成像光度计中唯一可以移动的部件是扫描镜，它可以对太空的广阔领域进行勘测。

斯皮策太空望远镜具有灵敏度极高的探测器，同时，它还具有较长的设计使用寿命。上述两个特征使天文学家们可以观测到一些使用其他的观测设备和观测方法观测不到的天体和现象。由于它具有独特而高效的隔热设计方案，它只携带了360升的一次性液态氦制冷剂。这些制冷剂足以让敏感的红外线探测设备冷却下来。制冷剂耗尽的问题严重地限制了以前部署在太空的红外线望远镜的使用寿命。据美国国家航空航天局的航天器设计人员估计，斯皮策太空望远镜的制冷剂供应足以保证航天器在大约5年的时间内正常运行。在这期间，红外线天文台的观测设备总能及时地被冷却。观测台利用制冷剂蒸发过程产生的蒸汽使它的观测设备冷却下来，并达到−268℃的最佳运行温度，也就是5.5K。

斯皮策太空望远镜的绝大多数观测活动向整个科学界开放。这样一来，美国国家航空航天局可以及时地了解同行们对这个航天器的评价。在这个天文台的最终设计方案中，将主要任务目标确定为下述研究领域：行星和恒星的形成过程（包括对行星碎片盘面和褐矮星的勘查）、能量很高的星系和类星体的起源、质量分布和星系分布（包括银晕和质量缺失问题）、行星的形成和演变（包括原星系）。

原行星盘面和行星碎片盘面是由尘埃构成的平坦的盘状物，它们位于很多恒星的周围。原行星盘面包括大量的气体，它们被认为有可能是正在形成中的行星系统。行星碎片盘面已经将绝大多数的气体耗尽，它们代表了更加成熟的行星系统。剩下的由尘埃构成的盘面可能会有一些缝隙，这些缝隙代表了一些尚未成熟的行星天体。斯皮策太空望远镜通过观察存在于年龄不等的恒星周围的一些尘埃盘面，探究变化中的行星系统的演变历史，获取关于行星系统形成过程的数据证据（本书的第11章将讨论针对太阳系以外的行星而展开的现代天文学研究）。

褐矮星是一些让人们感到好奇的红外线天体，它们的质量不足以使自身在引力的作用下不断收缩并最终在中心区域产生核聚变反应。真正的恒星通常会在引力的作用下不断收缩，并最终在核心部分产生核聚变反应。因此，天文学家也把褐矮星称为衰变恒星。与太阳系里的行星相比,褐矮星的体积更大、温度更高。在一定程度上,褐矮星还仅仅被认为是一种理论上存在的天体。不过,天文学家们已经开始对这些让人们寻找了很长时间的天体进行探测。像斯皮策太空望远镜这样的高分辨率红外线望远镜将在这项现代天文学研究中发挥重要作用。如果天文学家们能够证明在宇宙中确实存在大量的褐矮星,那么这些褐矮星将代表宇宙中的少部分暗物质或缺失质量。这些令人捉摸不透的暗物质和缺失质量向科学家们发起了挑战(本书的第11章将讨论如何寻找暗物质和褐矮星的问题)。

许多星系在光谱的红外线区域内释放出的辐射要多于在其他区域内释放出的辐射的总和。这些亮度极强的红外线星系拥有许多能量来源:例如,恒星形成过程中的强烈爆炸;又如,发生碰撞的星系和宇宙中心的黑洞。斯皮策太空望远镜将在宇宙论的范围内(也就是数百万光年的范围内)来研究这些亮度极强的红外线星系的起源和演变。

斯皮策太空望远镜还在研究一些位于宇宙外围的星系,这些天体离地球太遥远,以至于它们释放出的辐射需要经过数百万年才能到达地球。由于宇宙在不断地向外扩张,这些遥远的星系在迅速地远离地球。它们产生的绝大多数可见光和紫外线光都会红移(多普勒效应)到光谱的红外线区域。斯皮策

Visible (DSS)

这是一幅复合的红外线图片。它是由美国国家航空航天局的斯皮策太空望远镜在2004年4月21日(分别在3.6微米,4.5微米、5.8微米和8.0微米这4个波长范围内)拍摄下来的。图中显示的是一个以前人们不知道的球状星团。它位于距离我们大约9 000光年的尘埃星系平面上。(右上方)嵌入的图片是天鹰座的同一区域的可见光图片,它只显示出太空的一个黑暗的角落。这个巨大的球状星团就位于这个黑暗的角落里。通过这幅图,读者可以更好地了解太空红外线望远镜在当代天文学中发挥的作用。如果从地球上观看太空中的这个年轻的星团,它就好像放在胳膊上的一粒大米一样。

(美国国家航空航天局/怀俄明大学;嵌入图片:美国国家航空航天局和加州理工学院的数字化巡天)

太空望远镜在研究 些早期的恒星和星系，从而为科学家们提供重要的线索，使他们了解尚未成年的宇宙有哪些特征。

除了在天文学的一些重要领域内进行研究以外，斯皮策太空望远镜还将透过朦胧的星际尘埃来研究宇宙，因为正是这些星际尘埃将一些刚刚诞生的恒星保护起来。这些恒星有的位于较近的宇宙区域内，有的位于银河系的中心区域。翻开天文学的发展史，我们会发现：每当人类在天文观测能力方面取得重大突破时，天文观测总会在天文学领域内给人类带来许多意外的惊喜和发现。斯皮策太空望远镜在红外线天文学领域内取得了重大的突破。

斯皮策太空望远镜还捕捉到涡状星系（M51）的一系列壮观的图像。图像显示：一些奇怪的结构填充了布满尘埃的旋臂之间的缝隙。这些奇怪的结构还一直跟随着明亮的螺旋星系和它的伴星中的尘埃、气体和恒星。斯皮策太空望远镜带给人们的图像是由 4 幅关于不可见光辐射的伪色图像综合而成。这些不可见光辐射的波长范围分别是 3.6 微米、4.5 微米、5.8 微米和 8.0 微米。（天文学家将伪色技术应用于斯

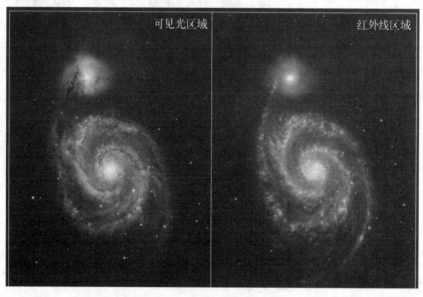

图中显示的是对神秘的涡状星系（M51）在光谱的可见光区域（左图）和红外线区域（右图）的成像对比。可见光区域内的图像是由基特峰国家天文台拍摄的。红外线复合图像是由美国国家航空航天局的斯皮策太空望远镜在 2004 年 5 月收集到的。我们在两幅图像中看到的亮光产生于不同的光源。红外线图像向天文学家们展示了位于涡状螺旋星系和较弱的伴星之间的尘埃和恒星是如何分布的。这颗较弱的伴星被称为 NGC 5195。涡状星系距离地球大约 3 700 万光年。

（美国国家航空航天局 / 喷气推进实验室 / 亚利桑那大学）

皮策太空望远镜在红外线波长范围内拍摄的图像。这样一来，这些用肉眼看不到的红外线辐射数据信息变得更容易理解了）上页中的可见光图像是基特峰国家天文台拍摄的。

这里有一点需要大家特别注意，那就是：这两幅图像所呈现出的"亮光"（辐射）来自不同的光源。在较短的波长范围内（可见光区域和波长在3.6~4.5微米之间的红外线区域）亮光主要来自恒星。这时，科学家们会看到由星际尘埃构成的云彩在发光。这些尘埃主要是由各种以碳为主要成分的生物体分子构成的，这些生物体分子被统称为多环芳烃。无论在哪里找到这些化合物，将会同时发现大量的尘埃微粒和气体，这些尘埃微粒和气体是构成未来恒星的原材料资源库。

天文学家们认为，M51当中的壮观的涡状结构和恒星组成结构是由于它和（体积较小的）伴星正在发生碰撞，这颗伴星被称为NGC5195。理解星系之间的相互作用对恒星的形成所造成的影响是斯皮策太空望远镜的一系列观测目标之一。斯皮策太空望远镜所进行的太空观测活动也被称为斯皮策红外线近星系勘察。涡状星系（M51）是天文学家的首选观测对象，它距离地球大约3 700万光年。

## ◎美国国家航空航天局的詹姆斯·韦伯太空望远镜

美国国家航空航天局的詹姆斯·韦伯太空望远镜（JWST），以前被称为下一代太空望远镜（JWST），按计划将在2010年左右被发射升空。一个一次性运载火箭将把这个航天器送入离地球150万千米的运行轨道。它将位于由地球和太阳构成的系统的第二个拉格朗平动点（L2）上。在太空中相对遥远的位置将有利于航天器的红外线辐射（IR）成像设备和光谱设备进行工作。同时，在太空望远镜的一侧有一个保护罩，它将可以保护敏感的望远镜设备不会受过多的来自地球和太阳的热辐射干扰。所以，这个航天器的红外线感应器将可以在-223℃，即50K的温度条件下正常工作，而不需要额外安装复杂的制冷设备。

按照最初的设计，这台望远镜将可以探测波长范围在0.6~28微米之间的电磁辐射。但是，它的最佳工作状态出现在1~5微米的波长范围内。詹姆斯·韦伯太空望远镜能够收集天体发出的红外线信号，这些信号要比庞大的地面红外线望远镜（例如，凯克天文台）和现在使用的太空红外线望远镜（例如，斯皮策太空望远镜）收集到的信号弱得多。詹姆斯·韦伯太空望远镜的主镜面的直径至少有6米。在空间分辨率（也就是图像的锐度）方面，詹姆斯·韦伯太空望远镜拍摄的红外线图像可以与哈勃太空远镜目前在光谱的可见光区域内拍摄的图像相提并论。

为了纪念詹姆斯·韦伯，美国国家航空航天局的官员在 2002 年 9 月用他的名字对 NGST 进行了重新命名。从 1961 年 2 月至 1968 年 10 月，詹姆斯·韦伯一直是民间航天机构的管理者。在这期间，他参与了"阿波罗号"航天项目。在这个刚刚诞生的航天机构内，韦伯还首先提出了许多重要的航天科学项目。美国国家航空航天局为了观测宇宙中早期恒星和星系发出的微弱的红外线信号，正在研发詹姆斯·韦伯太空望远镜。运用天文台获取的数据信息可以帮助科学家们更好地解答一些长期困扰他们的问题，例如，宇宙的起源是怎样的？又如，宇宙的最终命运会是怎样的？在天体物理学领域内还有一个重要的尚未解开的谜团，那就是暗物质的本质和作用是什么？

8

紫外线天文学和极端

紫外线探测器

紫外线（UV）天文学是天文学的一个分支学科，它主要研究电磁光谱的紫外线区域（介于10~400纳米的波长范围内）。紫外线辐射在电磁光谱范围内超越了可见光（紫色光）的范围，它的波长比X射线长。天文学家和天体物理学家一般认为紫外线辐射是波长介于4 000~100埃（400~10 nm）之间的电磁辐射。在可见光谱当中，4 000埃的波长刚刚超过紫色光，100埃的波长相当于极端紫外线的末端和X射线的开端。科学家认为将电磁光谱介于100~1 000埃（10~100 nm）之间的区域命名为极端紫外线辐射是非常有实际意义的。

由于地球大气层对紫外线辐射的强烈吸收，最好利用在高空飞行的探测气球、火箭探测器和运行天文台来研究紫外线天文学。航天器收集到的紫外线数据对于研究星际现象和星系间的现象非常有用。例如，在紫外线波长范围内进行的天文观测结果显示：在整个银河系内的星际媒介发现的低密度物质都非常相似。但是它们的分布却大不相同。实际上，正是这些紫外线观测数据使天体物理学家做出假设：星级空间的低密度空穴（也就是磁泡）是由超新星爆炸造成的，这些磁泡里面充满了气体。气体的温度远远高于周围的星际媒介的温度。

太空天文台收集到的紫外线数据表明：一些恒星在不定期的爆炸过程中会将一些物质抛向四面八方，这些物质并非像人们最初想象的那样在太空中稳定地运动。天体物理学家们发现：在研究那些发生在遥远星系内部的天体现象时，这些紫外线数据是非常有科学研究价值的。遥远星系也包括银河系的核心区域，因为这一区域往往与银河系核心的巨大黑洞有关。

## ◎国际紫外线探测器

国际紫外线探测器（IUE）是于1978年1月被成功发射的科学探测器。它是美国国家航空航天局和欧洲航天局（ESA）的合作项目。IUE用独特的方式帮助世界各地的天文学家接近天体的紫外线辐射。

这个航天器包括一台 0.45 米的孔径望远镜，它主要介于 115~325 nm 之间的波长范围内进行光谱研究。IUE 获得的科学数据可以帮助科学家进行彗星的基础研究，这些数据还可以帮助科学家们研究彗星在靠近太阳时的蒸发速度。此外，通过这些数据，科学家们还可以研究行星风的运行原理。正是行星风使许多恒星出现大面积质量缺失的现象。由于质量的缺失，恒星逐渐衰变为白矮星或在超新星爆炸的过程中消亡。这些使用寿命周期很长的国际航天器将帮助天体物理学家弄清楚：黑洞是如何为不断发生剧烈变化的银河系中心提供能量的？自从被发射升空以来，IUE 一直处于工作状态。在 1996 年 9 月，欧洲航天局的航天飞行控制人员关闭了 IUE 的控制开关。在这里需要特别指出的是，IUE 使人类实现了 300 年以来第一次用肉眼观测发生在太空中的超新星天体事件。这颗 1987 年发现的超新星位于大麦哲伦星云（LMC）内，大麦哲伦星云是距离我们 160 000 光年的一个较近的星系。

## 知识窗

### 超新星 1987A

超新星 1987A（SN 1987A）是人类从 1987 年的 2 月 24 日开始观测到的 II 型超新星天体事件。这个天体事件看上去十分壮观，它位于著名的大麦哲伦星云内。对于南半球的观测者来说，这是他们自从 1604 年以来第一次用肉眼观测到超新星。在 1604 年，人类也曾观测到过一颗超新星，那颗超新星也被称为开普勒恒星。

由于这次天体事件发生的地点离地球较近，世界各地的科学家们都可以利用各种各样的天文观测设备对它进行观测。这些观测设备有的位于太空中，有的被装在探测气球上，还有的位于地球表面。通过这次观测，科学家目睹了一颗超级巨大的红巨星爆炸消亡的过程。在 SN1987A 被光学仪器探测到的前一天（大约 20 小时以前），位于日本和美国的地面微中子探测器同时记录下超新星产生的短暂（13 秒钟）的微中子爆炸。成功地收集到这一科学数据，是微中子天文学和天体物理学发展史上的里程碑。它标志着科学家们第一次收集到位于太阳系以外的某个天体的信息，这一信息与电磁光谱的辐射无关。

探测气球上携带的伽马射线探测器和太空中的伽马射线探测器提供的相关数据可以证明：在这次超新星天体事件的过程中，还产生了一些较重的化学元素（例如，钴）。直到 1987 年的年末，人们都可以用肉眼观测到 SN 1987A。在 1987 年以后，科学家们继续研究这个有趣的天文事件。今天，科学家们利用精密的太空天文台（例如，钱德拉 X 射线天文台）来仔细研究巨大的天体爆炸产生的超新星残余物，这些超新星残余物实际上是一些不断膨胀的天体碎片。

## ◎ 极端紫外线探测器

极端紫外线探测器（EUVE）是美国国家航空航天局发射的"探险者号"系列卫星中的一员。1992 年 6 月 7 日，它被德尔塔 II 型火箭从卡纳维拉尔角空军基地发射升空。这颗科学探测卫星在海拔高度大约为 525 千米的绕地运行轨道内进行飞行，运行轨道的周期为 94.8 分钟，倾角为 28.4°。它使天文学家们可以对电磁光谱的一个相对陌生的区域进行探测。这个相对陌生的区域就是极端紫外线（EUV）区域（也就是介于 10~100 纳米之间的波长范围）。

它的科学实验设备主要包括：3 台掠射式扫描望远镜、EUV 光谱仪和 EUV 深度探测设备。这些实验设备被装载在美国国家航空航天局的多用途组合式航天飞机上。在被成功发射升空以后的前 6 个月里，这个航天器进行了全天候扫描。同时，它还收集了关于"本地磁泡"内的极端紫外线辐射源的数据信息，"本地磁泡"是银河系（包括太阳）的一个炎热的低密度区域，它是大约发生在 10 万年前的超新星爆炸的产物。有趣的极端紫外线辐射源包括白矮星和二元星系。在二元星系内，一颗恒星将一些物质从它的伴星的外层大气层那里吸了过来。

美国国家航空航天局曾先后两次延长了 EUVE 的任务期限。到了 2000 年，美国国家航空航天局决定终止这个航天体的太空探索活动。做出这个决定，一方面是考虑到它的运行成本；另一方面是考虑到航天器的使用寿命这一科学原理。美国国家航空航天局在 2001 年的 1 月 2 日终止了 EUVE 的信号传输，并于同年的 1 月 31 日正式结束了它的太空探测任务并使它进入安全模式状态。2002 年 1 月 30 日，EUVE 在埃及中部地区的上空重新进入地球的大气层。这个航天器也被称为 BERKSAT 或"探险者 67 号"。

## ◎ 远紫外线分光探测器

美国国家航空航天局的远紫外线分光探测器（FUSE）是下一代紫外线天文台的代表。这些紫外线天文台的运行轨道拥有较高的海拔高度，它们的观测范围是介于 900~1 200 埃（90~120 nm）之间的电磁光谱区域。

这个科学探测器在 1999 年的 6 月 24 日被从卡纳维拉尔角成功发射。这颗紫外线天文探测卫星现在正在围绕地球飞行，它的运行轨道是一个 752 千米 × 767 千米的近圆轨道，轨道的倾角为 25°。

FUSE 的主要目标是利用远紫外线波长范围内的高分辨率光谱来研究最轻的化学元素（氢和氘）的起源和演变。这些最轻的化学元素在宇宙大爆炸发生后不久就形成了。FUSE 还可以用来研究星系、恒星和行星系统的演变。FUSE 是美国国家航空航天局的"天体起源研究项目"的一部分，这个航天器是美国、加拿大和法国三国合作的航天科学项目。"哥白尼号"航天器所在的前一个航天项目也曾经研究过电磁光谱的远紫外线区域。不过，在收集数据信息的敏感度方面，FUSE 大约比"哥白尼号"航天器高出大约 1 万倍。

FUSE 探测卫星主要包括两个部分，即航天器和科学实验设备。航天器包括所有为卫星提供动力和帮助卫星瞄准的部件，这些部件包括飞行姿态控制系统、太阳能板、通讯电子系统和天线。如果把这个航天器的反射板全部展开，它的长度大约为 7.6 米。

FUSE 的科学实验设备包括 4 个并排的望远镜镜面（带有一个 39 厘米 × 35 厘米的清晰的小孔）。来自 4 个不同光学通道的光被 4 台相差校正全息衍射光栅分散开。同时，它们还被两台波导延迟线微通道板探测器记录下来。两个具有 SiC 涂层表面的通道覆盖了 905~1 100 埃（90.5~110 nm）的光谱波长范围。另外两个具有 LiF 涂层表面的通道覆盖了 1 000~1 195 埃（100~119.5 nm）的光谱波长范围。

FUSE 天文台的设计使用寿命为 3 年，当然它的航天任务的计划者们还是希望它能为人类服役 10 年。在整个 2006 年度，FUSE 的工作状态一直十分令人满意。它为科学家们提供了大量极具科研价值的观测数据。当然，FUSE 的瞄准系统也曾在 2001 年的下半年出现过故障。

## ◎美国国家航空航天局的星系演变探测器

美国国家航空航天局在 2003 年 4 月 28 日，在佛罗里达州的卡纳维拉尔角将星系演变探测器（GALEX）发射升空。这个航天器是一台在轨道内运行的太空紫外线望远镜。它的主要任务是研究星系的形状、亮度、体积和距离，这些星系跨越了宇宙历史中的 100 亿光年。

这个航天器的重量为 280 千克，这个三轴固定的圆柱形航天器的直径为 1 米，它的高度为 2.5 米。这个航天器的绝大多数飞行软件都源于美国国家航空航天局最初为远紫外线光谱探测器设计的软件。这个卫星的计算功能是由它的控制和数据处理子系统来实现的。它在计算机控制下完成的任务包括：使航天器避开太阳，使太阳能电池板展开，准确确定并控制航天器的飞行姿态，控制航天器的热量，同望远镜设备进行通讯联系，对望远镜获得的科学数据进行接收、存储和发送。

在星系演变探测器的中心有一个望远镜。按照最初的设计，这台望远镜将从地球轨道内对太空进行观测。从某些方面来看，星系演变探测器有一点像哈勃太空望远镜（HST）的缩小版。同哈勃太空望远镜相比，GALEX 的体积要小得多。此外，它的望远镜只有少数的设备负责记录主镜面收集到的光线。当然，它的最大的优点是利用紫外线光来勘察星系。

这是一幅经过艺术加工的图片。图片中的航天器是美国国家航空航天局的星系演变探测器，它在 2003 年 4 月 28 日在卡纳维拉尔角被发射升空。这个航天器的主要任务是在宇宙历史 100 亿光年的范围内研究星系的形状、亮度、体积和距离。

（美国国家航空航天局／喷气推进实验室）

像哈勃太空望远镜一样，GALEX 望远镜也采用了卡塞格林设计模式。这种太空望远镜的设计模式是以法国人吉约姆·卡塞格林（Guillaume Cassegrain）（约1629—1693）的名字来命名的。按照这种设计模式，来自太空中的遥远物体的光线进入望远镜以后，会被位于望远镜后部的主镜面发射。然后光线会被一个稍小的次镜面收集起来。这个次镜面位于望远镜的中部，离望远镜的前部末端很近。接下来，光线又会被发射回望远镜的后部。这一次它要穿过位于主镜面中心的小孔。最后，主镜面后面的感应器将图像数据记录下来。

星系演变探测器望远镜的主镜面的直径为 50 厘米。它是由熔化的二氧化硅构成的。熔化的二氧化硅表面有一层薄薄的铝。铝的外面还应该有一层保护层。它应该是由透明物质构成的，它的主要作用是保护铝使它不会氧化或衰变。GALEX 望远镜的光学部件的外表都涂有一层氟化镁，紫外线光是可以透过氟化镁的。

科学家们想在电磁光谱的近紫外线区域和远紫外线区域内发现存在形成中的恒星的星系。所以，GALEX 望远镜会将收集到的光线分别传递给两个不同的探测器。它通过极具创新的方式完成了上述任务。GALEX 并没有让不同的探测器在不同的时间工作，它让光线穿过一组形状特殊的镜片。这组镜片被科学家们称为二向色分束器。这些镜片的表面都涂有极薄的特殊物质，这些物质会使远紫外线光线在镜片的表面发生反射。而近紫外线光线则会畅通无阻地穿过这些镜片。这样一来，两个探测器可以在同一时间内进行科学观测。近紫外线探测器主要针对波长范围在 1 750~2 800 埃（175~280 nm）之间的光子进行观测。远紫外线探测器主要针对波长范围在 1 350~1 740 埃（135~174 nm）之间的光子进行观测。

除了收集紫外线的基础图像信息以外，科学家们还经常分析遥远天体所发出的光的光谱特征，这对科学家们研究它们的红移现象非常有利。宇宙在创世大爆炸以后一直在不断地向外扩张。所以，宇宙间的星系距离也在不断地扩大。天文学家们利用星系在光谱内发生的红移现象的程度来确定星系的距离。由于这些星系距离我们非常遥远，它们发出的光要经过相当长的时间才能到达地球，这一时间相当于宇宙年龄的一部分。当天文学家们研究宇宙时，他们会努力研究任何年龄的星系的起源。

星系演变探测器装有"棱栅"透镜，这些透镜可以随着光束进行旋转。实际上，它是一种棱镜，由于它的一侧表面有光栅，所以被称为"棱栅"透镜。另外，这些透镜还可以把光线按不同的波长（颜色）进行分解。这些谱线说明光线被化学成分吸收或释放。星系演变探测器的棱栅是由氟化钙晶体构成的，氟化钙晶体这种物质是第一次被用于在太空中飞行的航天器。

星系演变探测器在成功发射并进入绕地运行的圆形轨道以后，开启了紫外线天文学的新的研究领域。星系演变探测器运行轨道的名义海拔高度为 670 千米，倾角为 28.5°。这个航天器的成功发射是科学家们有史以来第一次对太空进行全方位的紫外线探测，从而也第一次实现了对太空的全方位光谱探测。星系演变探测器可以在同一时间内对太空进行大范围的观测，从而发现宇宙中那些能够释放出紫外线的天体。在人们的眼里，这些天体看上去总是那么有趣而罕见。

除了研究星系以外，星系演变探测器航天计划还编辑整理出天文学家们感兴趣的其他天体的基本信息档案。这些天体包括：活跃星系的内核、白矮星和类星体。活跃核心的内核与星系中心的巨大黑洞有关。白矮星是一些高龄恒星，它们将自己的外壳驱赶到星际空间里，从而使炙热的内核在紫外线区域闪闪发光。类星体被认

这是行星星云 NGC 7293 的紫外线图像。这个星云也被称为螺旋星云。这幅图像是美国国家航空航天局的星系演变探测器收集到的。通过这个星云，我们可以了解到：当太阳这样的恒星进入生命周期的末期时，它们处于什么样的状态？实际上，当恒星将中心热核反应的燃料（氢）耗尽时，它们会向外驱赶炙热的气体，并演变为白矮星。和恒星相比，白矮星的温度更高，体积更小，密度更大。

（美国国家航空航天局 / 喷气推进实验室）

为与黑洞和活跃星系的内核有关。

## ◎ **活跃的星系**

　　星系是由恒星、气体和尘埃构成的。这些物质被束缚在一起，并形成了共同的引力。普通的星系包括几十亿颗恒星，有些星系甚至包括几万亿颗恒星。虽然星系的形状各不相同，但是它们的基本结构却是相同的。它们都拥有密度很大的内核，这些内核是由恒星构成的。内核的周围是其他的恒星和气体。通常情况下，椭圆形星系和圆盘形星系的内核体积较小、引力较弱，它们通常由年龄更老且颜色更红的恒星构成的。然而，一些星系的内核格外明亮。它们的亮度相当于几万亿颗像太阳那样的恒星发出的光。当然，这一亮度也超过了所在星系的其他恒星的亮度总和。天文学家们把释放出大量能量的星系叫作活跃星系（AG）。他们把活跃星系的内核称为活跃星系内核（AGN）。实际上，活跃星系是非常罕见的。不过，由于它们非常明亮，它们可以在很远的距离内被观测到，它们甚至在整个可观测的宇宙范围内都能被观测到。

　　科学家们现在认为：在这些明亮星系的中心存在着一些超级巨大的黑洞。这些令人难以置信的巨型天体的质量相当于太阳质量的几百万倍乃至几十亿倍。当有物质掉入这些超级巨大的黑洞时，吸积盘就形成了。吸积盘围绕黑洞进行旋转，它的组成物质都是由于黑洞的引力而掉进黑洞的。看上去，它就像一个被压扁的盘状物。吸积盘内部的摩擦力和磁力使盘内物质的温度上升到几百万开，它的亮度也相应地急剧增加。吸积盘发出的亮光可以几乎照亮从无线电波到 X 射线的整个光谱区域。虽然银河系的中心也有一个超级巨大的黑洞，但它不是一个活跃星系。像绝大多数星系一样，银河系中心也拥有一个静止的黑洞。至于这个黑洞为什么处于静止状态而不是处于活跃状态，天体物理学家们还没给出相应的解释。

　　虽然这一物理现象还没有被彻底地弄清楚，但是科学家们认为：在某些情况下，活跃星系的吸积盘主要是对准那些以接近光速逃离活跃星系内核的物质。这些物质流具有较高的准直度（也就是说，它们在相当长的距离内保持狭窄的焦距），它们的飞行方向与吸积盘的平面相垂直。最后，它们由于与星系外层气体发生了摩擦而缓缓地停了下来，并形成庞大的星云。星云里的物质在无线电波长范围内释放出强烈的辐射。此外，在吸积盘的周围有一个巨大的圆形凸起（它实际上是星云，看上去就像甜甜圈一样），这个凸起部分是由分子物质构成的。因此，当我们从某些角度对吸积盘进行观测时，会发现它非常模糊。

活跃星系有许多不同的类型。最初天文学家们对它们进行观测时，他们认为这些活跃星系从本质上讲是截然不同的。现在许多（并非所有的）天文学家和天体物理学家认为活跃星系拥有统一的模式。这意味着绝大多数或全部星系实际上是同一天体的不同版本。在绝大多数情况下，不同类型的活跃星系之所以存在外表的差异，一方面是由于科学家们在观测时（以吸积盘为参照物）的相对位置不同，另一方面是由于他们分别在不同的电磁光谱（EM）波长范围内（例如，电磁光光谱的无线电频率区域、可见光区域和X射线区域）对活跃星系进行观测。

活跃星系拥有统一模式的理论从根本上说明：天文学家把他们看到的活跃星系归为哪一种类型取决于他们的观测方式。如果天文学观测的是吸积盘和星系边缘的凸起部分，他们就会把活跃星系叫作无线电星系。这是因为凸起部分的低温气体和尘埃会阻挡飞入物发出的可见光、紫外线和X射线辐射。当飞入物经过超级巨大的黑洞的视界或在吸积盘的周围旋转时，它们的温度会急剧升高。所以，活跃星系最明显的特征表现在：它们拥有能够释放无线电辐射的物质流；在它们的外围有巨型的叶状物。

如果吸积盘向天文学家观测视线的方向稍微倾斜一点点，天文学家们就可以观测到吸积盘的凸起部分发出的能量较高的（波长较短的）电磁辐射。当然，天文学家们现在已经可以观测到吸积盘所产生的能量较低的（波长较长的）电磁辐射。天文学家们把这类活跃星系叫作西佛星系。美国天文学家卡尔·基南·西佛（Carl Keenan Seyfert）（1911—1960）在1943年首先提出了这种对星系进行分类的方法。西佛星系和普通星系非常相似，但是它的内核（活跃星系内核）的亮度非常高。而且，它有可能释放出像X射线这样的高能光子。

如果活跃星系离地球非常遥远，天文学家们观测到的活跃星系内核（AGN）看上去就像恒星一样。这时，它们周围的亮度较低的星系往往还没有被天文学家们发现。所以，天文学家们会把这些活跃星系称为类星体。类星体是类恒星无线电辐射源的科学简称。之所以把它们叫作类星体，是因为当天文学家们最初通过望远镜观测到它们时发现它们很像恒星。但是，它们与恒星不同之处在于它们还会释放出大量的无线电波。荷兰裔美籍天文学家马丁·施密特（Maarten Schmidt）（1929— ）

在 1963 年发现了第一颗类星体（被叫作 3C 273）。这颗类星体是距离我们相当遥远的活跃星系。它以 90% 光速的速度逐渐向远离我们的方向运动。类星体是天文学家们可以观测到的最遥远的和最年轻的银河系以外的天体。

如果活跃星系向天文学家的观测视线的方向倾斜 90°，天文学家们就可以直视活跃星系产生的物质流。这类天体被称为耀类星体。第一颗被天文学家们发现的耀类星体是蝎虎座 BL 型天体。 然而，天文学家们在 20 世纪 20 年代的晚期错误地将这类银河系以外的天体归类为可变恒星，这是由于耀类星体的亮度会发生改变的缘故。直到 20 世纪 70 年代，天文学家们才意识到这些有趣的天体从本质上讲是银河系以外的天体。最近，天文学们利用像康普顿伽马射线天文台这样的高级观测设备观测到耀类星体释放出的高能伽马射线。

总之，一个活跃星系的基本组成部分应该包括：一个超级巨大的黑洞内核，一个位于内核周围的吸积盘，一个由气体和尘埃构成的凸起部分。有的时候，活跃星系还包括一对高度聚焦的物质流，这对物质流携带了大量的能量。天文学家对活跃星系的分类取决于他们特定的观测角度。具有统一模式的活跃星系应该包括耀类星体、类星体、无线电星系和西佛星系。

9
访问最近的恒星：在太空
对太阳进行物理学研究

在古代，有许多民族将太阳作为崇拜的对象。在古人眼中，太阳总是让人们感到敬畏。古时候，人们对太阳的研究是在地面上进行的。自从伽利略时代以来，科学家们就知道：太阳在不停地旋转；太阳的表面有许多斑点。当然，科学家们直到近代才弄清楚这些斑点的本质和太阳的运行周期为 11 年这一事实。

在第二次世界大战以后，科学家们利用探测火箭对太阳进行了早期的观测。不过，从太空对太阳进行科学研究开始于 20 世纪 60 年代早期。当时，美国国家航空航天局发射了轨道太阳观测台（OSO）。OSO 是由 8 个围绕地球运行的观测台组成的，它们在 1962—1971 年间被先后发射升空。它们中有 7 个观测台运行得非常成功，分别在紫外线和 X 射线的波长范围内对太阳进行了研究。OSO 航天器还拍摄了温度为几百万度的太阳日冕的照片，并对太阳耀斑进行了 X 射线观测，从而提升了人类对太阳大气层的科学认知。

阿波罗望远镜装置（ATM）是一个非常有创意的航天计划，宇航员可以在太空实验室内对太阳进行观测。太空实验室是美国的第一座空间站。阿波罗望远镜装置是太空实验室内最重要的科学实验设备。宇航员们摆脱了遥测技术的局限性，带回了大量的图像信息，其中包括对太阳耀斑、冕洞和日冕的 X 射线观测图像。

## ◎太阳：人类的母星

太阳是离地球最近的恒星，光从太阳传到地球需要 8 分钟。太阳的直径为 139 万千米，质量为 $1.99 \times 10^{30}$ 千克。太阳是质量巨大且极为明亮的天体。太阳系内所有其他的天体都在围绕太阳运行。地球上所有的生命为了生存，都要依靠太阳带给它们的光线和热量。

太阳的引力场决定了行星和其他天体（例如彗星）的运动。天文学家把太阳归类为主序恒星，它的光谱类型是 G2V。像所有的主序恒星一样，太阳由于热核聚变

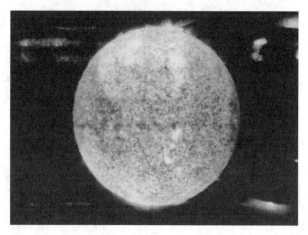

这是美国国家航空航天局的太空实验室在 1973 年 6 月 10 日执行观测任务时拍摄下来的太阳爆发的单色光照片。在照片的上方可以看到太阳的巨大爆发。这次爆发从太阳表面向外延伸的距离要多于 1/3 个太阳半径。在这幅图片当中，右侧代表北方，上面代表东面。波长 15~65 nm，从右向左递增。

（美国国家航空航天局）

反应产生了大量的能量输出。在热核反应的过程中，氢被转化为氦或更重的原子核。与释放能量的热核反应有关的光子会从太阳的内核向外扩散，一直到达产生对流动层。热核聚变反应的另一个副产品是大量逃离太阳的微中子。

位于太阳中心的能量通过热核聚变反应被释放出来。在日核的周围分别是由同心壳构成的辐射区，对流层（大约位于 0.8 个太阳半径处），光球层（可见光辐射就是从这一层开始的）、色球层和日冕层（太阳的外层大气层）。太阳通过对流层的对流运动向外输送能量。光球层是太阳大气层中位置较低的部分，也就是内层部分。在这个区域内，太阳的能量被直接辐射到太空里。太阳辐射大致是按"普朗克分布"（黑体辐射）的模式进行分布的，太阳的有效温度（又称"实感温度"）为 5 800K。

色球层位于光球层的外侧，它的厚度为几千千米，它的最高温度大约为 1 万 K。日冕层位于色球层的外侧，它的厚度相当于几个太阳半径，它的温度超过 100 万 K。日冕层会在电磁光谱的紫外线（UV）区域、极端紫外线（EUV）区域和 X 射线区域释放出电磁（EM）辐射。这种短波电磁辐射虽然只占太阳整个能量输出的很小的一部分，但是它在行星电离层的形成过程中和行星大气层的光化学反应过程中都发挥着至关重要的作用。

太阳的外层大气层由于受热会向周围的星际空间扩张。这些源源不断向外喷发的等离子体被称为太阳风，太阳风包括光子、电子、阿尔法微粒和少量的离子。太阳风中的普通粒子的下落速度可以达到每秒 300~400 千米。有时，它们的速度可以达到每秒 1 000 千米。

虽然太阳的整体能量输出是相当稳定的，但是太阳的表面却在这几方面表现出不稳定性。这其中包括太阳黑子、太阳光斑、太阳表面的谱斑（亮区）、太阳表面的暗条、日珥和太阳耀斑。所有这些现象都是由于太阳大气层中的电离气体和太阳磁场之间发生了相互作用。绝大多数的太阳活动都按照太阳黑子的周期来进行。太阳黑子的周期大约为 11 年。太阳黑子的数量会不断发生变化。然而，太阳黑子为期 11 年的运行周期只是更为普遍的太阳运行周期的一部分。太阳的运行周期为 22 年，这一周期与太阳磁场的极性倒转模式相对应。

伽利略在 1610 年首先观测到了太阳黑子，它们比太阳表面的邻近区域要暗一些，这是由于它们的温度要低一些。普通太阳黑子的温度可以达到 4 500K，而太阳光球层的温度大约为 5 800 K。太阳黑子看上去是由太阳内部喷发出的气体构成的，一个小的太阳黑子的体积与地球的体积差不多。较大的黑子的体积相当于地球体积的几百倍甚至几千倍。太阳表面格外明亮的区域被称为谱斑，它们往往会把太阳黑子覆盖住。太阳黑子的数量和体积会在为期 11 年的基本周期内（如果考虑到太阳磁场的极性倒转，整个周期应为 22 年）上下波动。当太阳磁场转动得最厉害时，太阳黑子的数量最多。这时，太阳黑子的数量达到了极大值。太阳物理学家们认为：正是太阳黑子的移动导致了太阳磁场方向的倒转。22 年后，太阳磁场又恢复到最初的状态。

太阳耀斑是太阳突然释放出来的能量和物质。太阳耀斑可能延续几分钟，也可能延续几小时。但是，太阳耀斑一般发生在太阳黑子附近的复杂磁场环境中。科学家们还不知道太阳耀斑释放出大量能量的原因和方式。不过，科学家们认为这一过程与不断变化的磁场所产生的电流

这是"SOHO 号"航天器拍摄的图像。我们在图像中看到的是在当时最大的太阳耀斑。2001 年 4 月 2 日，太阳大气层中发生了这次巨大的爆炸。
（美国国家航空航天局的戈达德 SOHO 项目办公室）

有关。太阳耀斑的数量增加往往与太阳黑子的数量增加有关。当太阳耀斑爆发的时候，它会像太阳的外面喷发大量的物质，这种剧烈的爆发还会通过太阳风发送冲击波。

太空太阳天文台收集到的图像数据表明太阳黑子区域好像出现了凸起部分（高度压缩的电离氢原子流）。它们一般呈环形分布，这说明它们受到强烈磁场的作用，它们的密度相当于太阳日冕层的一百多倍。这些凸起的部分会以每秒钟几百千米的速度升起来。有的时候，凸起部分的上部边缘可能会弹回太阳的表面，从而形成桥形结构。这个桥形结构是由炙热的发光气体构成的，气体的总长度可以达到几十万千米。在其他情况下，凸起的部分所包含的物质会被释放出来，成为太阳风的一部分。

高能粒子以太阳天体事件的形式被释放到以太阳为中心的太空区域当中。这些太阳天体事件自然包括体积庞大的太阳耀斑，这种太阳耀斑也被称为异常巨大的太阳粒子事件（ALSPEs）。由于巨大太阳耀斑出现的不是很频繁，所以与它们密切相关的高能粒子爆发出现的也不是很频繁。然而太阳耀斑，特别是巨型太阳耀斑，对那些在星际空间旅行或在月球和火星表面执行任务的宇航员构成了潜在的威胁。

## ◎天空实验室（Skylab）

天空实验室是美国第一个宇宙空间站。这个围绕地球运行的航天器在 1973 年被"土星 V 号"一次性运载火箭发射升空。这个火箭具有两级的配置结构。三组宇航员先后利用天空实验室在太空中进行了总计 172 天的科学实验，其中，最后一组宇航员一共工作了 84 天。

天空实验室一共包括五个主要部分，它们分别是：阿波罗太空望远镜装置（ATM）、多种对接适配器（MDA）、气闸舱、仪器组指令单元和轨道试验室。其中，轨道操作室是宇航员生活和工作的地方。ATM 是一个太阳观测台，它负责飞行姿态的控制和在实验中瞄准星团的其他部分。宇航员在进行太空行走时会完成从 ATM 中取回胶卷和为 ATM 安装胶卷的任务。MDA 就相当于一个码头，"阿波罗号"飞船在完成不同任务时要在这里接送宇航员。气闸舱介于 MDA 和宇航员的生活工作区之间。仪器组指令单元只在发射阶段和最初运行阶段发挥作用。在最初部署 ATM、太阳能电池组和同类设备时，仪器组指令单元会发出指令并安排相关操作。轨道操作室是由"土星 V 号"的 B 级火箭改造而成。这个火箭被改造成一个两层太空实验室，里面可供 3 个宇航员居住。这个轨道天文台可以在没有宇航员的情况下在轨道内保持飞行状态，一旦需要可以随时恢复工作状态。

　　天空实验室航天计划一共从肯尼迪航天中心的 39 号发射场进行了 4 次发射。第一次发射是在 1973 年的 5 月 14 日进行的。"土星 V 号"二级运载火箭将不载人的天空实验室空间站送入位于 435 千米高空的预定轨道。天空实验室空间站的重量为 90 吨，它在预定轨道内围绕地球飞行。当火箭加速飞过 7 620 米的高空时，大气层的引力开始作用于天空实验室的微流星和阳光防护罩。按照设计，这个圆柱形的金属防护罩是用来保护轨道试验室，使其不会受到细小微粒的冲击。同时，由于有了阳光防护罩的保护，轨道试验室也不会受到太阳高温的烘烤。天空实验室在起飞 63 秒后，它的阳光防护罩由于高速气流的冲击而脱离了航天器，一个尚未打开的太阳翼上的铝带也被高速气流拽了起来。这样一来，阳光防护罩被拴在实验室的外表，同时将对面的一个太阳翼撬开了一部分。几分钟以后，随着火箭的分级，同实验室部分相连的微流星和阳光防护罩就彻底飞到太空里去了。由于失去了这两个装置，天空实验室内的温度急剧升高，这时的天空实验室已经变得无法居住。同时，实验室里的食品、药品和储存的胶卷也受到了威胁。然而，实验室的主要实验设备 ATM 被正常安装完毕。另外，它的 4 个太阳能电池板也成功展开了。

　　载有宇航员的宇宙飞船的发射被暂停了，美国国家航空航天局的工程师们在很短的时间内设计出一个遮阳帆为轨道试验室遮阳。同时，他们想出办法展开了余下的那个被卡住的太阳翼。1973 年 5 月 25 日，载有 3 名宇航员的土星 1B 型火箭发射升空，它的目的地是天空实验室。3 名宇航员分别是：小查尔斯（皮特）·康拉德［Charles（Peter）Conard Jr.］、约瑟夫·科文（Joseph P. Kerwin）和保罗·维兹（Paul J. Weitz）。宇航员们首先修理了天空实验室的对接系统，该系统在修理以前锁不上了。宇航员们进入天空实验室以后，将一个聚酯薄膜的遮阳帆通过出入舱口竖起来。它可以遮住部分由于微流星和阳光防护罩被吹掉而空出的区域。实验室内的温度也开始迅速下降，如果宇航员们脱掉宇航服，他们会觉得实验室内的温度很适宜。在实验室里进行的众多实验需要大量的电力供应，仅仅靠 4 个太阳能电池板产生的电力是远远不够的。只有在第一组宇航员将剩余的那个被卡住的太阳翼展开以后，天空实验室才能进行正常的科学实验活动。宇航员们修理太阳翼时使用的工具看上去就像修剪树木时使用的一把长把大剪刀和一个杠杆。在宇航员们的努力下，被卡住的太阳翼终于展开了，空间站现在可以进行科学实验研究了。第一组宇航员在空间站逗留了 28 天。

在天空实验室工作的第二组宇航员分别是：艾伦 · 毕恩（Alan Bean）、杰克 · 洛斯马（Jack Lousma）和欧文 · 加里欧特（Owen Garriott）。他们乘坐的飞船在 1973 年 7 月 28 日发射升空，他们在空间站大约工作了 59 天零 11 个小时。在天空实验室工作的第三组宇航员分别是：杰拉德 · 卡尔（Gerald Carr）、威廉 · 波格（William Pogue）和爱德华 · 吉布森（Edward Gibson）。他们乘坐的飞船在 1973 年 11 月 16 日发射升空，在 84 天里，他们一直在天空实验室工作。三组宇航员都是乘坐改装后的 "阿波罗号" 宇宙飞船到达天空实验室的，飞船被土星 IB 型火箭发射升空。当宇航员们返回地球时，他们还是乘坐改装后的 "阿波罗号" 宇宙飞船。宇航员在天空实验室完成的第三次也是最后一次太空探索任务于 1974 年 2 月 18 日结束。

天空实验室所进行的太阳实验项目为研究太阳活动的科学家们提供了许多有价值的科学数据，这些数据在以前是根本无法得到的。宇航员们还利用阿波罗望远镜装置对太阳进行了大量的科学观测。所有这些针对太阳的观测活动标志着太阳物理学的一个新时代的到来。在这个新时代，人们将更多地在太空中对太阳进行观测。通过 ATM，宇航员们可以探测太阳的大气层。他们的探测范围从日冕层的最远端一直延伸到可观测的太阳光球层的最低区域。对天空实验室收集到的科学数据所进行的长期研究还包

图中，美国宇航员和太阳物理学家爱德华 · 吉布森正在使用阿波罗望远镜装置的仪表盘。他参与了美国国家航空航天局的天空实验室 4 号太空任务。这幅照片拍摄于 1973 年 12 月 5 日。当时，爱德华 · 吉布森正在天空实验室的空间站进行科学研究。美国国家航空航天局通过卫星对这次实验的过程进行了现场直播。

（美国国家航空航天局）

括：对影响地球天气状况和通讯状况的太阳活动进行分析。

当最后一组宇航员于 1974 年 2 月离开空间站以后，天空实验室变成了被彻底抛弃的航天器。在围绕地球飞行时，它已无法保持最初的飞行高度。所以，它不得不在进行第 34 981 圈飞行时，于 1979 年 7 月 11 日重新进入地球的大气层。在重新进入地球大气层的过程中，空间站的绝大部分被烧掉了，残留下来的碎片有的落入

印度洋的遥远海域，还有的散落在澳大利亚的某些地区。

## ◎ "Yohkoh号"宇宙飞船

　　"Yohkoh 号"宇宙飞船是由日本发射的科学探测航天器。Yohkoh 在日语里是"太阳光束"的意思。这个航天器的质量为 390 千克。日本太空航天科学院在 1991 年 8 月 30 日将这颗 X 射线太阳观测卫星发射升空。这颗卫星的主要观测目标是研究太阳耀斑发出的高能辐射（也就是硬 X 射线、软 X 射线和能量极高的中子）和处于稳定周期的太阳的结构，以及在耀斑发生以前太阳的状况。

　　"Yohkoh 号"航天器是一个三轴固定的天文台型卫星，它在近圆运行轨道内围绕地球运行。它携带了 4 台实验设备，它们分别是：两台成像仪和两台光谱仪。成像设备实际上包括 1 台硬 X 射线望远镜（能量介于 20~80 keV 之间）和 1 台软 X 射线望远镜（能量介于 0.1~4 keV 之间）。这些望远镜的视野覆盖了整个太阳的范围，从而保证任何位于太阳表面可观测范围内的太阳耀斑都会被观测到。

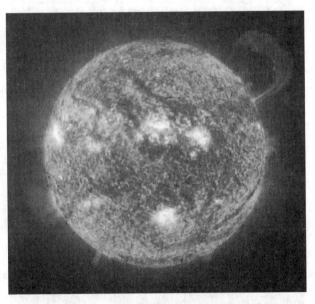

　　这项太空观测任务是由日本、美国和英国三方合作完成的。例如，"Yohkoh 号"航天器使用的软 X 射线望远镜是洛克希德飞机飞弹公司的研发中心专门为美国国家航空航天局研制的。在研制的过程中，该研发中心与日本国家天文台和东京大学天文学研究院进行了密切合作。到 2001 年 12 月，"Yohkoh 号"航天器完成了既定的太空观测任务。它对太阳 X 射线进

这是 SOHO 航天器在 1999 年 9 月 14 日利用极端紫外线成像望远镜在 30.4 nm 的波长范围内拍摄到的图像。在图中，我们可以看到：在太阳的表面出现了一个巨大的把手状的凸起部分。这个凸起部分是由庞大的星云构成的。在这些星云当中，充满了温度较低且密度较大的等离子体。这些等离子体存在于温度较高且厚度较薄的太阳日冕层。通过对谱线中的辐射进行研究，科学家们发现太阳色球层的上部温度可以达到 6 万 K。图像的每一个特点都能反映出磁场结构的相应特征。温度最高的区域看上去几乎是白色，看上去较暗的区域温度相对较低。

（美国国家航空航天局 / 欧洲宇航局）

行了为期 10 年的观测，它的任务周期正好处于太阳黑子的整个周期内。在太空观测的过程中，"Yohkoh 号"意外地发现：太阳日冕要比科学家们最初想象的活跃得多。此外，位于太阳活跃区域（也就是太阳耀斑活动的区域）的日冕正在向外膨胀。有的时候，这些日冕几乎不间断的向外膨胀。显然，我们可以用这些活跃的向外膨胀的日冕来解释太阳和其他恒星的质量缺失现象。

## ◎太阳和太阳风层探测器

欧洲航天局发射的太阳和太阳风层探测器的主要科研目标是研究与太阳日冕有关的物理过程。具体来讲，它的研究目标包括以下几个方面：太阳日冕的形成过程，太阳日冕的受热过程，太阳日冕的保持过程和太阳日冕引发太阳风的过程，以及太阳的内部结构。太阳和太阳风层探测器是国际太阳——地球物理研究项目的一部分。美国国家航空航天局也参与了对 SOHO 的研发工作。这个质量为 1 350 千克（在轨道中运行时的净质量）的航天器在 1995 年 12 月 2 日被发射升空。为了能够不间断地获取太阳光，SOHO 在太阳周围的晕圈轨道内运行。这个轨道位于地球和太阳之间的拉格朗日第一天平动点（L1）上。它的设计使用寿命为 2 年，但是它所携带的消耗品足以保证该航天器再工作 4 年。这个航天器一共携带了 12 件科学实验仪器作为补充。

到 1998 年 4 月，SOHO 完成了大约为期 2 年的科学探测任务。在这 2 年间，它先后研究了太阳大气层、太阳的表面和太阳的内部结构。SOHO 在完成科学探测任务的过程中获得了一些激动人心的发现。例如，它发现在可观测的太阳表面的下面存在一些暗河，这些暗河是由等离子体构成的。又如，它还首次发现了太阳耀斑所导致的太阳地震。除此之外，SOHO 还发现了五十多颗掠日彗星。1998 年 6 月 24 日，在进行一些常规操作和维护操作的过程中，SOHO 与地面指挥系统失去了联系。在焦急地等待了几个星期以后，地面指挥人员终于在 8 月 3 日那天恢复了同 SOHO 的通讯联系。接下来，指挥人员又恢复了各种失灵的子系统，并对运行轨道进行了纠正。经过一番努力，SOHO 又恢复了正常的工作状态。到 1998 年 11 月 4 日，它所携带的所有科学实验设备都可以正常工作了。

## ◎尤利西斯航天器

尤利西斯航天器是一个国际化太空无人自动探测器。按照设计，它主要用来研究太阳的两极和位于太阳两极上方和下方的星际环境。尤利西斯航天器是以长篇荷马史诗中的希腊传奇英雄的名字来命名的。在特洛伊战争中，尤利西斯在回家的途中探访了许多人迹罕至的地区。这个航天器在执行太空探索任务时将主要探究下面几个方面：太阳风的特性、太阳风界面的结构、太阳风层的磁场环境、太阳无线电爆发和等离子体光波、太阳宇宙射线和银河宇宙射线、位于行星间和恒星间的中性气体和尘埃环境。所有上述因素都会受到日面纬度的影响。德国的德隆集团为欧洲航天局（ESA）建造了尤利西斯航天器，欧洲航天局主要负责航天器在太空中的正常运行。

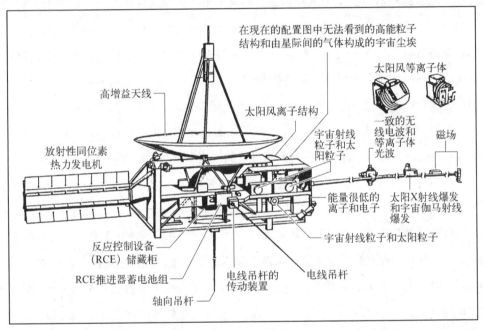

图中是小型轻便的尤利西斯航天器和它的有关科学实验设备。本图片是根据美国国家航空航天局提供的相关图片绘制而成的。

美国国家航空航天局利用"发现号"航天飞机和一个上级配置为尤利西斯航天器的发射提供了有力的支持。此外，美国的能源部还为尤利西斯航天器提供了放射性同位素热力发电机，这个发电机可以为航天器提供电力供应。美国国家航空航天局的深空网负责跟踪尤利西斯航天器并回收科学实验数据。在美国国家航空航天局的喷气推进实验室（JPL），有一个由欧洲航天局和JPL的技术人员组成的团队。他们负责对航天器进行监控，并对传回的数据进行筛选和分析。

为了研究太阳极地上方的未知宇宙环境，尤利西斯航天器成为第一个在黄道平面以外运行的航天器。为了到达较高的太阳纬度，尤利西斯航天器最初努力接近木星。在木星强大引力的作用下，它利用获得的加速度冲出了黄道平面，到达较高的太阳纬度。在 1992 年 2 月 8 日，尤利西斯航天器获得了木星的引力助推力。此后，它一直在较高的太阳纬度运行。1994 年 9 月 13 日，它运行到南纬 80.2° 的最大纬度（位于南极上空的一号关口）。

由于尤利西斯航天器是第一个越过太阳的两极对太空进行立体研究的航天器，它给研究太空的科学家们带来了许多意外的发现。例如，他们发现在太阳的两极地区存在两个截然不同的太阳风发源地，高速太阳风正是从这两个地方产生的。科学家们还意外地观测到宇宙射线是如何从银河系以外的星系进入太阳系的。通过分析地面观测数据，科学家们得出结论：太阳两极上空的磁场与他们最初想象的是截然不同的。另外，尤利西斯航天器还探测到：有一股来自星际空间的粒子流进入了太阳系，这股粒子流的飞行速度为每小时 8 万千米，也就是每秒 22.22 千米。

在 1995 年的 6 月至 9 月间，尤利西斯航天器在较高的北纬度空间（位于北极上空的一号关口）飞行。这时，它对太阳进行的观测发生在太阳活动最不活跃的时期。

为了对太阳进行全面的研究，科学家们还希望在太阳活动将要处于最活跃的状态时对太阳进行研究。尤利西斯航天器在远离地球的太空区域进行飞行，这个核动力科学航天器在完成了既定探测任务以后，又继续执行拓展太空探测任务。这样一来，科学家们就真的有机会研究太阳在活跃时期的活动情况。尤利西斯航天器在 2000 年 9 月至 2001 年 1 月间，在较高的南纬度空间（位于南极上空的二号关口）飞行。在 2001 年 9 月至 2001 年 12 月间，尤利西斯航天器又在较高的北纬度空间（位于北极上空的二号关口）进行飞行。

在执行太空探索拓展任务期间，尤利西斯航天器继续传回了大量关于太阳内部结构的科学信息。其中，关于太阳磁场和它对太阳系的影响的科学信息特别多。

这个航天器最初被称为国际太阳极地探测器。按计划，美国国家航空航天局和欧洲航天局要各建造一个航天器。然而，美国国家航空航天局最终放弃了建造国际太阳极地探测器的计划。但美国国家航空航天局为欧洲航天局建造的国际太阳极地探测器提供了发射和跟踪方面的支持。

## ◎恒星探测器的飞行任务

恒星探测器是一个理论上的机器人航天器，它可以在距离太阳表面 160 万千米的太空区域（太阳的光球层）进行飞行。由于恒星探测器实现了与太阳的近距离接触，科学家们通过它第一次实现了对太阳日冕层（太阳的外层大气）物理状况的直接实地勘测。这次挑战性极强的太空探测任务要求人类掌握先进的机器人航天器技术。这些技术包括：高级的隔热技术、专业化程度极高的实验仪器、对航天器飞行的控制和引导技术、航天器的通信技术和推进技术。美国国家航空航天局的高级航天器研究人员预计：这种类型的航天器将在 2020 年至 2030 年间发射升空。按照比较保守的预计，恒星探测器将在 2030 年发射升空。

这是一幅艺术概念图。图中正在飞行的太阳探测器与太阳之间的距离不超过 160 万千米。这个机器人航天器利用这次飞行对太阳日冕层的物理状况进行实地探测。这个太阳探测器的主要科研目标是帮助物理学家们弄清楚：导致太阳日冕层高温现象的物理过程是什么，形成太阳风的物理过程又是什么？

（美国国家航空航天局）

　　这个航天器的探测目标包括对下述两个问题的研究：太阳日冕的热量来自什么样的物理过程；太阳风达到超音速的速度得益于什么样的物理过程？按照科学家们现在的设想：这个机器人航天器一方面会利用远程遥感技术对太阳日冕进行研究；另一方面，会在太阳日冕层实地采集样本。人类以前使用的航天器从未将这两种方法有效地结合起来。这个探测器将在高温的环境里进行探测活动，放射性同位素热力发电机将会全程为其提供稳定的电力供应。这个三轴固定的航天器将利用木星的引力助推作用实现加速，并最终进入离太阳很近的运行轨道内，以便将来在太阳日冕层采集样本。

　　恒星探测器将在极其恶劣的太空环境内工作。它与太阳之间的距离介于 0.2~5 个天文单位之间。一个天文单位相当于 14 960 万千米。当恒星探测器与太阳之间的距离为 0.02 个天文单位时，它离可观测的太阳表面（光球层）160 万千米，离发生热核反应的太阳内核大约 230 万千米。当探测器与太阳之间的距离为 5 个天文单位时，它差不多就跟木星一样远了。

# 10 月球——天文学和天体物理学的观测平台

在人类 21 世纪再一次登上月球时，将不会像当年美国国家航空航天局的"阿波罗号"那样为了进行科学研究只在月球表面逗留很短的时间。相反，人类会成为这个新世界的永久居民。他们会在月球的表面建立基地，并对月球表面进行全方位的勘察。同时，人类会在月球的表面建立科技实验室。人类将合理地利用月球环境的特殊特征进行科学实验。人类还可以利用月球上丰富的资源（包括在月球两极地区可能存在的大量冰层）实现地球人向宇宙延伸的梦想。

在月球的表面建立永久基地的最大优势在于：将来，科学家们可以把月球作为一个有效的观测平台，并通过它进行高级的太空天文学和太空天体物理学研究。当然，在此之前，人类可以把机器人太空观测平台发射到月球的表面，或者用机器人太空观测平台来代替拟在月球上建立的永久太空观测平台。然而，科学的发展，特别是天文学和天体物理学的发展，将注定成为刚刚兴起的月球经济的主要推动力之一。本章将首先介绍人类在 21 世纪内在月球上建立基地的大致计划。接下来，作者会向大家介绍一些天文学概念，这些概念与人类将在月球表面进行的天文学研究有关。

## ◎ 月球基地的前景和相关概念

月球基地是位于月球表面的一个永久性的可供居住的建筑群。在这里居住的第一组科考人员的人数为 10 人，也有可能多达 100 人。在月球上进行工作的科研人员将开始全方位地对月球进行科学探索。"永久性"一词说明这里的实验设备将永远被人类所使用。科研人员将轮流在月球上进行科研工作。他们每次在月球上逗留的时间在 1~3 年之间。在这期间，有的科研人员会想念地球上的生活，还有的科研人员会由于孤独而患上心理疾病。在南极漫长的冬日里长期进行科学考察的科考队队员也经常会出现类似的心理问题。另外，在月球上进行科学考察的科研人员还有可能受伤，他们甚至会遇到致命的意外事故。

然而，那些先期到达月球基地的科考队员在绝大多数时间内把月球当作太空内的科学观测平台，他们利用月球进行一些基础科学研究。这些研究主要涉及月球对人类在天文学、天体物理学、宇宙论和其他领域内所进行的科学研究所发挥的作用。在月球的表面建立基地并进行科学研究为21世纪末人类实现在月球上定居的梦想奠定了坚实的基础。人类之所以想在月球上定居，从长远来看也是为了自身的生存和发展。如果人类可以最终确认在月球的两极角落内确实存在大量易挥发的永久冰冻资源（也就是月球表面的冰），那么月球基地的后勤保障策略将发生根本性的改变。将来，在月球上居住的居民可能会达到1万人乃至更多。

科学家们除了利用月球进行天文学研究和天体物理学研究以外，还建议利用月球基地进行其他活动。按照这些建议，月球基地还将具备下面的功能：（1）一个大型的月球综合实验室（可以进行各种科学实验）；（2）一个专门为太空科学研究活动生产相关产品的月球工厂；（3）一个可以监控太阳系和宇宙深度空间的"小行星-彗星防御实验室"；（4）一个位于星际空间的燃料补给站（它主要针对那些要进行换轨飞行的航天器）；（5）第一批火星科考队员的培训基地和集合地点。

在图中我们可以看到一台直径为1米的中转望远镜，这台望远镜被安装在位于月球表面的机器人着陆车上。图中的实验设备被称为月球紫外线望远镜设备（LUTE）。这个想象中的望远镜将把月球作为一个稳定的观测平台，在这里进行的太空观测将会摆脱地球大气层的干扰。同时，它还可以利用月球的缓慢旋转对整个太空进行详细的极端紫外线勘察。
（美国国家航空航天局）

有一些社会科学家和政治家还认为：在月球的表面建立基地将有利于人类在政治、社会和文化等方面的发展，从根本上改变人类对自身的认识。人类是拥有极高智商的生命形式，我们能够通过应用先进技术来积极地改变自己的命运。

科学家们还建议把月球基地作为太空活动的指挥中心。同时，月球基地还是整个行星防御系统的快速反应区域，人类利用行星防御系统来保护地球使其不会受到小行星和彗星的袭击。

随着人类在月球表面进行的活动越来越多，在月球上居住的永久居民的人数将会达到 1 000 人左右。接下来，随着月球工厂的生产规模不断扩大，以及人类在月球表面发现更多的原材料，宇宙星际空间的贸易将会不断地发展。为此，月球工厂将会生产出更多的食品和工业制成品。这时，月球上的定居人口将会增加到大约 1 万人。那些早期在月球定居的人们已经找到了几处新的定居点，每当人类在月球表面发现一个新的人类定居点时，他们都会充分地利用月球资源。

---

**知识窗** ●

## 月　球

月球是地球唯一的天然卫星，也是地球在星际间最近的邻居。地球上出现生命是拜太阳所赐，但这其中也离不开月球周期运动的调节作用。例如，人们在天文历法中把一年分为 12 个月，就是通过月球围绕地球运转的周期计算出来的。又如，潮汐的涨落也是由于地球和月球间的引力作用而产生的。

纵观历史长河，月球对人类文化、艺术和文学产生了深远的影响。即使在太空时代，它仍然是推动技术发展的一大力量。它与地球之间的距离正好使人类登月成为一个既具有挑战性又具有现实性的梦想。为了实现这一梦想，人类第一次汇集了全部智慧，并最终获得成功。自从美国的"先驱者四号"和俄罗斯的"月神一号"在 1959 年相继成功地完成了针对月球的近天体探测飞行以来，许多各式各样的美国航天器和俄罗斯航天器被送往月球或围绕月球飞行。在这其中，最振奋人心的就是"阿波罗号"在 1968 年至 1972 年间完成的系列载人飞行。

1994 年，"克莱门特号"（Clementine）宇宙飞船被美国国防部送往太空围绕月球飞行。在为期 70 天的飞行过程中，它拍摄了月球表面的图像。它的成功飞行，再一次向世人证明了美国在航天技术的某些领域内处于世界的领先水平。随后科学家们对"克莱门特号"传回的数据进行分析。结果，他们惊喜地发现：在月球两极的某些无光区域内可能存在固态水。美国国家航空航天局于1998年1月发射了月球"勘探者号"Lunar Prospector航天器，并利用它对月球表面的化学构成进行了深入研究。科学家们希望通过这次探测活动能够找到在月球表面存在固态水的证据。尽管实验结果还需要进一步证实，但月球"勘探者号"提供的数据的确表明月球极地区域存在固态水，月球上的水（存在于月球两极的无光区域的冰层下面）将成为极其宝贵的资源。令科学家们感到兴奋的是，这一重大发现也意味着人类在将来的确有可能在月球的表面建立自己的基地。

从早期的机器人月球探测器（如"漫游者号""勘测者号"和月球人造卫星等航天器）到后来的"阿波罗号"航天器都收集了与月球有关的大量科学数据。通过分析这些数据，研究月球的科学家们获得了更多关于月球的信息，并推断出月球从诞生到现在的地质演变史。

月球表面没有海洋和其他的流动的水资源。同时，由于月球缺少理想的大气环境，月球的表面不会发生剧烈天气变化，月球表面也不会被剧烈侵蚀。所以，科学家将月球看成是一个像博物馆一样的世界，这是因为在月球表面仍然完好地保存着一些存在

了几十亿年的原始物质。科学家认为月球形成于四十多亿年前。过了1亿年以后，它发生了变异。不过，月球上的构造运动其实早在亿万年前就已经停止了。月球的外壳和覆盖物都拥有极大的厚度，有八百多千米厚。然而，人类尚不清楚月球的内核部分到底是由什么构成的。月球的中心可能含有一个体积很小的铁核。有证据显示：月球的内部是炙热的，甚至有一部分是熔化的。通过科学测量，科学家们发现在月球岩石圈以内发生过月震，它们在很大程度上是由月球引力造成的。由于月球即使在月震发生时仍然表现得很稳定，那些被部署在月球表面的大型实验设备和单个实验仪器不会由于月球表面的运动而发生明显的移动。

尽管和地球相比，月球缺乏易蒸发的物质。但是，月球和地球在化学构成方面还是非常类似的。月球表面布满了丘陵，这些丘陵由富含矾土的岩石组成的，这些岩石形成于月球表面的阴暗区域内。在这些区域内有大量的火山熔岩，它们是在大约35亿年前形成的。尽管科学家们已经对月球进行了三十多年的研究，但是人类对月球进行的相关探索实际上才刚刚开始。月球是离地球最近的星际邻居。

至今仍然有几个关于月球的谜团未被破解，这其中就包括月球起源的问题。

近年，一个新的月球起源学说被提了出来。按照这一学说，月球的诞生与宇宙间的天体激变有关。支持这一学说的科学家认为：在地球的周围也有一个类似吸积盘的东西，它是由原始的太阳星云物质构成的（此时，地球的内核已经形成，但地球仍处于融化状态）。在它的末端附近，有一个火星大小的天体（被称作"撞击器"）以一定的倾斜角度撞击了地球。这一剧烈碰撞将汽化的"撞击器"表面物质和地球熔融物质卷入了地球的运行轨道，在这一过程中月球渐渐形成。

月球表面有两个主要区域，它们具有截然不同的地质特征和演变历史。一个是相对平坦的黑暗地区。伽利略起初把这里叫作月亮海（Maria）（他认为这里是大海或大洋）。另一个是多坑的、崎岖的丘陵（高地）地区，伽利略把这里叫作月亮地（terrae）。丘陵地带占月球表面的83%，它们的海拔普遍较高（差不多在月球平均半径的5千米以上）。在其他地区分布着月亮海，月亮海一般位于月球平均半径5千米以下，它们主要集中分布在总是面向地球表面的那部分区域。

塑造月球表面形态的主要外部地质过程是流星体的冲击。月球表面有大小不一的陨石坑。小陨石坑的直径可能只有几微米，大陨石坑的直径可能达到几百千米，从而演变成巨型的盆地。月球表面还有很多角砾岩和碎片，被称为表土的覆盖物是由内部结构松散的碎片构成的。它包括岩石、矿物质的碎片和流行体撞击时产生的特殊玻璃碎片。表土层的厚度不一，它的厚度主要取决于下方岩床的年龄和它与陨石坑与及其喷出物的接近程度。一般说来，月亮海上分布着厚度为3~16米的表土；而在历史比较久远的丘陵地带，土壤的厚度至少可以达到10米。一些航天方面的专家认为：在设计放置于月球表面的天文光学仪器时，如何避免可能出现的月球尘埃污染是一个需要考虑的问题。

到下一个世纪（22世纪），在月球上永久居住的人数将会继续增长。加上已经定居下来的人，月球上的总人口将会达到50万左右。这样一个庞大的人类群体将足以真正实现自给自足的经济发展和社会发展。到那时，"月球人"将真正摆脱地球的束缚。

这一时刻在人类发展史上也将是极具历史意义的。从那时起，人类将生活在两个截然不同又彼此分开的生物环境里。换句话讲，有的人生活在地球上，有的人生活在地球以外。

随着自给自足的月球文明的兴起，将来的人们将可以选择在哪里生活并发展自己的事业。当然巨大的社会进步将极有可能对两个世界的文化产生巨大的影响。22世纪的人们将会看到在地面过往的私家车上张贴着这样的标语——保护地球人的天文观测职业，禁止向月球人输出望远镜设备。

越来越多的月球基地将使"月球人"可以把月球作为一个观测平台，在宇宙中进行大量的科学研究。月球上的科学实验设备将利用独特的月球环境进行天文观测。这些观测既包括对太阳的观测也包括对太空中的等离子体的观测。月球表面独一无二的环境特征包括：较小的引力（相当于地球引力的1/6），大约为 $10^{-12}$ 陶尔的高真空度（陶尔是压力单位，1陶尔相当于地球海平面气压的1/760），稳定的月震现象，较低的温度（特别是永久无光的两极地区），在月球远端的低无线电噪音环境。最后一个特征对于将来进行无线电天文学研究是极为重要的。

建立在月球上的科研基地将使生命科学家拥有独特的机会来广泛研究弱引力（地球引力的1/6）和低磁力环境下的生命过程。研究遗传学的技术人员将利用理想的实验设施进行实验，这些实验设施在地球生物圈内是根本无法找到的。外星生物学家将可以在模拟其他星球的实验条件下研究新型的植物和微生物，利用基因工程培育的月球植物将被种在特制的温室里，这些植物是月球人的主要食物来源。同时，它们也为月球人不断补充了可以呼吸的月球空气。

在月球上大规模的永久定居的真正动机可能来自对经济利益的渴望。如果人类真的从月球上获得了他们想得到的经济利益，人类的科技、社会和经济发展必将得到极大的推动。然而，利用月球上的原材料生产出来的产品对整个月球文明的发展的影响力是非常有限的。科学家们很容易想象出人类在月球上最初可以获得的产品。月球上的冰将是月球上的最重要的资源，经过净化它可以变成纯净的水。另外，它可以被分解为氢和氧这两种重要的化学资源。其他月球上的早期产品包括：（1）（从月球土壤里提取出来的）氧气，它将成为在地球和月球之间进行换轨飞行的航天器的助推剂。（2）月球表面的（散装的，尽可能少进行加工的）原土壤和岩石材料，它们可以被用来预防太空辐射。（3）经过加工的陶瓷产品和金属制品，它们可以被用来在太空中建造房屋。

在月球上早期建立的基地，证明了月球上的资源在发展工业方面的用途。同时，人类可以尝试在月球上建立工厂，有选择地为月球轨道和地球轨道加工制成品并提供原产品。如果考虑运输成本，从月球的表面运送1千克的"货物"到位于地球轨道和月球轨道之间的不同星际区域更划算。因为，从地球表面向同一地点运输"货物"的成本更高。当然，即使从月球表面出发，运输"货物"的路途依然非常遥远。

月球上拥有大量的资源，其中包括硅、铁、铝、钙、镁、钛和氧。月球上的土壤和岩石在熔化以后可以制成各种玻璃产品，如玻璃纤维、厚玻璃板、玻璃管和玻璃棒等。经过烧结的过程（经过加热使物质变成结构紧密的物质，但物质在这一过程中不会熔化），人类还可以获得月球上的砖和陶瓷制品。利用粉末冶金技术可以将铁熔化并锻造成各种特殊的形状。人类很容易为这些在月球上加工出来的产品找到市场。具体说来，它们可以被用作太空防护材料，可以用来在月球上建造房屋，还可以被用来研发大型太空实验设备。此外，它们还可以用在发电系统和通信系统中。在建造大型的高能天体物理学实验设备时，太空防护材料是非常有用的。这些实验设备主要被用来研究能量极高的宇宙射线和伽马射线。因此，它们必须具有极高的灵敏度。

月球上不断发展的采矿业和工业将可以满足地球与月球之间的星际空间对月球产品不断增长的需求。随着月球上农业（在特殊的封闭环境内展开）的发展，月球将成为人类的"外星菜篮子"，它将为生活在地球以外的人类提供绝大多数的食品。

随着人类开始在月球上定居并不断扩大定居的规模，这一太空探索活动的有形效益和无形效益将不断地显现出来。例如，利用独特的月球实验室高科技实验设备获得的科学发现将被直接应用于地球上的科技和经济的相关领域，这些科学发现包括一些具有前沿性的观点、技术和产品。将来的人们可能会永久地居住在另一个世界里（这个世界每天晚上会隐约地出现在夜空里）。人类将会拥有开放的世界哲学观，绝大多数仍然生活在地球上的人们将会更加关注整个宇宙的命运。那些敢于来到地球轨道和月球轨道之间并在月球上长期定居下来的人们是非常令人钦佩的，这不仅仅是因为他们在技术和智慧方面取得了巨大的成就，也是因为他们在文化方面取得了一些富有创意的成就。生活在月球基地里的人们可以经常对恒星进行观测，他们观测到的恒星图像没有经过任何过滤的过程。他们渐渐地对天文学和天体物理学产生了浓厚的兴趣。因此，我们可以大胆地推测：在不远的将来，第一批月球定居者的后代将会在实现行星间的星际旅行的基础上，实现恒星间的星际旅行。到那时，月球将会被看作人类向宇宙进军的踏板。

## ◎ 月球远端无线电天文学和其他将来可能被使用的天文观测设备

无线电天文学是天文学的一个分支学科，它主要收集并研究地球以外的无线电源发出的无线电信号。它是天文学领域的一个新兴学科，它出现在 20 世纪 30 年代。当时，美国的无线电工程师卡尔·古特·央斯基（Karl Guthe Jansky）（1905—1950）首先发现了来自地球以外的无线电信号。在这之前，天文学家们一直利用电磁光谱的可见光区域对宇宙进行观测。

然而，对宇宙中的无线电源进行细致的观测是十分困难的。这是由于这些无线电源给地球带来的能量微乎其微。从 20 世纪 40 年代中期开始，英国的天文学家阿尔弗莱德·查尔斯·伯纳德·洛弗尔（Alfred Charles Bernard Lovell）（1913—2012）开始在这一领域内进行具有开拓性的研究。洛弗尔在英国乔德雷耳·班克天文台的诺菲尔德无线电天文学实验室（Naftield Radio Astronomy Laboratories）进行自己的科学研究，他利用无线电望远镜来观测地球以外的无线电源。他发现：正是由于这些无线电源太特殊了，所以科学家们以前才没有想象和预测出它们的存在。

脉冲星是最奇怪的宇宙无线电源之一。脉冲星实际上是衰变的巨型恒星，在转变成中子星以后，它会一边旋转一边释放出脉冲无线电信号。当第一颗脉冲星在 1967 年被人类发现时，整个科学界都感到震惊。由于这种信号非常有规律，科学家们认为它是聪明的外星人发出的星际信号。

另一种有趣的天体是类星体，也被称为类恒星无线电源。人类在 1964 年发现了类星体。科学家们现在认为类星体实际上是完整的星系。在星系的内部有一个很小的区域（它的直径只有几光日），它会释放出大量的能量。这些能量相当于几百万颗恒星毁灭时释放出来的能量。类星体是宇宙中已知最遥远的天体，一些类星体正以超过 90% 光速的速度远离地球。

阿雷西博天文台（The Arecibo Observatory）实际上是一个直径为的 305 米的巨型金属圆盘，它是地球上体积最大的无线电望远镜和雷达望远镜。这个观测设备位于波多黎各的热带丛林中，在此处热带丛林中，有一个天然形成的碗状的凹陷区域。

阿雷西博天文台是美国全国天文学和电离层研究中心（NAIC）的主要观测设备。这个研究中心主要进行无线电天文学和雷达天文学的研究。同时，它还进行电离层物理学研究。康纳尔大学根据与美国科学协会签订的合同对该中心进行日常管理。阿雷西博天文台每天 24 小时不间断地工作，从而保证许多来访的科学家有充足的观测时间。同时，阿雷西博天文台还为科学家们提供

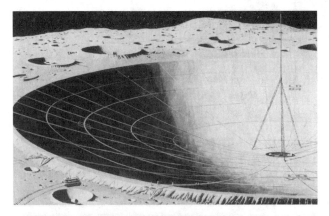

图中是一台巨型的无线电望远镜观测设备。它将（在 2030 年左右）被修建在位于月球远端的一个盆地内，这个盆地实际上是天体撞击留下的陨石坑。这台巨型的无线电望远镜（它的体积比阿雷西博天文台的体积大得多）将利用月球远端的保护层摆脱人类活动所产生的无线电频率信号的干扰。这些充斥在地球环境中的无线电信号对太空无线电望远镜进行的观测活动是毫无意义的。

（美国国家航空航天局）

了良好的后勤保障。这台巨型天文望远镜有时被当作无线电波接收器来使用。这时，它可以接收到来自宇宙中最遥远天体的信号。有时，它也被当作雷达发射台和雷达接收器来使用。它可以帮助科学家们将到达月球表面的信号反射回来，到达行星及其卫星和小行星的信号，以及到达地球电离层的信号也可以被反射回来。

阿雷西博天文台对天文学和天体物理学的发展做出了重大贡献。1965 年，当它被用作雷达发射台和雷达接收器时，科学家们发现水星的自转周期为 59 天，而不是人们最初估计的 88 天。1974 年，当它被用作无线电波接收器时，它帮助科学家们发现了第一个二元脉冲星系统。这一重大发现进一步证实了阿尔波特·爱因斯坦的广义相对论，并帮助美国物理学家拉塞尔·赫尔斯（Russell Hulse）（1950—　）和小约瑟夫·胡顿·泰勒（Joseph Hooten Taylor）（1941—　）在 1933 年获得了诺贝尔物理学奖。在 20 世纪 90 年代初，天文学家们利用这个天文台观测到：在快速旋转的脉冲星 B1257+12 的周围有一些太阳系以外的行星，它们正在围绕这颗脉冲星运行。

对阿雷西博天文台的使用是一个成功的典范。几位月球基地的设计者建议：在月球表面挑选几个天然撞击形成的陨石坑，作为建造体积更大的无线电望远镜的地点。在月球表面进行无线电天文学的相关研究将会拥有独特的优势，因为月球是一

这是一幅经过艺术加工的图片。在图中我们可以看到月球的表面有一台高级机器人光学望远镜。它的观测平台是一个可以自动调节的活动平台。在月球表面进行的一系列天文观测活动中，几台一模一样的望远镜在月球表面的合适地点分别进行观测。它们在彼此保持一定距离的同时始终保持着通讯联系。几台望远镜共同发挥着物理学中的干涉计的作用。

（美国国家航空航天局／帕特·罗菱斯 摄）

个具有较低无线电噪音和较弱引力的稳定观测平台。月球的远端将永远不会受到地球无线电辐射的直接干扰。由于未来的无线电望远镜（从理论上讲）在使用性能方面最终将接近极限，月球表面特有的安静环境将使月球成为唯一理想的无线电天文学观测地点。在这里，所有高灵敏度的无线电波探测设备都可以最大限度地发挥作用。它们既可以被用来进行无线电天文学研究，又可以寻找地球以外的生命（SETI）。到 21 世纪末，无线电天文学研究（包括大规模寻找地球以外的生命的努力）实际上将成为月球上的主要产业之一。从某种意义上讲，月球基地内的科学家们大规模地寻找地球以外的生命，也是在替外星人寻找他们心中的外星人。

月球地表坚固，即使在月震发生时月球的表面依然非常稳定。此外，作为天文观测平台，月球还具有引力较小和真空度较高的特点。所以，在月球表面可以展开精确的天体测定活动。同时，科学家们还可以利用干涉仪进行准确的天文观测活动。干涉仪是一种可以获得较高角分辨率的实验设备，它可以将两台截然分开的望远镜（光学干涉仪）或两个截然分开的天线组（无线电干涉仪）收集到的信号组合起来。无线电干涉仪是无线电天文学的基础实验设备之一。从理论上讲，干涉仪可以产生并测量干涉条纹，这些干涉条纹的形成与同一光源产生的两个或多个相干的光波串有关。这些设备可以被用来测量光波的长度和光源的角宽度，同时，它们还可以被用来确定光源的角位置以及进行其他科学研究。

超大天线阵列（The Very Large Array，VLA）是无线电天文学设备的拓展形式。它也可以建在月球表面。位于新墨西哥州梭克罗德的超大天线阵列就是一个空间得到延伸的无线电望远镜设备。它由 27 根天线组成，每根天线的直径为 25 米，它们安装在长度为 20 千米的铁路轨道上。从整体来看,它们的排列像一个巨大的字母"Y"。超大天线阵列由美国国家无线电天文学观测台进行管理,该天文台得到美国国家科学协会的赞助。

　　超大天线阵列的结构主要包括四种模式:A 阵列,它的天线间最大间距为 36 千米;B 阵列,它的天线间最大间距为 10 千米;C 阵列,它的天线间最大间距为 3.6 千米;D 阵列,它的天线间最大间距为 1 千米。超大天线阵列的运行分辨率取决于阵列的规模。这个设备的最高分辨率可以达到 0.04 角秒。此时,它能够观测到 150 千米以外的一个高尔夫球大小的频率为 43 GHz 的无线电源。科学家们还可以利用这种设备收集各种有趣天体发出的微弱无线电波,并拍摄这些天体的照片。所获得的照片在清晰度和分辨率方面可以与世界上体积最大的光学望远镜拍摄的照片相媲美。

---

**知识窗**

### 轨道运行隔离设施

　　轨道运行隔离设施是一个绕地球运行的实验室。在这个实验室里,相关人员首先要对那些来自火星等其他星球的土壤和岩石标本进行检测,看看它们是否携带了有可能给人类带来危害的微生物,然后他们才会允许这些标本被带入地球生物圈。太空中的隔离设施,有的建立在稳定的绕地运行轨道上,还有的建立在月球的表面(和永久的月球基地密切联系)。这些隔离设施具备以下明显的优点:(1)它排除了携带标本返回地球的飞船将可能对人类生命构成威胁的外星球微生物散落在地球表面或偶然释放到地球表面的可能性。(2)它保证任何有可能从轨道运行实验室逃脱的外星球微生物不会立刻进入地球生物圈。(3)它确保所有在隔离实验室里从事检测工作的相关人员,在根据各国达成的空间协议对外星球的土壤和岩石进行检测时,处于完全隔离的状态。

　　经过检测可能会出现三种不同的假想结果:(1)没有发现具有复制能力的外星球微生物。(2)发现了具有复制能力的外星球微生物,但是它们不会对地球上的生命构成威胁。(3)发现了具有复制能力且能威胁地球生命的外星球微生物。如果在检测的过程中真的发现了一些具有复制能力且有可能威胁地球生命的外星球微生物,那么轨道运行隔离设施的工作人员要么通过加热杀菌或化学杀菌的办法对这些标本进行无害化处理；要么将它们小心翼翼地保留在轨道运行隔离设施内，以便将来进行更加详细的研究；要么将这些标本以适当的形式处理掉，从而避免这些外星球生命在进入地球生物圈以后将细菌传染给地球上的生命。

除了上面提到的检测实验以外，在未来月球基地的隔离设施内也可以进行同类实验。科学家在月球基地的隔离设施内，可以利用月球独特的环境对来自外星球的标本进行详细的研究。他们甚至可以通过外星球动物园这种形式来模拟其他星球的环境。在月球基地内的外空生物学家和位于地球表面（通过望远镜进行科学观测）的外空生物学家都可以对那些来自外星球的生命形式（最有可能是一些在显微镜下才能观测到的微生物）进行研究。这些科学家不必担心他们进行的科研活动会对地球的生物圈产生危害。为了保险起见，人类可以将月球上的隔离设施建在距离主基地很远的地方。只有那些被授权的工作人员（和那些远程遥控机器人）被允许进入隔离设施，这里的实验室是完全按照模拟外星球环境的模式建立起来的。

对一组分散的小型望远镜收集到的信号进行聚焦合成，从而模拟一台体积较大的望远镜的分辨率效果，这种技术被称为孔径合成。在天文学研究中，无线电望远镜被用来测量来自宇宙特定方向的微弱且相对静止的无线电波的强度。敏感度是指无线电望远镜对这些微弱的无线电信号的察觉能力；分辨率是指望远镜确定信号源所在方位的能力。一组分散的望远镜的敏感度与所有望远镜的观测范围的总和成比例，超大天线阵列就是一个典型的例子。这组望远镜的分辨率取决于所有望远镜覆盖的距离（基线）。超大天线阵列中的每一根直径为 25 米的圆盘天线都被特意放置在一个碗碟状的凹陷区域内，这些天线的控制板是铝制的，凹陷区域的厚度精确到 0.5 毫米。上述设计模式可以保证天线能够聚焦于波长很短的无线电信号，其中，最短的波长仅为 1 厘米。

VLA 还可以被用来拍摄无线电图像。它所拍摄的图像在清晰程度方面可以与光学望远镜拍摄的图像相媲美。为了达到这一效果，VLA 的 27 根圆盘状天线被排列成一个巨大的 "Y" 字形。在这个 "Y" 字形结构中，东南方向和西南方向的两列天线的距离总长度为 21 千米，正北方向的那列天线的距离总长度为 19 千米。 通过改变这 27 根天线的布局可以改变整个无线电望远镜阵列的分辨率。VLA 一般有 4 种标准的阵列布局模式。在天线间距最小的布局模式下（也就是 D 阵列这种低分辨率的布局模式），27 根天线的距离非常近，它们相当于一根基线仅为 1 千米的无线电天线。在天线间距最大的布局模式下（也就是 A 阵列这种高分辨率的布局模式），所有的天线分散排列，它们看上去就像一个巨大的"Y"字形，这种模式的基线最大值可以达到 36 千米。

天体测定学是天文学的一个分支学科，它主要涉及准确测量天体的位置和运动。光学天文台、红外线天文台和无线电天文台的分辨率极高（可以达到百万分之一角秒）。于是，天文学家们利用它们来寻找太阳系以外的行星。这些行星一般在太阳系附近围绕其他恒星运行（本书的第 11 章将讨论如何寻找太阳系以外的行星的问题）。

为了进行行星科学和太空生物学的相关研究，科学家们可以在月球基地内建立外星生物隔离设施。太空生物学这门学科主要涉及在地球以外的天体上寻找微生物并对它们进行研究。科学家们将从火星、木卫二和其他太阳系天体上收集各种可能包含生命形式的物质标本。由于科学家们怀疑这些标本包含的微生物可能会给地球的生物圈带来危害，所以他们对样本进行分析检测，必要时还会将它们全部保存在月球上。这样一来，人类科学家就可以对这些标本进行全面的科学研究。同时，他们将再也不用担心地球生物圈会有毁灭的危险了。

# 11

## 寻找太阳系以外的行星、褐矮星和暗物质

这一章将主要介绍现代天文学的三个有趣的探索领域。同时，作者还将介绍太空天文台是如何帮助科学家们探索一些让人捉摸不透的天体。这里提到的太空天文台主要包括哈勃太空望远镜、钱德拉 X 射线天文台和斯皮策太空望远镜。

本章将讨论的第一个主题是太阳系以外的行星，也就是围绕其他恒星运行的行星。科学家们目前面对的巨大挑战是如何发现并识别那些围绕类似太阳的恒星运行的类似地球的行星。如果真的找到了这样的行星，那么科学家们接下来要面对的问题就是：在这些行星真的有生命存在吗？

本章讨论的另两个主题存在一定的关联性。褐矮星是一些温度较低的红外线天体，它们的体积比木星这样的行星大，比太阳这样的恒星小。天文学家和天体物理学家把这种天体称为衰变恒星。换句话讲，这些恒星是在很久以前由于引力的作用而形成的。不过，它已不再具有足够的质量，它的内核不具备发生热核反应并使氢发生燃烧的条件。天文学家们正试图在宇宙中寻找那部分缺失的质量，这些缺失的质量就是所谓的暗物质。科学家们一直在考虑下面的问题：宇宙中是否存在大量难以发现的褐矮星，来补充宇宙中缺失的那部分质量。

天文学家们之所以把一些宇宙中无法观测到的物质称为缺失的质量或暗物质，是因为虽然它们几乎不会释放任何电磁辐射，但是它们的引力效应是可以被测量并量化的。对暗物质这个谜团的破解将有助于天文学家和宇宙学家对宇宙的宿命进行更为准确的预测。宇宙学这门学科主要涉及宇宙的起源、宇宙目前的状态和宇宙未来的发展等问题。在本书的第 12 章将讨论人类在历史发展的不同时期对宇宙认识程度的改变。实际上，随着天文学和天体物理学的发展，人类对各种天体和各种天文现象的科学认识程度总是在不断地加深。

## ◎太阳系以外的行星

太阳系以外的行星（简称"系外行星"）隶属于除太阳以外的其他恒星。对系外行星进行探测，一般可以采用两种方法：直接方法，即寻找行星红外线辐射的迹象；间接方法，即准确地观测作为母星的恒星的摄动（例如恒星的摇晃），以及它们的光线强度和光谱特征的周期性变化。

越来越多与系外行星有关的证据证实了天文学家们最初的假设。按照天文学家们最初的假设，行星的形成过程是恒星演变过程的一部分。大量关于太阳系以外的行星的物理研究成果将有助于科学家们评估在宇宙中生命存在的普遍程度。科学家们如果能够确定恒星类型对物理现象出现频率的影响，那将更有利于他们研究宇宙中的生命形式。按照许多外空生物学家目前的观点，生命形式可以随时在具备恰当条件的行星（像地球）上形成。如果真是这样的话，科学家们只需要知道银河系中有多少具备这样条件的行星，便可以更加大胆地推断出到哪里去寻找外星人，以及在太阳系以外找到外星人的概率是多少。

科学家们已经通过母星在电磁光谱中的光线变化发现了一些体积与木星差不

### 知识窗

### 类 地 行 星

类地行星是位于某个生态层中的太阳系以外的行星，它的环境状况与地球的生物圈有很多类似之处。例如，它拥有条件适宜的大气层；它的温度变化范围使得行星的表面能够保留大量的液态水资源；它可以从母星那里获得充足的能量。科学家们指出：只要环境条件适宜，这些行星的表面和地球表面一样，也会存在化学物质的演变和生命形式的进化。类地行星上的各种生命形式以化学元素碳为主要成分。类地行星的质量应该大于地球质量的 0.4 倍（包含有可吸入大气的产生和停留），小于地球质量的 2.4 倍（去除多余表层大气吸引的条件）。这样一来，既可以保证类地行星拥有可供呼吸的大气层，又可以避免类地行星的表面引力过大。

多的行星，这些行星在围绕类似太阳的恒星运行。这些恒星包括：飞马座 51（51 Pegasi）、70 室女座（Virginis）和大熊座 47（47 Ursae Majoris）。通过计算机进行的详细光谱数据分析表明：这些恒星发出的光线有时候看上去很"红"，有时候看上去很"蓝"。这些光线的周期变化模式看上去就像数学中的正弦波。光线的周期变化模式说明：恒星本身由于某个巨大行星天体的作用沿着光线的方向前后运动。在这个行星天体的作用下，这颗恒星有时会远离地球（表现为光谱数据更"红"），有时会靠近地球（表现为光谱数据更"蓝"）。在飞马座 51 周围运行的那颗行星有时被称为"炎热的木星"，这是因为这颗体积巨大的行星（它的体积大约相当于木星体积的一半）的运行轨道离母星太近以至于它只需几天的时间（大约 4.23 天）就可以围绕母星运行一周。70Virginis 是 Virgo 星座中的一颗主序恒星。天文学家们还观测到一个体积特别巨大的天体（它的质量大约是木星质量的 6~7 倍）在围绕这颗恒星运行。这颗体积巨大的太阳系以外的行星被称为室女座 70b。它的运行轨道与母星之间的平均距离为半个天文单位（AU）。大熊座 47 是一颗与太阳类似的恒星，它被归类为 G1V 型黄色恒星，它与地球之间的距离大约为 46 光年，是第一批被科学家们发现的拥有太阳系以外的行星的恒星之一。当前人们发现大熊座 47 拥有两颗行星。它们分别被称为大熊座 47b 和大熊座 47c。大熊座 47b 是一颗在近圆轨道内围绕母星运行的巨大行星（它的质量大约是木星质量的 2.5 倍）。它的运行轨道与母星之间的平均距离大约为两个天文单位。大熊座 47c 的质量是木星质量的 75%，它的近圆运行轨道与母星之间的平均距离为 3.7 个天文单位。

为了发现太阳系以外的行星并概括它们的大气特征，科学家们使用了（或计划使用）一批新的太空天文台，例如斯皮策太空望远镜、詹姆斯·韦伯太空望远镜和开普勒航天器。在 2003 年末，美国国家航空航天局的斯皮策太空望远镜发现一个闪亮的巨型盘状物正在围绕一颗太阳系附近的恒星进行飞行，这个盘状物是由尘埃碎片构成的，那颗恒星是位于南鱼座的北落师门星。科学家们认为这个盘状物是行星结构的残余物。行星科学家们认为地球就是形成于一个类似的盘状物。

斯皮策太空望远镜正在帮助科学家们发现其他的恒星尘埃云。这些恒星尘埃云有可能是一些行星的形成地。2004 年，1 台红外线望远镜收集到的数据显示：一颗看似行星的天体正在穿越位于太阳系附近的一颗恒星的真空地带。这块真空地带位

这是一幅经过艺术加工的图片。在图中我们可以看到一颗巨大的系外行星。它被称为"炎热的木星"，它正在围绕一颗遥远的恒星进行公转。

（美国国家航空航天局）

于恒星的盘状区域，该盘状区域是由尘埃构成的，它被认为是行星的诞生地。斯皮策太空望远镜发现了位于 CoKu Tau 4 恒星周围的中空地带。天文学家们认为像行星这样的巨型运行天体有可能将恒星周围的盘状物一扫而空，从而留下一片中空地带。从理论上讲，这样的行星在体积上至少与木星相当，它们的外表与太阳系几十亿年前的巨行星非常相似。正如上面那幅经过艺术加工的图片所示：一个外貌高雅的环状物正在行星云层的上方运行。这个环状物是由数不清的尘埃微粒和冰块构成的。由于最初形成巨星的引力在逐渐地衰退，从而形成了恒星的残余物。

如果人类将来有机会对一颗系外行星进行访问，他们对宇宙的看法将会发生根本性的改变。在人们的传统印象中，浩瀚的夜空总是被遥远的恒星所照亮。在对太阳系以外的行星进行过访问以后，人们认为：宇宙中到处都是厚厚的盘状物，这些

　　这是一幅经过艺术加工的图片。我们在图中看到的极有可能是一颗太阳系以外的行星。2004 年 5 月，美国国家航空航天局的斯皮策太空望远镜在 CoKu Tau 4 恒星的周围发现了一块中空地带。天文学家们认为（像图中描绘的天体一样的）巨型运行天体有可能将恒星周围的盘状物一扫而空，从而留下一片中空地带。

（美国国家航空航天局 / 喷气推进实验室）

　　盘状物是由尘埃构成的，它们填满了这个年轻的行星系统。人们眼中的 CoKu Tau 4 恒星的图像将变得相对清晰起来，这主要是由于盘状物内部的尘埃掉入了引力极强的恒星内部。在主星的周围看上去有一个明亮的光带，这是由于盘状物中的尘埃对主星发出的光产生了散射作用。当我们从远处对 CoKu Tau 4 进行观测时，我们会发现由尘埃构成的盘状物看起来非常暗，除了位于盘状物平面以上的恒星以外，所有夜空中的恒星发出的光都被盘状物遮住了。

　　詹姆斯·韦伯太空望远镜（JWST）是一台巨型单体望远镜，它将被折叠放入发射设备中。在深邃的太空进行飞行时，它的温度会非常低。所以，它对那些遥远的暗淡天体将具有极高的灵敏度。詹姆斯·韦伯太空望远镜的控制人员将在远离地球的轨道内进行工作。这样一来，他们就可以远离地球散发到太空中的热能辐射。按计划，詹姆斯·韦伯太空望远镜将于 2021 年被发射升空。它的主要科研目标是研究行星系统的形成和相互作用。通过为尘埃云成像，詹姆斯·韦伯太空望远镜可以获得与行星系统（其中的一些行星系统与我们的太阳系非常类似）的形成有关的证据。这些尘埃云是由尘埃微粒构成的，它们正在围绕某些恒星进行飞行。

红外线天文观测卫星（IRAS）的观测结果显示：绘架座 β 星就拥有这样一个尘埃云。这些尘埃云位于主星的附近，它们的亮度非常高。有时，由于行星巨大引力的影响，它们会被切分成几个环状物。按照科学家们的推断，这些尘埃正是能够形成行星的物质。在古老的恒星的周围有一些尘埃云，它们是由一些没能衰变成行星的物质碎片构成的。詹姆斯·韦伯太空望远镜具有史无前例的灵敏度，所以，它可以观测到那些围绕在太阳系附近恒星运行的暗淡尘埃云。利用红外线波长也是直接寻找行星的极佳方式。如果以主星作为参照物，行星在红外线波长范围内的亮度要超过平时。例如，在可见光的波长范围内，木星大约比太阳暗 1 亿倍。而在红外线波长范围内，木星只比太阳暗 1 万倍。利用地面望远镜很难对木星这样的行星进行观测。不过，詹姆斯·韦伯太空望远镜完全有能力做到这一点，这是由于在太空中运行的詹姆斯·韦伯太空望远镜可以完全摆脱地球大气层的干扰。

按计划，美国国家航空航天局的开普勒航天器在 2009 年 3 月 7 号发射升空，它利用经过特殊设计的太空望远镜研究在太阳以外的恒星周围是否存在类地行星。这个航天器帮助科学家们在银河系的内部寻找体积与地球差不多或比地球更小的行星。目前人类所发现的太阳系以外的行星都是一些与木星类似的巨行星，它们的成分可能是氢和氦。外空生物学家们认为：在这些体积与木星相当的行星上不可能存在生命（不过，由于在它们的卫星的表面可能会存在大气层和液态水，所以，在某些情况下在这些行星系统的内部可能会产生生命）。由于此前人类使用的任何行星探测方法都不具备发现体积与地球相当的行星（它们的质量比木星小 30~600 倍）的能力，所以开普勒航天器对天文学研究的重要性是不言而喻的。到目前为止，人类在已经发现太阳系以外的巨行星的表面并没有发现液态水，人类甚至没有发现这些行星的固态地表。

知识窗

## 行星的中天现象

当行星的中天现象发生时，一颗行星会从另一个体积更大的天体的表面经过。在与太阳系有关的天文研究中，最重要的行星中天现象是金星中天。地球上的天文爱好者可以观测到这一过程。受轨道动力学的影响，地球上的观测者只能观测到水星和金星这两颗行星的中天现象。水星在每个世纪（100年）内大约会发生13次中天现象。但是，金星的中天现象就罕见得多。实际上，自从人类发明天文望远镜以来，金星的中天现象只发生过8次，它们分别发生在1631年、1639年、1761年、1769年、1874年、1882年、2004年和2012年。其中，最近一次金星中天现象发生在2012年6月6日。如果您错过了发生在2012年6月6日的这次金星中天现象，要再见到金星中天现象你还要耐心等待许多年。

天文学家们利用基区接触的方法来研究在中天现象发生时出现的主要天文事件。例如，在一次罕见的金星中天现象发生时，天文学家们发现：在基区接触的第一阶段，圆形的金星外表与太阳之间呈现出外切的图形。

在基区接触的第二阶段，天文学家们可以观测到圆形的金星外表与太阳之间呈现出内切的图形。在接下来的几个小时内，金星从太阳的表面缓缓地经过，它的相对角速度大约为每小时4角分。在基区接触的第三阶段，金星到达太阳表面的对面边缘。这时，金星外表与太阳之间再一次呈现出内切的图形。整个中天现象在基区接触的第四阶段结束。在基区接触的第四阶段，圆形的金星外表与太阳之间将再一次呈现出外切的图形。基区接触的第一阶段和第二阶段被天文学家们称为被切阶段，基区接触的第三阶段和第四阶段被天文学家们称为终切阶段。

从天体动力学的角度来讲，金星中天现象只能发生在12月初和6月初，因为只有在这时金星的结点才会经过太阳的表面。在这段时间内，如果金星经历了次级天体会合，就会出现金星中天现象。从上面列出的金星中天现象发生时间表中，我们可以看出：金星中天现象发生的时间间隔是有规律的，它的时间间隔为8年、121.5年、8年和105.5年。下两次时间间隔为 8 年的金星中天现象将分别发生在一个多世纪以后，即 2117 年 12 月 11 日和 2125 年 12 月 8 日。

最近一次金星中天现象发生在 2012 年 6 月 6 日。在北美洲的西北部、夏威夷、太平洋的西部、亚洲的北部、日本、韩国、中国的东部、菲律宾、澳大利亚的东部和新西兰，人们都可以观测到发生在 2012 年的金星中天现象的全过程（也就是基区接触的 4 个阶段）。令人遗憾的是，在葡萄牙、西班牙的南部、非洲的西部和位于南美洲东南部的 2/3 的南美洲区域内，人们根本无法看到发生在 2012 年的金星中天现象。在上面没有提到的地区，由于太阳会在金星中天现象发生的过程中升起或落下，人们便不可能观测到金星中天现象的全过程。

开普勒航天器将使用与以往不同的方法来寻找行星。具体说来，它将利用行星的中天现象来寻找行星。当我们对行星的中天现象进行天文观测时，我们发现行星越过了它们的母星与观测者之间的视线。这时，行星会阻挡恒星发出的光，从而使天空在一段时间内变得昏暗。天文学家们可以利用这段特殊的时间来研究行星，确定它们的体积和运行轨道。当一颗恒星经历了 3 次中天现象时，我们可以通过研究中天现象的持续时间和恒星亮度的变化来发现并确认行星的存在。通过计算行星运行轨道的相关数据，并结合它们母星的已知特征，科学家们可以断定他们所发现的行星是否是适宜长期居住的地区。换句话讲，行星与母星之间的距离是否可以保证在行星的表面存在液态水。开普勒航天器将利用一台直径为 1 米的专用望远镜来搜寻行星。这台特殊的望远镜也被称为光度计，它可以测量由于中天现象而产生的细微亮度变化。开普勒航天器在发射升空以后，在 4 年的时间里对 10 万颗恒星进行监控，从而帮助科学家们找到成百上千颗类地行星。

美国国家航空航天局的类地行星搜寻器（TPF）包括两台互为补充的太空天文台：一台可见光日冕观测仪和一台中红外线编队飞行干涉计。干涉计是由若干台小型望远镜组成的，它拍摄到的图像在锐度方面要远远优于单体望远镜拍摄到的图像。按照之前的计划，TPF 的日冕观测仪将在 2014 年被发射升空，TPF 的干涉计将在 2020 年以前被发射升空。（该 TPF 计划已被全线取消）天文学家们将利用这两台天文观测设备在大约 150 颗恒星（在它们当中，最远的恒星距离我们 45 光年）的周围寻找类地行星并研究这些行星的特征。在这个类地行星搜寻计划中，人类的理想科研目标是在太阳系以外的恒星周围找到可供人类长期居住的类地行星。接下来，科学家们还会对最有希望的候选行星进行光谱学研究，在它们的大气层中寻找适于人类居住或生命存在的行星特征。

即使想要在离太阳系最近的那颗恒星周围发现类地行星，科学家们也要面对巨大的挑战。这就好比要在离我们几千千米以外的探照灯旁边找到一只小萤火虫一样。母星发出的红外线辐射要比它周围的伴星发出的红外线辐射亮 100 万倍。按照之前的计划到 2010 年的时候，类地行星搜寻器收集到的数据将帮助天文学家们分析太阳系以外的行星发出的红外线辐射。在这些行星所在的恒星系中，最远离我们大约有 100 光年。天文学家们利用这些数据来探索：在这些类地行星上是否存在二氧化碳、水蒸气和臭氧等大气层中通常包含的气体。科学家们把这些大气层数据同行星的温度数据和半径数据结合起来，就可以断定这些行星是否适合人类或一些基本生命形式居住。

对这些系外行星所进行的研究是当代天文学最有趣的研究领域之一。但是天文学家们又是靠什么办法在遥远的恒星周围找到行星天体呢？在寻找系外行星的过程中，科学家们采用了几种重要的方法，它们包括：脉冲星计时、多普勒光谱学研究、天体测定研究和针对行星中天现象进行的光度测定研究。

天文学家们利用脉冲星计时的方法在 20 世纪 90 年代初发现了一批系外行星，它们也被称为脉冲行星，这些行星已经得到大家的普遍认同。通过研究脉冲信号到达时间的周期性变化，天文学家们发现有一些体积与地球相当或更小的天体正在围绕一颗脉冲星飞行。与矮星（主序恒星）不同的是，脉冲星是一种没有生命力的恒星。通过研究，天文学家们还惊喜地发现：这些行星在形成时间方面要晚于超新星，正是这颗超新星导致了脉冲星的诞生。同时，天文学家们也证明了行星的形成极有可能是一种极为普通的天文现象。在此之前，天文学家们一直认为行星的形成是一种罕见的天文现象。

天文学家们还利用多普勒光谱学研究来发现恒星光谱的周期性速率变化，这些变化正是由于有一颗巨行星正在围绕这颗恒星运行。科学家们有时把这种方法称为光线速率法。光谱学研究领域的专家们利用地面天文望远镜可以对大于 3 米 / 秒的多普勒频移进行测量。这种变化是由于母星的反射作用。在测量的敏感度方面，那些能够被地面天文望远镜发现的行星，在距离母星一个天文单位的前提下，质量至少应该是地球质量的 30 倍左右。这种方法主要针对光谱类型介于 F 型中段和 M 型之间的主序恒星。比 F 型中段恒星温度更高且体积更大的恒星往往旋转的速度更快，它们非常活跃，有时会发生跳动。同时，它们的光谱结构看上去显得更加简单。所以，如果科学家们要对它们进行多普勒频移测量，他们将面临更多的困难。正像上文中提到的那样，科学家们利用这种方法在太阳系以外成功地发现了几颗体积与木星相仿的巨大行星。

科学家们还利用天体测定学来研究行星所引起的母星位置的周期性变化。可以观测到的最小行星的质量相对较小，它们的质量与该行星和恒星之间的距离成反比。美国国家航空航天局计划发射的太空干涉计航天器（SIM）是一个典型的太空天体测定仪器。科学家们利用这种太空天体测定仪器可以测量的最小角度为百万分之二角秒。换句话讲，此时科学家们可以观测到的最小行星的质量大约相当于地球质量的 6.6 倍。当然，这一结论是建立在下述条件完全成立的前提下。这些条件具体包括：该行星的运行周期是 1 年；该行星所围绕的恒星与太阳在质量方面大体相当；该行星的母星与地球间的距离为 32.61 光年［10 秒差距（pc）］。SIM 有能力观测到一颗质量是木星质量的 0.4 倍，运行周期是 4 年，其母星与地球之间的距离为 1 630 光年（500 pc）的行星。像凯克天文望远镜（位于夏威夷）这样的现代地面天文观测设备，可以测量的最小角度为百万分之二十角秒。它们可以观测到的最小行星的质量相当于地球质量的 66 倍。该结论的成立前提是：该行星的运行周期为 1 个天文单位；它的母星的质量与太阳的质量相当；它的母星与地球之间的距离为 32.6 光年（10 pc）。采用这种方法进行天文观测的局限性在于：一方面，天文观测受到行星与恒星之间的距离的限制；另一方面，恒星黑子现象会导致光度计中心测量位置的改变，这一改变也会对天文观测造成影响。在距离地球 32.6 光年（10 pc）的范围内，只有 33 颗像太阳这样的（F 型、G 型和 K 型）主序恒星，这些恒星不属于任何二元星系。利用这种方法可以观测到的行星在远度方面受到观测时间的限制。一般来讲，针对某一颗行星进行的天文观测至少要持续一个运行周期。

在观测者的视野里，当一颗行星从一颗恒星的前面经过时，该行星与该恒星就会排成一条直线。在这段时间内，许多恒星会变暗。天文学家们在行星中天现象发生时，会利用光度测量技术进行天体测量。在行星发生中天现象时，恒星本身也会发生许多变化。所以，此时观测到的行星在质量方面的极限大约为地球质量的一半。同时，该行星的运行周期为 1 个天文单位，它的母星的质量与太阳的质量相当。换句话讲，经过 4 年的连续观测，天文学家们利用对行星中天现象进行的光度测定研究，可以探测到体积与火星差不多的行星。这些行星的运行轨道与水星的运行轨道极为相似。在可以长期居住的 K 型恒星区域和 M 型恒星区域，天文学家们可以探测到体积与水星差不多的行星。运行周期超过两年的行星将很难被探测到，这是由于它们与射向恒星的光线排成一条直线的可能性很小。

即使运行轨迹不在一条直线上，在内部轨道运行的巨行星也可以被探测到，这主要是由于它们反射的光线会定期进行调整。为了确定行星的密度，可以将行星中天现象的深度和多普勒数据中的质量数据结合起来加以分析。科学家们在测量 HD209458b 这颗恒星的密度时，就采用了这种方法。利用多普勒光谱技术和天体测定技术可以在天体学家们已经发现的天体系统内发现任何体积巨大的行星，天文学家们主要利用光度测定研究技术发现了这些天体系统。只有在行星的运行轨道的倾角接近 90° 时，才有可能出现中天现象。所以，被探测到的巨行星在质量方面变化不大。光度测定研究技术是在可以长期居住的宇宙空间内寻找类地行星的唯一有效的方法。

## ◎褐矮星

褐矮星也可以被直接称为衰变恒星，这种天体是在星云收缩和分裂的过程中形成的。许多真正意义上的恒星在形成以后，会逐渐进入主序恒星的行列。这一过程本身与褐矮星的形成过程极为相似。它们之间的最大区别在于：褐矮星的质量从未达到足以在其内部引发热核反应的程度。当一颗恒星的质量大约是太阳质量的 0.08 倍时（或木星质量的 80 倍时），它可以产生足够的引力，从而导致温度的急剧上升（可以达到几百万开），并最终引发内核的热核反应。

换句话讲，褐矮星的存在对于整个宇宙是毫无意义的。不过，根据天文学家们提出的假说，褐矮星的存在倒是可以被用来解释宇宙的质量缺失现象，也就是黑洞现象。天文学家们正在努力研究这些难以发现而又令人捉摸不透的天体的真实数量。

在更为正式的场合，天文学家们会将褐矮星归类为已经退化的次级恒星天体（与行星差不多）。在组成物质方面，它与恒星非常相似。换句话讲，褐矮星也是由大量的氢和少量的氦构成的。褐矮星的质量非常小，一般介于太阳质量的 1%~8% 之间。由于缺乏足够的质量，褐矮星的内核不可能发生氢的热核反应。由于没有氢的燃烧过程，褐矮星表面的光度非常低。因此，它们很难被人类发现。

当今的天文学家利用高级红外线（IR）成像技术找到了这些与众不同且已经退化的恒星天体（即衰变恒星）。一些天文学家认为：褐矮星在宇宙缺失质量（暗物质）中所占的比例是相当大的。1995 年，天文学家们发现了第一颗褐矮星的候选天体（被称为 Gliese 229B），这颗体积非常小的天体正在作为伴星围绕一颗名为 Gliese 229A 的红矮星飞行，这颗红矮星的体积也比较小。从那以后，天文学家们又利用太空望远镜先后发现了其他一些褐矮星的候选天体。

虽然天文学家们在众多二元星系内发现了许多褐矮星的候选天体，不过看起来褐矮星将不会是类似太阳的恒星（质量与太阳相当的恒星）的伴星。目前收集到的数据表明一些质量较小的（质量不足太阳的一半的）主序恒星将更有可能拥有褐矮星这样的伴星。按照光谱分类的方法，有些恒星被确定为 K 型恒星，还有些恒星被确定为 M 型恒星。在这两类恒星中，有的把体积较小的褐矮星作为自己的伴星，有的把体积与木星相当的较大的行星作为自己的伴星。天文学家们对于如何区别这两类恒星还不是十分有把握。一些天文学家们认为褐矮星的质量最大不会超过木星质量的 12 倍。质量等于或小于木星质量 12 倍的天体通常被称为行星或褐矮星。它们在物质构成方面与恒星类似，但是它们的内核部分不会发生核聚变反应。当天体的质量介于木星质量的 12~80 倍之间时，这个天体可以被称为次级恒星天体。这些次级恒星天体由于内核部分的收缩会经历短暂的氘核聚变，但是它们的内核温度不会达到导致氢的燃烧并发生热核聚变的程度。当氘元素被耗尽的时候，氘核聚变的过程也将停止。此后，这些褐矮星将再也不会发生热核聚变反应。这时的次级恒星天体实际上已经发生了退化，它们在还没有升级为主序恒星时就已经彻底凝固了。天文学家们很难发现这些褐矮星，这是由于这些体积小且温度低的褐矮星已经被淹没在它们伴星的光芒当中了，它们的伴星往往是一些主序恒星。例如，天文学家们利用红外线地面天文观测设备首先观测到在 Gliese 229A 的周围可能有一个褐矮星的候选天体；接下来，他们又利用哈勃太空望远镜的观测数据进一步证实了他们的推断。

通过这幅插图，我们可以了解褐矮星 TWA 5B（位于中间的天体）的大致体积。在这里，我们以木星（右边的天体）和太阳（左边的天体）作为参照物。虽然褐矮星与木星在体积方面非常相似，但是褐矮星的密度更大。同时，褐矮星可以自己发光，它们发出的光线一般是红外线光；而木星所发出的光实际上是经过木星反射的太阳光。

（美国国家航空航天局）

## ◎暗物质

由于宇宙中的某些物质几乎不释放出（或根本不释放出）任何电磁辐射，天文学家们根本无法观测到这些天体；但是，天文学家们可以测量到这些物质的引力效应并对它们进行量化研究。天文学家们把具备上述特征的宇宙物质称为暗物质，暗物质最初被称为缺失质量。正如它最初的名字所暗示的，这种物质只能通过引力效应被人类所发现。

瑞士天体物理学家弗里茨·兹威基（Fritz Zwicky）（1898—1974）在1933年研究后发星座的某群星系时，注意到这群星系旋转得如此之快以至于它们本应该早已摆脱彼此之间的引力。因此，他得出结论：这个星群里实际存在的物质数量要远远多于可观测到的星系的数量。

兹威基通过观测结果推断：在这个星群的内部，可以观测到的物质只占整个星群质量的 1/10 左右。这个星群的质量足以产生相当强的引力，从而把这些星系紧密地结合在一起。接下来，他把更多的注意力放在对宇宙质量缺失问题的研究上。当代天文学家们把这个不解之谜称为暗物质问题。兹威基和其他科学家通过研究特定星群内的不同星系的运转速度得出结论：宇宙中绝大多数的质量是以看不见的物质的形式存在的，这种看不见的物质也被称为暗物质。

人们还通过对不同星系（包括银河系在内）的旋转速度进行认真的无线电天文学研究，找到了能够证明暗物质存在的第二类直接天文观测证据。天文学家们发现：绝大多数的星系看起来都被一个巨大的星云（或星系光环）所包围。这个星云里包含的物质会产生引力，但它们不会释放出能被观测到的辐射。这些研究还发现：星云的绝大多数质量集中在它的光环内部，这个光环的直径相当于可观测到的星云的直径的 10 倍左右。银河系是一个体积巨大的螺旋形星系，它包含了 1 000 亿颗恒星。观测结果显示：银河系被一个由暗物质构成的光环所包围，这个光环大约向外延伸 75 万光年。据估计，这个由暗物质构成的光环的质量比银河系内所有可观测到的恒星的质量总和大约多 10 倍。然而，关于这个光环具体是由什么物质构成的，至今还是天文研究领域内的一个谜。通过对银河系进行相关研究，天体物理学家们得出结论：如果现在流行的创世大爆炸理论是正确的，那么星系光环内所包含的物质将占整个宇宙总质量的 90% 左右。

关于暗物质究竟是什么，在科学界内部存在较大的分歧。不过，这一点并不让人感到意外。由于对暗物质问题产生了分歧，现代天文学思想领域内出现了两大流派：一种流派认为暗物质是由巨大而紧凑的光环物质（MACHOs）构成的；另一种流派认为暗物质是由相互作用较弱的巨型粒子（WIMPs）构成的。

第一组科学家认为暗物质是由被称为 MACHO 的物质构成的，MACHO 代表巨大而紧凑的光环物质。天文学家们认为：这些光环物质实际上是非常普通的物质，不过它们目前还没有被人类发现。这些没有被人类发现的普通物质是由如同中子和质子这样的重微粒（即重子）构成的。褐矮星是 MACHO 的一种候选天体，MACHO 理论的提出非常有助于破解宇宙质量缺失的谜团。褐矮星是一种与行星差不多的次级恒星天体，它在物质构成方面与恒星类似。但是，由于褐矮星的质量太小，它的内核部分不会发生热核反应。天文学家们在 1995 年发现了第一个褐矮星的候选天体，那是一颗正在围绕 Gliese 229 红矮星运行的体积很小的伴星。白矮星也是暗物质的候选天体。白矮星的质量也非常小，所以它们也很难被人类所发现。天文学家们在利用高级的天文观测技术对白矮星进行观测时，可以利用它们的引力效应为它们成像。观测数据显示：在宇宙的暗物质当中，大约有一半是质量较小的白矮星（本书的第 12 章将讨论如何利用引力效应为天体成像）。宇宙中的黑洞，特别是那些在创世大爆炸刚刚结束的那段时间内形成的原始黑洞，也是 MACHO 的候选天体。

第二组科学家认为暗物质主要是由来自其他天体的粒子构成的，这些粒子被统称为 WIMPs，WIMP 代表相互作用较弱的巨型粒子，它是一种假设的物质存在形式，它也被称为非重子物质。换句话讲，它不包含像质子和中子这样的重微粒。例如，如果科学家们断定微中子拥有极小但不为零的静止质量，那么这些无处不在且相互作用较弱的基本粒子占宇宙缺失质量的比例将相当大。

一些科学家们认为：我们在判断暗物质的真实本质时，既不能说它完全是由某种物质构成的，也不能说它完全不包含某种物质。在这些天体物理学家们看来，宇宙中的暗物质可能有几种不同的存在形式，这其中既包括位于光环区域内部的低质量恒星和次级恒星天体（MACHOs），也包括位于光环区域外侧的大量 WIMPs。那些低质量恒星和次级恒星天体往往很难被人类所发现。

目前，学界普遍认为：暗物质可能是一些普通而又难以被发现的重子物质，也可能是非重子物质（如可能存在的巨大的微中子），还可能是人们无法预测的化合物，这些化合物既包含重子物质，又包含非重子物质。无论宇宙中的暗物质是以哪一种模式存在于宇宙中，人类目前已经研究过的那些可观测到的天体还不足以解释创世大爆炸的宇宙建立模式，这些天体的质量仅仅相当于创世大爆炸时所有天体质量总和的 10%。对于宇宙学家和天体物理学家来讲，揭开暗物质的神秘面纱仍然是他们在 21 世纪要面对的一个重要而有趣的挑战。

12

宇宙微波环境下的难题

宇宙学主要研究宇宙的起源、演变及结构。现代宇宙学的研究主要围绕创世大爆炸假说进行。按照这一假说，宇宙是在 140 亿年前的大爆炸中形成的。而且，从那以后宇宙一直在不断地向外扩张。按照科学家们的假设：宇宙的寿命在开放（恒稳态）模式下是无限的，宇宙会永远向外扩张。人们普遍接受的观点是宇宙处于封闭状态，科学家们认为宇宙的质量足以使它的向外扩张最终停下来，并产生足够强的引力使其发生收缩，从而导致宇宙面对最终危机。而在平坦宇宙模式下，宇宙的扩张会渐渐停下来，但是宇宙并没有发生衰变。相反，由于宇宙的张力正好抵消了自身引力产生的收缩力，宇宙达到了一种平衡状态。根据科学家们的假设，宇宙中存在暗物质，这些暗物质会对加速运转的宇宙产生影响力。如果这一假设真的成立，更多与宇宙线性扩张相关的宇宙模式论将陷入理论困境。

直到 20 世纪 90 年代末，相信创世大爆炸的宇宙学家一直认为：在宇宙大爆炸结束以后，只有宇宙自身的引力会影响宇宙的密度和运动方式。虽然科学界对哈勃常量的数值还存在分歧，但是哈勃定律看上去还是正确的。1998 年，天文学家们观测到非常明亮的超新星，这一事实说明宇宙向外扩张的速度实际上在不断加快。这些观测结果在科学界内部引起了不小的震动。引起震动的原因很简单：根据现代宇宙论的理论框架，科学家们以前一直认为宇宙物质间的引力已经使宇宙扩张的速度趋缓。当然，导致宇宙向外扩张的原因还是最初的创世大爆炸。如果宇宙向外扩张的速度真的在加快，那么究竟是什么力量抵消了宇宙物质间的引力？宇宙物质间的引力不但影响面广而且从未间歇过。一些科学家指出，宇宙中可能存在某种能量形式或物质形式，它的总体存在效应是与引力相排斥的。

经过重新设计的爱因斯坦宇宙论常量在科学界又重新流行起来。这一常量在解释宇宙命运的过程中发挥着重要的作用。本章在讨论 21 世纪的科学家是如何评估排斥引力的宇宙常量（建立在量子真空能量理论的基础上）对宇宙理论产生的影响之前，先简要概括一下宇宙论是如何从史前时期的模式发展到当代创世大爆炸理论模式的。

## ◎ 早期的宇宙论

从古代开始，绝大多数的人类社会都对宇宙的形成过程提出了一种或几种解释。这些早期的故事被称为创世神话传说。任何社会的创世神话传说都反映了该社会的文化特征。人们试图通过这些传说(用非专业的语言)向世人解释宇宙的形成过程和发展方向。

公元 2 世纪，托勒密（Ptolemy）将早期希腊天文学的成就进行了加工综合，推导出了当时公认的地球中心说宇宙模式，这一模式也被称为托勒密系统。托勒密还将早期希腊天文学家的观点汇编成书。这些观点包括：地球是宇宙的中心；所有的可见行星（包括水星、金星、火星、木星和土星）围绕地球运行；地球是一个嵌入的水晶球体；那些"固定的"恒星看上去是永恒不变的（从根本上讲它们是不能改变的）；这些恒星会随着季节的更替在天空中缓慢地移动；这些恒星位于土星以外的一个球形天体上。尽管用今天的科学知识来判断，这些观点显得非常滑稽可笑，但是这种宇宙模式在当时的确向人们解释了他们所看到的行星运动。由于没有与之相反的详细科学数据，托勒密的宇宙模式理论在几个世纪里统治着整个科学界。阿拉伯的天文学家接受并发扬了托勒密的理论。

为了保护古希腊天文学家的宇宙理论研究成果，许多阿拉伯天文学家进行了大量的努力。当欧洲的人们走出黑暗的中世纪，进入文艺复兴时期的时候，地球中心说理论也传回了欧洲。西欧的教育传统和文化传统中融入了亚里士多德的经典教义。该教义几乎被人们当成信条，它包括对地球中心说理论的欣然接受。在科学研究方法取得进步（伴随着 17 世纪的科学革命）之前，即使像圣托马斯·阿奎纳（Saint Thomas Aquinas）（约 1225—1274）这样最杰出的中世纪学者也认为没有必要通过反复实验解释自然现象和自然规律，尽管人们可以利用这些自然规律来预测某些化学反应的结果。当时，人们已经学会利用火焰的燃烧和以火药为动力的简易火箭；但是人们无法理解热动力学现象背后的基本原理，人们又怎么可能对看似合理的地球中心说宇宙理论提出质疑呢？

当人们用肉眼观测天空时，天空看上去是一成不变的。当然，人们还在天空中观测到一些可以移动的星星。一旦人类观测到这些星星并掌握了它们的运行规律，它们便被人类用来编制天文历法。古代的天文历法对于人们进行的宗教、文化和经济活动是至关重要的。在绝大多数不断进步的农业社会中，天文历法一直是农民的好朋友，它可以帮助农民判断季节的变化并相应地决定何时种植特定种类的庄稼。托勒密提出的天文系统为农业文明提供了很好的服务。所以，社会发展的经济需求和社会需求并不急于要求理论界对托勒密的观点提出质疑。另外，假如地球在太空中进行快速运行的话，又有什么力量可以阻止人和东西从地球上掉下去呢？显然，认为宇宙是不断旋转的球星天体的观点在当时还很难被人们所接受。倘若在 16 世纪的欧洲，有人提出：地球不仅在空荡荡的宇宙中进行高速运动，而且还要围绕地轴进行自转，他的观点一定会引起绝大多数人的不安。

## ◎哥白尼发起的天文学革命

1543 年，一位叫尼古拉斯·哥白尼的教会官员转变为一名天文学家。他对人们普遍接受的宇宙理论提出了质疑。他出版了一本名为《论天体的演变》（*De Revolutionibus Orbium Coelestiam*）的天文学著作。当这本书正式出版时，哥白尼躺在病榻上已经病入膏肓。不过，他还是大胆地提出：地球并不是宇宙的中心；地球和其他行星一样要围绕太阳运转。按照哥白尼的宇宙论学说，太阳才是宇宙的中心。这样一来，古希腊天文学在天文学界的统治地位被彻底推翻了。在看到哥白尼的著作以后，许多教会的官员感到极度的不安。不过，这本科学著作并没有给天文学研究领域带来任何根本性的改变，这种情况直到 1610 年才发生了变化。从 1610 年起，天文望远镜被普遍应用在天文学研究领域。最杰出的用肉眼进行天文观测的天文学家第谷·布拉赫（Tycho Brahe）重新设计了托勒密的天文理论，不过，他一生都对地球中心说坚信不疑。

在 17 世纪早期进行的科学革命的初始阶段，天文学领域的一系列成就在证明了哥白尼的宇宙理论的同时，也推翻了托勒密的宇宙理论。这些成就包括：天文望远镜的改进，伽利略对木星及其主要卫星进行的细致观测，约翰·开普勒提出的行星运动定律。这些成就不仅为天文研究提供了原始证据，还为天文研究提供了数学工具。哥白尼和他提出的太阳中心说理论标志着现代科学的开端。不过，从亚里士多德的地心说到哥白尼的日心说的转变在世界上还是引起了不小的震动，特别是在欧洲各国的宗教界。当时，由于新教徒进行了宗教改革，欧洲的基督教发生了分裂。任何对基督教的传统教义提出质疑的观点都有可能在宗教界内部引起新的动荡。在此之前，由于人们对基督教的教义持有不同的观点，不仅引发了基督教的分裂，还引发了残酷的战争。所以，如果一个人支持哥白尼的日心说，他一定会成为被全社会控诉的对象。

对支持哥白尼学说的人进行的审判通常会很自然地将这个人的罪名定为宣传异教邪说，这个人有可能被判入狱，也有可能被处死。尽管遇到了这么大的政治阻力和理论阻力，哥白尼的太阳中心说还是被保留下来了，而且在接下来的两个世纪里成为具有统治地位的宇宙理论。科学家们细致地研究了行星围绕太阳进行的周期性运动，他们还研究了月球围绕地球进行的周期性运动。这些研究成果给牛顿带来了灵感，使他在 1680 年左右发现了万有引力定律。这一规律只适用于静止的天体和运行速度非常缓慢的天体。此时，我们通常以光速为参照物来衡量天体的运行速度。直到 20 世纪初，随着广义相对论的提出，人们才发现牛顿提出的动力学原理本身存在某些局限性。

在 18 世纪和 19 世纪，随着数学这门学科以及天文望远镜设备的不断完善，再加上众多科学家的执着努力，牛顿提出的动力学理论和相关宇宙模式达到了自身的极限。当时，有几个问题超出了经典物理学的研究范围，也超出了光学设备的观测能力。例如，宇宙究竟有多大？直到 20 世纪 30 年代，天文学家和宇宙学家都把银河系和宇宙当成一个概念。在天空中有许多小块的气泡状发光体，今天人们把它们叫作星云，而过去的人们一直认为：它们是一些银河系内部的恒星群体，它们超出了当时的天文设备的角分辨率的范围。实际上，少数像伊曼努尔·康德（Immanuel Kant）（1724—1804）这样的科学家已经给出了这个问题的答案。正如 20 世纪初科学家们所发现的那样，这些小块的发光体是被康德称为"岛宇宙"（island universe）的其他星系。那么宇宙的规模到底有多大？根据埃德温·哈伯和其他科学家的观点：宇宙大得令人难以置信，宇宙在不断地向外扩张，它是由数以百万个星系构成的，这些星系明显相互排斥。

## ◎创世大爆炸宇宙论

20 世纪初，两大科学理论的发展为现代宇宙论的提出奠定了基础。其中的第一个理论是阿尔伯特·爱因斯坦在 1915 年提出的广义相对论。爱因斯坦在这项理论中提出假设：时间和空间实际上都受到强烈的引力源的作用。在对 1919 年的一次日食现象进行观测时，科学家们发现：当一颗恒星的光线从太阳的背后经过时，它会产生细微的弯曲，这种弯曲可以被天文观测设备捕捉到。这次天文事件证明：一个质量巨大的天体所产生的引力实际上可以使时空连续体发生弯曲。

在爱因斯坦提出广义相对论以后，他和许多其他的物理学家努力把新的引力动力学理论（也就是时空连续体的弯曲）应用于整个宇宙领域。此时，科学家们需要针对宇宙中的物质分布提出重要的理论假设。这其中最简单的假说是：当观测者从不同的地方对宇宙进行观测时，宇宙看上去是几乎完全一样的。换句话讲，宇宙中的物质是同类等向的，它们平均分布在大范围的宇宙空间内。这一重要假说现在被称为宇宙论原则，它是创世大爆炸理论的第二个理论支柱。像美国国家航空航天局的哈勃太空望远镜这样的太空天文台，为天文学家和天体物理学家提供了更多的机会，使他们在越来越广的范围内观测星系的分布。目前的观测结果还在不断地证明宇宙论原则的合理性。

除此以外，创世大爆炸的残余物给宇宙带来了一定的热量，从而形成了宇宙微波环境。整个宇宙微波环境的温度非常均衡（大约为 2.7 K）。这一事实进一步证明了下面的假说是正确的。科学家们一直认为：宇宙中的这些炙热的原始气体是平均分布的，它们在很久以前曾经释放出微波辐射。

广义相对论（把引力理论和时空连续体的弯曲联系起来）和宇宙论原则（宇宙物质的均匀分布和同一性）构成了创世大爆炸宇宙论的理论基础。它们还使科学家们大胆地推断出宇宙的某些可观测特征。

美国天文学家埃德温·哈勃（Edwin Hubble）完成了第一次证明创世大爆炸宇宙论的重要天文观测。在 20 世纪 20 年代，他对一些弥漫在太空中的星云进行了准确的观测。然后，他提出：这些弥漫的天体实际上是相互独立的星系，它们在不断地远离地球。当然，它们和地球一样，也处于一个巨大的且不断向外扩张的宇宙当中。在越来越完善的天体物理学观测（观测宇宙学和物理宇宙学）和越来越细致的理论研究（理论宇宙学）的基础上，诞生了现代宇宙学。

知识窗

## 宇 宙 论 原 则

宇宙论原则是现代宇宙学的一个假说。根据这个假说，不断向外扩张的宇宙具有同一性和同向性。换句话讲，对宇宙进行观测不存在特殊的观测点。宇宙中任何位置上的观测者都会看到遥远星系的同一衰退现象。宇宙论原则向人们暗示：太空是弯曲的；换句话讲，既然宇宙没有中心，宇宙也不会有边界和表面。

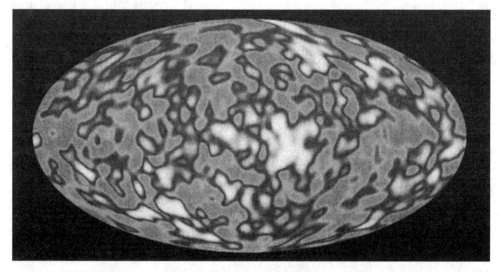

这是一幅全天微波图。它是根据美国国家航空航天局的宇宙背景探测卫星的差动微波辐射计在头两年里收集到的数据绘制而成的。经过电脑的加工处理，地球运动的影响和附近天体的影响已经被排除在外。这幅全天图向人们展示了宇宙的微波环境（CMB）。天空中的亮度在发生一些非等方性的波动。CMB 辐射是创世大爆炸的残留物，亮度的波动是早期宇宙中密度对比的印记。

（美国国家航空航天局，戈达德航天中心）

在 20 世纪 40 年代,俄裔美籍物理学家乔治 · 伽莫夫（George Gamow）（1904—1968）和其他物理学家提出了一种物理模式。在这种模式下，勒梅特提出的原始创世大爆炸理论可以解释某些化学元素是如何产生的。在大量可观测的天体内部，会发生核综合和核聚变的物理过程。在这些过程中，许多化学元素诞生了。根据这一新的宇宙论模式，一些密度极大的天体在诞生的时候会发生巨大的爆炸。在创世大爆炸发生以后，宇宙会快速向外扩张，物质就是在这一过程中形成的。在宇宙中存在大量的氦和氢，这些较轻化学元素的存在恰恰证实了创世大爆炸理论的正确性。上面提到的较轻化学元素是在创世大爆炸发生几分钟以后由质子和中子转变而来的。

"big bang" 这一短语最初是一些不支持创世大爆炸理论的科学家用来讽刺该理

论的一种称谓。这些科学家认为宇宙的状态是非常稳定的，他们还认为宇宙既没有开端也没有结束。宇宙中的物质在源源不断地产生，并被不断扩张的星系所吸收。创世大爆炸的英文名字拥有一个非常可笑的起源，但是，这个称谓和它所代表的宇宙论模式不仅被保留下来，而且得到了普遍的认同。

在整个 20 世纪里，天体物理学领域的发现一次次证明了创世大爆炸理论的正确性。按照创世大爆炸理论，宇宙是在 140 亿年前的大爆炸中形成的。这一大爆炸也被称为最初奇点。从此以后，宇宙一直在不断地向外扩张。物理学家们把奇点定义为密度无限大而半径为零的点。

1964 年，阿诺 · 艾伦 · 彭齐亚斯（Arno Allen Penzias）（1933—　）和罗伯特 · 伍德洛 · 威尔逊（Robert Woodrow Wilson）（1936—　）发现了宇宙微波背景。他们获得的原始观测证据证明：在宇宙历史的早期，宇宙的温度曾经在一个阶段内升高到很高的温度。一些近代的太空天文台（如美国国家航空航天局的宇宙背景探测卫星和威尔金森微波各向异性探测器）提供的详细科学数据不仅证实了创世大爆炸宇宙论模式，而且还针对这一宇宙论模式提出了许多有趣的问题。研究宇宙论的科学家们不得不对下面的问题做出解释。这个问题就是：星系的块状结构是如何在创世大爆炸这一天文事件中产生的？在创世大爆炸发生以前，宇宙中的物质是均匀同类的。

---

**知识窗**

## 威尔金森微波各向异性探测器（WMAP）

美国国家航空航天局的威尔金森微波各向异性探测器（WMAP）是用来研究宇宙的几何特征、组成物质和演变历史的。WMAP 通过研究宇宙微波背景（cosmic microwave background, CMB）下的温度各向异性，绘制出分辨率极高的全天图。该航天器的轨道选择、天空扫描策略和实验设备的设计都取决于它的科学研究目标。利用 WMAP 的观测数据绘制而成的 CMB 全天图在敏感度方面相当于美国国家航空航天局的宇宙背景探测卫星的 45 倍，在角分辨率方面相当于 COBE 的 33 倍。

1992 年，美国国家航空航天局的 COBE 卫星探测到宇宙微波环境的微小变化，这一变化也被称为各向异性。

这个航天器还发现：太空的一个地区的 CMB 辐射温度是 2.725 1 K，而另一个地区的 CMB 辐射温度是 2.724 9 K。这种温度的改变与早期宇宙的物质密度变化有关。所以，通过研究这种变化，我们可以发现早期宇宙在形成过程中的最初形态，例如，星系、星团和太空真空状态。COBE 航天器在进行天文观测时的角分辨率为 7°。这意味着它所观测到的天体在体积方面要比月球的 14 倍还多。在角分辨率方面的限制使 COBE 航天器只对较大天体在宇宙微波环境内的明显变化非常敏感。

美国国家航空航天局在 2001 年 6 月将威尔金森微波各向异性探测器发射升空。这一航天器根据宇宙微波环境内的温度改变绘制出多张全天图。WMAP 在角分辨率、灵敏度和准确性方面要远远高于 COBE。WMAP 对宇宙微波环境下的天体变化进行了更加细致的研究。通过研究获得的新信息为解答宇宙学的一些疑难问题带来了曙光。

WMAP 在 2001 年 6 月 30 日在佛罗里达州卡纳维拉尔角空军基地被德尔塔 II 型火箭发射升空，然后进入了利萨如运行轨道，这一运行轨道大约位于太阳和地球之间的第二个拉格朗

美国国家航空航天局的威尔金森微波各向异性探测器。

（美国国家航空航天局）

日点（L2），它比月球运行轨道要远 4 倍多，它与地球之间的距离为 150 万千米。利萨如运行轨道是由于一颗卫星围绕共线平衡点运行而形成的，共线平衡点一般出现在由两个天体构成的星系内。对于一颗卫星而言，为了保持自己的位置，要消耗一定的动量。卫星在利萨如运行轨道内所消耗的动量要少于在晕轨道内所消耗的动量。当卫星在晕轨道运行时，它要围绕平衡点沿着圆形轨迹或椭圆轨迹进行运行。

WMAP 可以在至少 4 年的时间内，为人类收集高质量的科学数据。这些数据主要涉及宇宙微波环境下的各向异性现象和温度的改变。WMAP

航天器可以在 5 个频率为宇宙微波环境成像。这 5 个频率分别是: 23 GHz（K 波段）,33 GHz（Ka 波段）,41 GHz（Q 波段）,61 GHz（V 波段）和 94 GHz（W 波段）。WMAP 所观测到的宇宙微波环境下的辐射是宇宙中历史最久远的光线，这些光线大约已经在宇宙中穿行了 140 亿年。

创世大爆炸理论提出的宇宙扩张模式把现代宇宙学与量子引力现象联系起来。科学家们认为在宇宙诞生的短暂瞬间内量子引力现象一直在发挥作用。根据宇宙扩张模式：早期的宇宙扩张得非常快，以至于原始创世爆炸理论中假设的物质均匀同质性是不可能存在的。当然，宇宙扩张理论也在不断地完善当中。不过，这一理论可以帮助科学家们解释为什么在近代天文观测结果与传统创世大爆炸学说之间存在不一致的地方。在 21 世纪里，创世大爆炸学说还将继续完善。更加高级的天文台将为人类提供新的宇宙观测数据，透过这些数据，人们还可以了解宇宙的演变进程和最终命运。

## ◎21世纪的宇宙论

在 20 世纪 90 年代末，两组天体物理学家分别对明亮而罕见的超新星进行了观测，之后他们又分别发表了同样的声明，他们一致认为宇宙扩张的速度在加快。从那以后，其他科学家注意收集更多的证据来证明宇宙加速理论。科学家们试图解释宇宙加速现象的成因和本质。现代宇宙学家们不得不谨慎地重新审视爱因斯坦提出的宇宙常数，他们更乐意接受引力排斥理论的新版本。引力排斥理论起源于对量子真空能量的研究，现代天文观测的有关数据还为量子物理学的发展指明了方向。同时，他们还帮助科学家理解了自然界中的基本力量以及引力与量子动力学之间的内在联系。

宇宙常量理论的提出大大地加强了天文学理论与天文观测实践之间的一致性。有趣的是，近来一些科学家正在研究宇宙在过去的几十亿年里到底扩张到什么程度。在创世大爆炸宇宙论的理论框架下，以前科学家们一直认为：物质的引力使宇宙扩张的速度放慢下来。然而，如果宇宙加速扩张是事实的话，科学家们还需设法解释这一现象背后的成因。宇宙学专家们必须认真地考虑一下：宇宙中是否包含一种奇异的物质或能量，它会产生引力排斥作用。建立在量子真空能量理论基础上的宇宙常量的概念可能是其中的一种解释方法。不过，为了合理地推断出不断扩张的宇宙的最终命运，研究创世大爆炸宇宙论的专家们还要进行大量的相关研究。

## ◎宇宙的命运

宇宙学的重要任务之一是预测宇宙的最终命运。在开放宇宙论模式（认为宇宙的状态是稳定的）下，科学家们提出假设：宇宙是无限的，它会永远地扩张下去。相反，在闭合宇宙论模式下，科学家们提出假设：由于宇宙具有足够大的质量，总有一天它会停止扩张，并且由于星系间的相互吸引开始收缩。这一收缩现象将会不停地继续下去，直到宇宙的整个质量被压缩成一个奇点。这时，"大坍缩"现象发生了。一些支持闭合宇宙论模式的专家认为：在宇宙发生"大坍缩"以后，它会经历一次新的大爆炸（也就是另一次创世大爆炸）。这一假说的提出意味着一种新的宇宙模式论的建立。根据这一理论：宇宙在出现和消失之间无限循环。换句话讲，宇宙在"大爆炸"和"大坍缩"之间无限地循环着。这样一来，就形成了一种震荡波动的宇宙模式。有的科学家提出了第五元素的概念，第五元素是暗物质的一种。这一概念的提出，可以帮助科学家们解释为什么宇宙在加速扩张。有的科学家认为：当宇宙中不存在任何引力时，宇宙的存在变得毫无价值。这种理论与关于第五元素的理论似乎存在一定的矛盾。

在创世大爆炸理论模式下，天体的运动完全取决于引力的作用，宇宙的最终命运取决于宇宙所包含的物质的总量。那么，宇宙包含的物质总量能够扭转宇宙扩张的趋势并导致宇宙闭合状态的出现吗？天体物理学家对所有可观测的发光天体进行的测量表明：宇宙包含的物质总量只相当于导致宇宙闭合状态出现的物质总量的1/10左右（或不足1/10）。那么，缺失的质量（暗物质）到哪里去了？这是一个让现代科学家们长期以来一直感到困惑的问题。

---

**知识窗** ●

### 暗　物　质

　　暗物质（dark energy）是当前天体物理学家和宇宙学家在提及一个假定且未知的宇宙力量场时经常使用的名字。他们认为这个力量场是各星系加速扩张的原动力。埃德温·哈勃于 1929 年最先提出了宇宙扩张的理论。他指出：一些遥远星系发出的光，主要位于多普勒位移波长的范围内。这一观测结果表明：这些星系正在远离地球，它们的速度与它们和地球间的距离成正比。上述通过实证研究得出的假说被称为哈勃定律。在数学上，这一关系可以表述为：$V = H_0 \times D$。在这里，$V$ 代表遥远星系的远离速度，$H_0$ 代表哈勃常数，$D$ 是该星系与地球之间的距离。

在 20 世纪 90 年代后期，科学家们系统地研究了遥远的 I 型（碳爆炸）超新星。同时，他们发现：这些遥远天体的远离速度（即天体的红移现象）不但没有减慢（如果宇宙动力学把引力作为唯一发挥作用的宇宙力量，那么我们很容易得出天体远离运动趋缓的结论），反而越来越快。这种状态让我们感觉到：有一种未知的力量抵消了引力的作用。如此惊人的观测结果与传统的宇宙扩张模式理论相矛盾。按照传统的创世大爆炸理论，不断扩张的宇宙中只有引力在发挥作用。尽管最初在科学界内部引起了激烈的抵触，这些令人疑惑的观测结果最终还是被科学家们所接受。这些观测数据表明：宇宙扩张的速度在加快。这一富有戏剧性的结论，就像七十多年前哈勃最先提出宇宙扩张理论时那样，在科学界引起了巨大的震动。

但究竟是什么引起了宇宙扩张的明显加速呢？宇宙学家们现在还没有给出一个令人满意的答复。一些科学家在重新审视阿尔伯特·爱因斯坦引进的宇宙常数概念。当时，爱因斯坦将宇宙常数的概念引入了广义相对论，这主要是为了通过该理论来描述静态的宇宙。爱因斯坦提出：在空荡荡的宇宙中有一种神秘的力量，它能平衡甚至抵消引力的作用。不过，爱因斯坦很快又决定放弃这个理论。事实上，爱因斯坦曾经把关于宇宙恒量的理论看作是自己一生中"最大的错误"。虽然如此，当代物理学家正在重新审视爱因斯坦提出的这一理论。他们同时指出：宇宙中可能有一种具有真空压力的力量（这是科学家们对宇宙恒量的最新称谓），它们与空荡荡的太空密切相关，但是它们只有在形成一定的规模以后才会发挥其影响力。所以，我们在研究宇宙大爆炸后的最初阶段时，可以将这种神秘的力量忽略不计；不过，从现在开始，它已逐渐显现出自己的力量，并成为天体动力学的主要动力因素。换句话讲，它将影响到当前宇宙的扩张速度。这种神秘的力量既不能被人类已知的物理定律所应用，又不能从这些理论中得到合理的解释。总之，科学家们还不能明确地解释出这种能够抵消引力的神秘力量究竟是什么。

今日的科学家们不得不面对各种不同的宇宙论模式。通过提出新的宇宙论模式，科学家们希望宇宙理论能够与那些具有挑战性的最新天文观测数据协调一致。为了便于研究，物理学家们使用暗物质这一有趣的名字来命名这种不可思议的宇宙力量。正是这种力量使宇宙发生了加速运动。暗物质看起来与物质和辐射没有任何关联。那么，它的存在究竟意味着什么呢？一方面，宇宙加速扩张的程度可以说明：宇宙中暗物质的能量实际上已经远远超过了其他宇宙物质（包括发光物质和不发光物质）的能量总和。这些在能量上具有绝对优势的暗物质（尚未得到科学的证明）将保证宇宙永远扩张下去，这是因为暗物质产生的力量足以与宇宙中的引力相抗衡。

宇宙学家在研究宇宙的质量时，经常会引入密度参数（符号为 $\Omega$）。这是一个不考虑长宽高等维度的参数，它代表了宇宙的实际平均密度与关键物质密度之间的比例。换句话讲，它代表了足以使引力阻止宇宙扩张的宇宙物质的平均密度。当然，这时我们要把宇宙看作一个整体来研究。根据科学家们目前的估算：关键物质的密度为每立方米 $8 \times 10^{-27}$ 千克。得出这一数据的假设前提是：哈勃常量（$H_0$）的数值大约为 71.7 km/（s–Mpc）；引力是能够影响宇宙扩张运动的唯一力量。如果宇宙的质量没有达到足够的数值（换句话讲，如果 $\Omega < 1$），宇宙将永远扩张下去。反之，如果 $\Omega > 1$，宇宙具有足够的质量去阻止自身的扩张过程。同时，宇宙会由于引力的作用而向内收缩。当关键物质的密度恰好合适时（也就是 $\Omega=1$ 时），宇宙处于平衡状态。换句话讲，向外的张力与向内的引力正好抵消。在这种平坦宇宙论模式下，宇宙的向外扩张会停止，但宇宙不会发生衰变。

今天，许多宇宙学家认为，在承认创世大爆炸假说的基础上，人们还应该接受宇宙膨胀理论，并支持宇宙平衡的宿命。换句话讲，宇宙的诞生模式应该是复合爆炸式。那些尚未探明的神秘能量源帮助宇宙克服了引力的作用，并使宇宙加速扩张。为了揭开这种神秘力量的面纱，宇宙学家们还需付出更多的努力。这一问题的答案

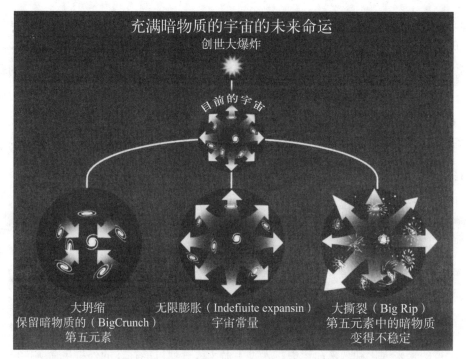

这幅插图向人们揭示了宇宙未来命运的三种可能性。当然这几种可能性都是以创世大爆炸的宇宙理论和暗物质对宇宙扩张的影响力为前提。 如果宇宙发生大坍缩，它就会最终衰变为一个奇点；宇宙也可能会以不确定的方式进行扩张；宇宙还有可能发生大规模的分裂，在这种情况下，宇宙已经完全摆脱了引力的束缚，并开始向外分裂。第五元素是一种假设的暗物质，人们可以用它来揭示宇宙加速扩张的过程。

（美国国家航空航天局和太空望远镜科学院的菲尔德）

可能与量子引力有关。由于虚构的粒子与反粒子的成对出现和消失，产生了量子真空能量。

## ◎意识和宇宙

当我们研究宇宙的历史时，我们发现宇宙的发展过程或多或少具有线性的特征。研究宇宙的线性发展史也被称为研究宇宙的进化脚本。换句话讲，我们把星系、恒星、重元素、生命、智慧生命、科学技术和宇宙的未来联系起来，对宇宙形成更加宏观的认识。这种方法在进行哲学宇宙学和理论宇宙学的相关研究时非常有用。

地外生物学家对研究生命［特别是智慧生命（体）和意识］产生于原始物质的过程非常感兴趣。众所周知，星系、恒星和行星也是产生于这些原始物质。科学家们利用这种方法来进行宇宙论研究，并提出了一些有趣的概念，例如活宇宙、有意识的宇宙和会思考的宇宙。人类及其意识的进化是宇宙中所有物质变化的终极形式吗？人类是宇宙进化过程的独特副产品吗？也许在创世大爆炸发生以后，宇宙的最大进化成绩就是人类的诞生。如果前一个问题的假设前提是正确的，那么宇宙中应该充满了生命，也包括高级生命形式。如果后一个问题的假设前提是正确的，那么人类在浩瀚的宇宙中将是非常孤独的。如果人类是宇宙中唯一能够对宇宙进行观测的生命形式，人类将命中注定要去其他恒星探险并把生命和意识带到那里。也许，在这些星球上已经存在一些可能产生生命和意识的物质。

直到近些年，绝大多数的科学家都不愿意把具有意识的生命形式同宇宙论模式联系起来。他们更不愿意提出物质会思考问题的假设。在适宜的宇宙环境里，诞生了一些特殊的生命物质，他们不仅会思考问题，还会审视自身和周围的环境。在当代宇宙学中，人类原则是一种有趣且争议颇多的假说。按照这一理论，宇宙在创世大爆炸发生以后的进化模式非常有利于地球生命（特别是高级生命形式）的进化。在宇宙的未来进化和未来命运中，人类生命（或其他可能存在的外星生命）能够发挥一定的作用吗？科学家和许多民间组织认为，哥白尼提出的假说在 16 世纪和 17 世纪激活了人类的智慧。同理，由于宇宙恒量的重新使用以及科学家在人类原则中大胆提出的假说，宇宙学家们在 21 世纪的一段时间里将会变得格外忙碌。

## ◎引力

引力这种自然界中的力量是我们在日常生活中都亲身体验过的力量，它已经被证明是自然界中最神秘且最有趣的现象。在经典物理学理论中，牛顿的万有引力定律将引力定义为两个质量相互吸引的力量。引力通常指向质量中心的连线方向。它的量值与两个质量中心间的距离的平方成反比。根据牛顿的引力定律，所有的质量都会借助一种看不见的力量相互吸引。所以，这种力量被称为引力。引力是物质的内在特性，它与物质的质量成正比。在太阳系中，太阳在很大的范围内利用引力吸引质量较小的天体，使它们围绕太阳运行。这些质量较小的天体包括行星、彗星和小行星。

20 世纪初，阿尔伯特·爱因斯坦发现：在牛顿提出的万有引力定律和他于 1905 年提出的狭义相对论之间存在着某些矛盾。根据狭义相对论，光速被假设为宇宙中所有能量的速度极限。不管是何种形式的能量，它在宇宙中的运行速度不可能超过每秒 30 万千米。然而，根据牛顿的理论，太阳在瞬间向行星传递引力的速度要超过光的速度。爱因斯坦开始考虑引力是否是唯一可以在宇宙中穿行的力量。他还考虑到另外一种可能性，那就是不同质量由于其他的原因发生了相互作用。

1916 年，爱因斯坦又提出了广义相对论。牛顿的经典理论认为：在宇宙空间，除了控制物质运动的无形引力以外，什么也没有。根据广义相对论，宇宙是一个短暂的时空结构（时空连续体），它会吸引物质或包容物质，并决定物质在宇宙中的运行方向。

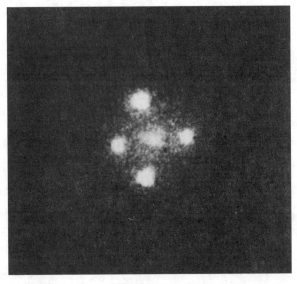

1990 年，美国国家航空航天局的哈勃太空望远镜拍摄到经过引力透镜作用而形成的 G2237+0305 的详细图像（也被称为"爱因斯坦十字架"）。这次拍摄是利用该航天器携带的专门拍摄黯淡天体的摄像机拍摄的，该摄像机是由欧洲航天局研制的。这幅图像清晰地向人们展示了由于引力透镜作用产生的有趣的光学错觉。我们在图中看到的是同一个类星体的 4 个图像，它们是由于较近的星系（中间的图像）的引力透镜作用而形成的。靠上的图像与靠下的图像的角距为 1.6 角秒。

（美国国家航空航天局／欧洲宇航局）

根据爱因斯坦提出的假设，这一时空结构覆盖了整个宇宙范围，并把宇宙中所有的物质和能量紧密地联系起来。

从理论上讲，当质量位于时空结构的内部时，它会使时空结构本身发生变形，也就是改变空间的形状并改变位于空间周围的时间的流逝。为了更好地理解时空结构，我们可以进行下面的想象：将一块结实且富有弹性的胶皮展开，形成一个平面，在胶皮上面放置一个类似垒球的物体，该球形物体会导致胶皮的弯曲。同样，在爱因斯坦的广义相对论中，质量会导致时空结构的弯曲。物体的质量越大，它在时空结构表面留下的痕迹越深。

至于太阳，根据爱因斯坦的推测，由于它的质量比较大，时空结构会在它的周围形成曲线，并在时空的表面形成"凹陷区域"。在行星、小行星和彗星围绕时空结构进行运行时，它们会遇到这个凹陷区域。这时，它们会沿着曲线在时空的表面运行。

只要行星的运行速度不减慢，它们就会在围绕太阳运行时维持原有的运行轨道。它们既不会靠近太阳，也不会远离太阳。

爱因斯坦的引力理论引发了大量的科学讨论，也带来了大量的科学概念和科学挑战。例如，引力子是现代物理学家在量子引力理论中假设的基本微粒。它所起的作用类似于光子在量子电动力学领域所起的作用。虽然天文观测还没有为人类提供直接的物理证据来证明引力子的存在，但是爱因斯坦早在 1915 年就预测出具有引力能量的量子（或粒子）的存在。当时，他的广义相对论已经开始形成。同样的道理，在现代物理学领域内，引力波类似于电磁波，任何在短时间内加速的物质都会以电磁波的形式释放出引力辐射，其速度可以达到光的速度。

物理学家们在不断地研究爱因斯坦的广义相对论。他们目前正在研究的相关课题是：质量较重的天体在运行时是否沿着时空连续体的表面运动。为了解答这个有

这幅图是根据钱德拉 X 射线天文台对 RX J0806.3+1527（或 J0806）的观测数据加工而成的。这个天体的 X 射线强度变化周期为 321.5 秒。这意味着 J0806 是一个二元星系，在这个系统内两个白矮星如图所示相互绕行。由于这两颗恒星的距离非常近（只有大约 80 450 千米），它们每小时要多运行 160 万千米。按照爱因斯坦提出的广义相对论，这个二元星系会产生引力波，并通过这种形式在时空结构中以光速携带能量进行运行。

（美国国家航空航天局）

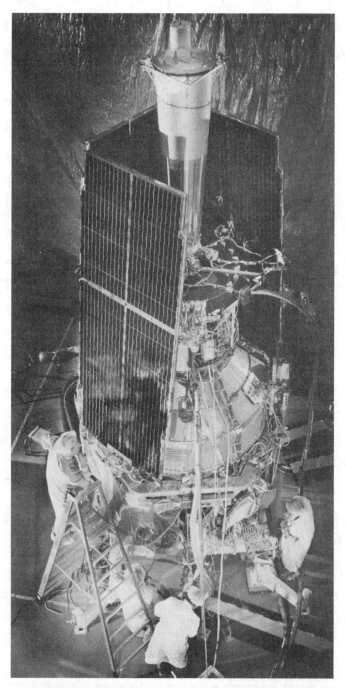

加利福尼亚州范登堡空军基地的航天技术人员正在检查 B 型引力探测器，这个航天器在 2004 年 4 月 20 日成功发射。

（美国国家航空航天局）

趣的问题，美国国家航空航天局特意建造了一个被称为 B 型引力探测器（Gravity Probe B）的运行航天器。这个航天器在 2004 年 4 月 20 日被德尔塔 II 型火箭从范登堡空军基地发射升空。这个科学探测航天器是由斯坦福大学为美国国家航空航天局研制的。这个实验设备从根本上讲是用来验证相对论的陀螺仪。根据最初的设计，它主要被用于证实爱因斯坦在广义相对论中提出的两个与众不同的预言。

B 型引力探测器的试验目标是：准确测量 4 个陀螺仪的旋转轴的细微变化。这颗卫星在位于地球两极上空 640 千米处的轨道内进行运行。由于这些特制的陀螺仪可以摆脱地球的干扰，它们可以为我们提供近乎完美的时空参照系统。它们使科学家们可以测量由于地球的存在使时空结构发生弯曲的程度。B 型引力探测器更加深远的科研意义在于：它使科学家们可以测量地球旋转对时空结构的拉伸程度。这些广义相对论效应一旦被实验证实，它们对科学家未来研究物质的本质和宇宙的结构，必将产生意义深远的影响。美国国家航空航天局在 2006 年底公布了 B 型引力探测器的科研成果。

## ◎黑洞

在天文学和天体物理学领域内最有趣的天体之一是黑洞。从本质上讲，黑洞是一种引力已经衰退的天体。包括光线、物质和信号在内的任何事物无法从黑洞中逃脱。

天体物理学家们推测：恒星黑洞是巨星衰变和消亡的自然产物。如果消亡恒星的内核在发生燃烧以后仍然拥有相当于太阳 3 倍或更多的质量，任何已知的力量都无法阻止该内核在时空结构的表面形成极深的（从根本上讲是无限的）引力变形区域。这一区域就是所谓的黑洞。在白矮星和中子星的形成过程中，衰变巨星的密度和引力会由于引力收缩作用而增加。在这种情况下，由于衰变恒星的质量较大，它所产生的引力是中子星都无法抵挡的。这样，令人难以置信的奇点（密度极高的点质量）就形成了。物理学家们把奇点定义为半径为零且密度无限的点，换句话讲，它是时空结构被无限扭曲的点。从根本上讲，黑洞是被天体事件区域所包围的奇点，在这一区域内，由于引力的强大，任何物质都无法逃脱。

既然任何光线和辐射都无法从黑洞中逃脱，那么就没有人能够了解黑洞内部发生的天体过程。无论如何，科学家们一直在努力研究黑洞。他们不仅对黑洞的理论特性提出了假设，还在可观测的宇宙范围内观测天体的摄动。他们进一步推断：那些具备了上述理论特性的巨大无形天体很有可能导致这样的摄动。例如，当我们在地球上注意到在某个安静且光线黯淡的池塘水面泛起了一缕涟漪时，我们马上会猜想：在水面以下一定有一条大鱼。同理，天体物理学家们通过对可观测宇宙区域内的种种现象进行观测，论证了自己关于黑洞的理论预言。

当科学家提出了神秘的黑洞这一概念时，专业人士和非专业人士都获得了更大的发挥想象力的空间。像钱德拉 X 射线天文台这样的太空天文台已经收集了大量与黑洞有关的数据。黑洞已经不再是纯理论研究的课题，而成为观测天文学的主要课题。越来越多的证据表明：宇宙中不仅存在黑洞，而且存在超级巨大的黑洞，被称为超大质量黑洞（或超重黑洞）。它们包含的质量相当于太阳的几百万倍或几十亿倍，它们就像潜伏在巨大星系核心区域内的宇宙怪物一样。

那么，黑洞的概念又是如何形成的呢？第一位发表关于黑洞的论文的是约翰·米切尔（John Michell）（1724—1793）。约翰·米切尔除了是英国的地质学家和天文学家以外，还是一位牧师。他在 1784 年发表的论文中指出：光线不可能逃离质量巨大的恒星（当时，人们错误地认为：根据牛顿的万有引力定律，这些光线是由微粒物质构成的，而这些微粒物质根本无法摆脱引力的影响）。作为一名优秀的天文学家，米切尔不仅成功地研究了二元星系的构成，还在一篇论文中提出：虽然构成光线的粒子无法逃离质量巨大的天体，但科学家们可以通过观测它们对附近天体的引力影响来推断它们的存在。法国数学家和天文学家皮埃尔-西蒙·拉普拉斯侯爵（Pierre-Simon, de'Laplace）（1749—1827）于 18 世纪 90 年代末提出了类似的概念。拉普拉斯认为：根据牛顿的引力定律，如果天体的质量足够大，它所产生的引力足以防止任何光线从天体的表面逃跑。然而，无论是拉普拉斯还是米切尔，都没有用黑洞这一术语来描述他们所假设的巨型天体。这一术语直到 1967 年才成为天体物理学家所使用的词语。美国物理学家约翰·阿奇博尔德·惠勒（John Archibald Wheeler）（1911—2008）在 1967 年首次提出了黑洞的概念。18 世纪的这两位科学家所提出的黑洞假说在研究方向上是正确的，但是在物理学原理方面是不完整和不准确的。

在一个多世纪后，物理学领域出现了真正的突破，爱因斯坦提出了相对论理论。与牛顿不同的是，爱因斯坦认为：引力这一概念与时空结构的扭曲有关。正如爱因斯坦所指出的那样：天体的质量越大，它使时空连续体发生扭曲的能力也越大。

爱因斯坦在 1915 年提出了相对论。不久，德国天文学家卡尔·史瓦西（Karl

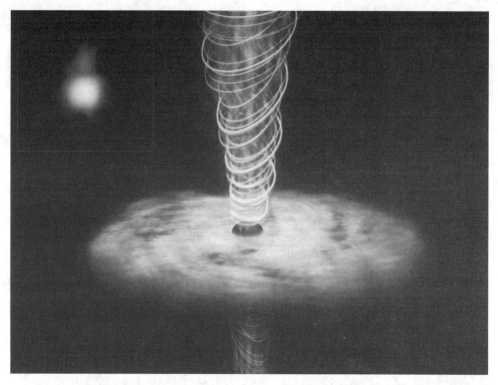

　　我们在图中看到的是类星体 GB1508+5714。它是人类迄今为止所发现的最遥远的 X 射线流。钱德拉 X 射线天文台在 2003 年拍摄到了这个类星体的图片（左边嵌入的图片）。我们从该图片了解到：为 GB1508+5714 这个类星体提供能量的是一个超大质量黑洞。这个黑洞产生了一股高能粒子流，这股粒子流在太空中穿行了 10 万光年。这个 X 射线流距离地球 120 亿光年，它是迄今为止人类所探测到的最遥远的射线流。

（美国国家航空航天局）

Schwarzschild）根据爱因斯坦提出的广义相对论公式得出了下面的结论：宇宙中存在密度极大的天体，其他天体可能会掉入其中，但是这些天体却无法从中逃脱。1916 年，史瓦西提出了描述黑洞的基本公式，还为这些密度极大的巨型天体计算出视界的面积，也就是天体无法逃脱的边界。为了纪念史瓦西，科学界将视界的维度命名为史瓦西半径。

　　视界的概念向人们暗示：在这一范围内发生的天体事件无法被处于该范围之外的观测者所观测到。然而，视界并不是一个具有物理学意义的平面。相反，它代表一个与普通时空截然分开的特殊区域的起点。虽然科学家们无法越过视界观测黑洞内部的情况，但是他们相信时间在黑洞的内部也会停滞下来。

在视界的内部，物质的逃离速度要超过光速，但是物质无论如何也无法逃离视界。大家需要牢记的是：视界不是一个物质平面，而是对物质无法逃脱的地点的数学定义方式。在这一地点，物质与外界之间的通信联系彻底中断。在视界的内部，人类所掌握的物理学规律无法被应用。一旦物质越过了这个边界，它就会变成无限小的点。这个点就是我们在前面提到过的奇点，奇点也是一个数学定义。所以科学家们无法对它们进行观测、测量和测试。科学家们对黑洞的一点点了解，是通过研究它对视界外围环境的影响而获得的。21世纪，那些观测能力更强的太空天文台将在电磁光谱的全部区域内对太空进行研究。所以，科学家们将会总结出更加完善的黑洞理论模式。

黑洞的质量决定了视界的延伸范围。黑洞的质量越大，视界的延伸范围越广。如果一个黑洞的视界包含了一个太阳的质量，它与奇点之间的距离为3千米。这是恒星黑洞的一个典型的例子。在银河系内部，一颗超新星每100年会出现一次或两次。既然银河系拥有10亿年的历史，科学家们得出结论：在银河系的历史上，出现过两亿颗超新星；超新星的出现会伴随着中子星和黑洞的产生。天文学家们已经发现了差不多12颗候选黑洞（它们的质量通常介于太阳质量的3~20倍之间，有时会超过太阳质量的20倍）。科学家们观测到：某些恒星表现得非常不稳定，它们好像受到一些无法观测到的巨型伴星的吸引。观测X射线二元星系是寻找黑洞候选天体的另外一种方法。

与恒星黑洞相比，超级巨大的黑洞的视界包含的质量与1亿个太阳相当。该视界距离奇点3亿千米，也就是地球与太阳之间的距离的2倍。天文学家们怀疑：这些巨大的天体位于许多星系的核心区域。这一理论为科学家们所观测到的奇怪高能天体现象给出了符合逻辑的解释。此前，科学家们一直为找不到合理的解释方法而感到苦恼。没有人确切地知道这些超大质量黑洞到底是怎样形成的。有一种假说认为：几十亿年前，一些（由超新星转变而来的）体积较小的恒星黑洞吞食了旁边的恒星，并最终演变成超大质量黑洞。这些黑洞和恒星都位于体积巨大的星系的核心区域内。

一旦物质越过了视界，就掉入了黑洞当中。这时，只有3方面的物质特征看上去还很重要。它们分别是：总质量、净电荷和总角动量。物理学家们认为：所有的黑洞都拥有一定的质量。在这一前提下，他们提出了4种恒星黑洞基本模式。根据"史瓦西黑洞模式"（1916年正式提出）的理论：黑洞是静止的，它既没有电荷，也没有角动量。根据"来斯纳–诺斯特朗模式（Reissner-Nordström）"（1918 年正式提出）的理论：黑洞拥有电荷，但是没有角动量；换句话讲，黑洞不会旋转。1963 年，新西兰数学家罗伊·帕特里克·克尔（Roy Patrick Kerr）（1934—　）应用广义相对论描述了快速旋转但不带电荷的黑洞的特征。天体物理学家们认为这一模式与"现实中的"黑洞模式最为接近。这是因为形成这些黑洞的巨大恒星应该一直处于旋转的状态。克尔提出的旋转黑洞模式的一个明显特征是：由于黑洞拥有环形结构，所以它的视界也有可能是截然分开的两部分。一些天体物理学家还大胆地提出假设：黑洞（至少在理论上）有可能穿过第二个视界，进入一个新的宇宙或原有宇宙的不同区域。最后一种黑洞理论模式被称为"克尔–纽曼黑洞模式"（Kerr-Newmar），它是在 1965 年正式提出来的。在这种模式下，黑洞既拥有电荷，又拥有角动量。然而，现今的天体物理学家们认为：高速旋转的黑洞不可能拥有极强的电荷。所以，克尔所提出的不带电荷的黑洞模式科学家们更容易接受。他们认为这种模式与"现实中的"恒星黑洞模式更为接近。

人类在天体物理学领域获得的证据表明：像白矮星和中子星这样的密度极大的恒星是确实存在的，这也证明了关于黑洞存在的假说是成立的。科学家们认为黑洞的密度也是极大的。但是科学家们如何能够发现那些令包括光线在内的任何事物都无法逃脱的黑洞呢？天体物理学家们认为他们已经找到了探测黑洞的间接方法。目前研究黑洞的最好方法是研究二元星系内的黑洞候选天体。与太阳不同的是，银河系中的众多恒星（超过 50%）都是二元星系的成员。当某个二元星系内的恒星变成黑洞时，我们无法观测到它们。但是，我们可以观测到它们对伴星产生的引力效应，从而证明了黑洞的存在。一旦超出了视界的范围，黑洞与"普通"宇宙中同质量的其他天体可以产生同样的引力效应。所以，黑洞对伴星所产生的引力效应将会遵循牛顿的万有引力定律。换句话讲，两个天体之间的引力与它们的质量成正比，与它们之间的距离的平方成反比。天体物理学家们还提出这样的假设：被卷入黑洞中的大部分物质经过碰撞、压缩和升温的过程，被转化为 X 射线和伽马射线，这些射线会呈现出一定的电磁光谱特征。当物质被拖入黑洞时，也会放射出 X 射线和伽马射线。不过，一旦被捕获的物质越过了黑洞的视界，人们将再也无法观测到该物质产生的辐射了。

科学家们怀疑在众多二元星系内存在黑洞，这些黑洞表现出明显的捕获物质效应。天文学家们利用钱德拉 X 射线天文台这样的太空天文台发现了几个黑洞的候选天体。最有可能成为黑洞的候选天体被称为天鹅座 X–1，它是天鹅星座内的一个无法观测到的天体。这种命名方法表明：该天体是人类在天鹅星座内发现的第一个 X 射线源。通过研究这个天体释放出的 X 射线，科学家们发现：它们的特征与被卷入黑洞中的物质的特征非常接近。这个物质显然受到了一定的引力的影响，该引力来自于黑洞在二元星系内的伴星，这颗伴星的质量相当于太阳的 30 倍。通过研究黑洞作用于伴星的引力效应，我们推算出黑洞的质量应该大约是太阳的 6 倍。假以时日，巨大的伴星也会衰变成中子星或黑洞。恒星的吞食效应会在很大程度上扩大现有的黑洞视界的范围。

1963 年，荷兰裔美籍天文学家马尔滕·施密特（Maarten Schmidt）（1929—　）对 3C 273 这颗恒星的观测结果进行了分析。他发现了许多令他感到困惑的光学数据和无线电数据。他和他的同事发现了类星体。天文学家们意识到：类星体实际上是位于普通星系内部的活动星系核（AGN）。AGN 星系的内核更为活跃，它们的亮度要远远高于普通星系。AGN 所释放出的能量相当于每隔几年将太阳的质量全部转化成净能量的效果。这些能量覆盖了电磁光谱的全部区域。换句话讲，这些能量的变化范围介于能量较低的无线电波和能量较高的 X 射线和伽马射线之间。另外，这些AGNs 可以在很短的时间内（几小时或几天内）进行能量输出，这说明它们的能量源是高度压缩的物质。恒星本身靠核聚变来提供能量，所以它们不可能产生这么多的能量。即使能量巨大的超新星也不足以产生这么多的能量。令天体物理学家们感到困惑的是：究竟是什么样的天体物理过程能够在几光年的范围内产生相当于一百多个银河系的能量？

令这个宇宙谜团变得更加扑朔迷离的是，一些 AGN 星系会释放出超强的物质流，这些物质流来自于星系的核心区域，它们会飞向太空，它们飞行的距离相当于该星系直径的 100~1 000 倍。科学家们考虑了所有的能量过程，包括上千颗超新星同时发生爆炸的物理过程，并最终得出结论：关于超级巨大的黑洞的理论是最有道理的。虽然黑洞本身并不产生能量，但是掉入黑洞的物质在越过视界以前会释放出大量的能量。所以，我们可以在视界的外围区域观测到 X 射线和伽马射线，这两种射线是能量最高的电磁辐射形式。

被黑洞引力捕获的物质会最终进入黑洞周围的盘状物中。科学家们把这个旋转的高温物质的内部区域叫作吸积盘。如果在恒星黑洞的附近有伴星，该黑洞就会拥有吸积盘。来自伴星的物质被吸收到黑洞周围的轨道内，并形成了吸积盘。吸积盘的直径取决于黑洞的质量。换句话讲，黑洞的质量越大，吸积盘的面积越大。恒星黑洞的吸积盘会从中心区域向外延伸几百千米至几千千米。当然，超级巨大的黑洞的吸积盘的体积会更大，可以达到太阳系的体积。

也许最壮观的吸积盘存在于包含超大质量黑洞的星系内。哈勃太空望远镜为天文学家的这一假说提供了足够的证据。例如，NGC 4261 这个星系是一个椭圆形的星系，它的内核包含了一个体积相当大的吸积盘，该吸积盘是由尘埃和气体构成的。天文学家们认为：黑洞可能潜伏在这个星系的核心区域内。通过对这个星系的内核进行无线电观测，科学家们还发现这个吸积盘的中心会释放出物质流，从而进一步证实了巨大黑洞的存在。

科学家们还不能确切地解释这些物质流的起源和控制因素。黑洞看上去不仅会吞食天体，还会消耗物质，并将残留物释放到太空中。这些物质流极有可能与黑洞的旋转和磁场没有任何联系。无论物质流的实际成因是什么，绝大多数的天文学家都认为：只有黑洞能够产生这么壮观剧烈的天文现象。

科学家们利用哈勃太空望远镜还发现了一个直径为 3 700 光年的吸积盘，这个由尘埃构成的吸积盘正在围绕一个尚未证实的巨大黑洞运行，这个黑洞的质量相当于太阳的 3 亿倍，它位于 NGC 7052 这个椭圆星系的中心区域内。NGC 7052 位于距离地球 1.91 亿光年的狐狸座（Vulpecula）星座内。这个吸积盘被认为是古代星系爆炸的残余物，该残余物可以在几十亿年的时间内被巨大的黑洞完全吸收。哈勃太空望远镜的观测数据还显示：这个吸积盘距离星系的中心 186 光年，它的旋转速率为每秒钟 155 千米。旋转速率可以让科学家们直接衡量超级巨大的黑洞对气体产生的引力效应。尽管这个黑洞的质量是太阳的 3 亿倍，但它的质量仅仅大约相当于 NGC 7052 星系质量总和的 0.05%。在这个由尘埃构成的巨型盘状物的中心有一个亮点，它是众多恒星的光线的复合体，这些恒星由于引力的作用聚集在黑洞的周围。恒星的聚集现象与天体物理学理论模式是一致的。在这种模式下，恒星的命运和中心黑洞的质量紧紧联系在一起。

德国和美国共同研制了 X 射线卫星（Roentgen Satellite，RoSAT。即伦琴卫星）；日本和美国共同研发了高级宇宙学和天体物理学探测卫星（advanced satellite for cosuology and astrophgsics, ASCA）。20 世纪 90 年代，科学家们利用上述两颗卫星传回的科学数据进行科学研究并发现：在 M82 星系内存在一个中等规模的黑洞，这一观测结果在 2000 年 9 月得到进一步证实。当时，天文学家们把钱德拉 X 射线天文台拍摄的高分辨率图像与该区域的光学图像、无线电图像和红外线图像进行了对比。科学家们在研究后得出结论：这种规模的黑洞一定是黑洞复合的产物，因为一颗恒星的衰变不可能导致质量如此巨大的黑洞的产生。由于中等规模的黑洞在质量范围上填补了恒星与超级巨大的黑洞之间的空白，这种黑洞也被称为"缺环"（missing link）黑洞。M82 星系内的"缺环"黑洞不在该星系的绝对中心区域内。相反，那些超级巨大的黑洞都在该星系的绝对中心区域内。不过，这个黑洞离绝对中心区域并不遥远。

黑洞会对视界周围的宇宙环境产生影响，科学家们一直对这种影响力进行细致的光谱研究。这一现代太空天文学的有趣领域吸引了许多科学家的注意力。在未来的几十年里，也许科学家们还会给人类带来许多意外的发现。这些发现会改变当代物理学的发展进程，人类文明的发展进程也会相应地发生改变。

# 13 结语

伽利略在 1610 年发明的简单的光学望远镜在观测天文学领域引发了一场革命。同时，它在科学思想领域也引发了一场革命。这样一来，整个西方文明发生了重大改变。今天科学家们利用各种功能强大的太空天文台在电磁光谱的多个区域内对宇宙进行了详细的研究。现代科学研究实践在很短的时间内发生了史无前例的巨大变化。在很多科技领域的专业人士和非专业人士看来，生活中唯一恒定的就是变化。

　　下面这个例子就足以说明生活中充满了变化：在作者开始撰写本书的时候，天文学家们还认为冥王星这颗卫星只有一颗叫卡戎的卫星（现冥卫一）；不过，当作者即将完成本书的书稿时，天文学家们声称哈勃太空望远镜传回的数据显示：在冥王星这颗冷峻的行星的周围还有两颗体积很小的卫星。这一重大发现在天文学界引发了争论：有的天文学家认为冥王星是九大行星之一；有的天文学家认为冥王星只不过是位于太阳系以外的星际空间的众多天体中的一员，这些天体通常被冰层覆盖，冥王星是其中体积较大的一个天体。尽管冥王星拥有 3 颗卫星，天文学家们还是在 2006 年正式宣布它是一颗矮星。人类在过去几十年内对宇宙的了解要超过在此前的整个人类历史阶段内对宇宙的了解。在这其中，也包括一些奇怪的天体和最剧烈的天文现象。通过太空天文台和科学航天器获得的众多科学发现正以史无前例的速度挖掘着人类的智慧潜能。我们有理由得出下面的结论：太空天文学正以一种人类无法想象的方式影响着人类文明发展的轨迹。

# 大事年表

........................................................................

## ◎约公元前3000年—约公元前1000年

在英国南部的索尔兹伯里平原（Salisbury Plain）伫立着一个巨石阵（它可能是人们为了预测夏至所使用的古代天文学日历）。

## ◎约公元前1300年

埃及天文学家辨别了所有肉眼可观测到的行星（水星、金星、火星、木星和土星），并识别了40多个恒星组合（即星座）。

## ◎约公元前500年

巴比伦人创立了黄道十二宫的概念，此概念后被希腊人引用并加以完善。同时，它还被其他早期人类民族所使用。

## ◎约公元前375年

希腊早期数学家、天文学家欧多克索斯（Eudoxus）开始根据希腊古代神话将星座整理成书。欧多克斯是古希腊克尼多斯学派的代表人物。

## ◎约公元前275年

生活在萨摩斯岛（Samos）的希腊天文学家阿里斯塔克斯（Aristarchus）提出了太阳系这种天文模式。他提出的学说早于现代天文学家尼古拉斯·哥白尼提出的日心说。阿里斯塔克斯在《论太阳和月亮的体积与距离》一书中，详细论述了自己的观点。但当时为了支持由克尼多斯学派的代表人物欧多克斯提出的地心说，世人对他的观点根本不予理睬。另外，地心说理论在当时还得到了亚里士多德的认可。

## ◎约公元前150年

希腊天文学家托勒密完成了著名的《数学汇编》（这部著作后来被阿拉伯天文学家和学者们称为《天文学大成》），这是一本总结古代天文学家掌握的全部天文知识的重要著作。书中提出了主导西方科学界1 500多年的地球中心说理论模式。

## ◎约公元前129年

生活在尼西亚的希腊天文学家希帕克（Hipparcos）完成了对850颗恒星的目录编撰。17世纪以前，这本目录一直在天文学领域拥有重要的地位。

## ◎约公元前60年

希腊工程师和数学家希罗（Hero）发明了汽转球，这是一个像玩具一样的实验仪器，科学家们利用它可以论证作用力与反作用力原理。这一原理正是所有火箭发动机工作原理的理论基础。

## ◎820年

阿拉伯天文学家和数学家在巴格达建立了一所天文学校，并将托勒密的著作翻译成阿拉伯语。此后，这本书被称为《麦哲斯帖》（意思是"伟大的作品"），中世纪的学者们也称它为《天文学大成》。

## ◎850年

中国人开始在节日的烟花中使用火药。其中，有一种烟花的形状看上去很像火箭。

## ◎1232年

中国金朝的女真族军队在开封府战役中使用可燃烧的箭头（在长长的箭杆上带有火药的火箭雏形）将蒙古族入侵者击退，这是人类发展史上第一次记载在战争中使用火箭。

## ◎1280—1290年

阿拉伯历史学家哈桑·拉玛（al-Hasan al-Rammah）在他的著作《马背交锋和战争策略》中介绍了火药和火箭的制作方法。

## ◎1379年

火箭出现在西欧。在围攻意大利威尼斯附近的基奥贾（Chioggia）的战役中，军队使用了火箭。

## ◎1420年

意大利军队机械师华内斯·德·丰塔纳（Joanes de Fontana）写了《军用机械》一书。这是一本理论性很强的书。他在书中提到了军队应该如何应用火药火箭，书中具体提到了能够为火箭提供助推力的撞锤和鱼雷。

## ◎1429年

在奥尔良保卫战中，法国军队使用火药制火箭。在这期间，欧洲的军工厂也陆续开始进行实验，看看是否可以用各种类型的火药制火箭来代替早期的机关炮。

## ◎约1500年

根据人类对火箭进行研究的一些早期成果，一位名叫万户的中国官员试着装配了一个经过改进的靠火箭进行助推的动力装置，并让它带动自己在天空中飞行，这个装置看上去就像风筝一样。当他在驾驶位上坐好时，仆人们点燃了动力装置上的47个火药（黑火药）制火箭。不幸的是，随着一道刺眼的亮光和爆炸声，这位早期的火箭试验者从人世间彻底地消失了。

## ◎1543年

波兰教会官员和天文学家尼古拉斯·哥白尼发表了《天体运行论》一书，从而在科学界引发了一场革命，并最终改变了人类历史的进程。这本巨著是在哥白尼临终时才发表的，哥白尼在书中提出了太阳中心说（日心说）的宇宙模式，这与长久以来托勒密等众多早期天文学家所倡导的地球中心说（地心说）宇宙模式相对立。

## ◎1608年

荷兰光学家汉斯·利伯希（Hans Lippershey）研制出了一个简易的望远镜。

## ◎1609年

德国天文学家约翰尼斯·开普勒出版了《新天文学》一书，他在书中对尼古拉斯·哥白尼提出的宇宙模式进行了修正，他指出：行星的运行轨道为椭圆形，而不是圆形。开普勒的行星运动定律结束了希腊天文学的地心说对国际天文学界的主宰。实际上，地心说的主导地位已经延续了两千多年。

## ◎1610年

1610年1月7日，伽利略·伽利莱通过他的天文望远镜对木星进行了观测，结果发现这颗庞大的行星有四颗卫星（即木卫一、木卫二、木卫三和木卫四）。他将此次观测和其他观测的结果写入了《星际使者》一书。此次有关木星4颗卫星的发现使伽利略敢于大胆地倡导哥白尼的日心说理论，从而引发了他与教会之间的直接冲突。

## ◎1642年

由于倡导哥白尼的日心说理论，伽利略与教会之间发生了直接冲突。结果，伽利略被软禁在位于意大利佛罗伦萨附近的家中。这种生活状态一直持续到伽利略去世。

## ◎1647年

波兰裔德国天文学家约翰尼斯·赫维留斯（Johannes Hevelius）出版了名为《月图》的著作，他在书中详细地描述了月球的近地端表面特征。

## ◎1680年

俄国沙皇彼得大帝在莫斯科建立了一个制造火箭的机构，该机构后来被迁至圣彼得堡。它主要为沙皇军队提供各式火药制火箭，这些火箭可以被用来对指定目标实施轰炸、对信号进行传输及对夜间的战场进行照明。

## ◎1687年

在埃德蒙·哈雷爵士的鼓励和资助下，艾萨克·牛顿爵士出版了他的旷世之作，即《自然哲学的数学原理》。此书为人类理解几乎所有宇宙天体的运动奠定了数学基础，这本书还帮助人们理解了与行星的轨道运动和火箭助推航天器的运行轨道有关的知识。

## ◎18世纪80年代

生活在迈索尔地区（Mysore）的印度统治者海德·阿里［Hyder Ally（Ali）］在他的部队中增加了一支火箭兵团。海德的儿子蒂普·苏丹（Tippo Sultan）在1782年至1799年的一系列对英战役中成功地使用了火箭。

## ◎1804年

威廉·康格里夫爵士发表名为《火箭系统的起源和发展简述》的著作，他在书中记载了英军在印度的作战经历。接下来，他开始研制一系列英军军用（黑火药）火箭。

## ◎1807年

在拿破仑战争中，英军使用大约25 000支经过威廉·康格里夫（Sir William Congreve）改良的军用（黑火药）火箭轰炸了丹麦首都哥本哈根。

## ◎1809年

杰出的德国数学家、天文学家和物理学家卡尔·弗里德里希·高斯出版了一部关于天体动力学的重要著作。此书彻底改变了科学家们对行星轨道内的摄动现象的计算方法。19世纪的某些天文学家正是利用他的研究成果预测并（在1846年）发现了海王星。在这一过程中，科学家对天王星轨道内的摄动现象的研究是功不可没的。

## ◎1812年

英军在1812年战争中对美军使用了威廉·康格里夫爵士研制的军用火箭，威廉·麦克亨利堡地区受到了英国火箭的轰炸。受到战争的启发，美国诗人弗朗西斯·斯格特·基在著名的《星条旗永不落》中加入了与"火箭红色亮光"有关的词句。

## ◎1865年

法国科幻作家儒勒·凡尔纳（Jules Verne）出版了他的名著《从地球到月球》，这本书使许多人对太空旅行的相关知识产生了浓厚的兴趣，其中有一些年轻的读者后来还成为航天学的奠基人，例如，罗伯特·哈金斯·戈达德、赫尔曼·奥伯特和康斯坦丁·埃德多维奇·齐奥尔科夫斯基。

## ◎1869年

一位叫爱德华·埃弗雷特·黑尔（Edward Everett Hale）的美国牧师、作家出版了《砖砌的月亮》，这是第一部描写载人空间站的科幻小说。

## ◎1877年

美国天文学家阿萨夫·霍尔（Asaph Hall）在华盛顿国家海军天文台工作时发现并命名了火星的两颗小卫星，即火卫一和火卫二。

## ◎1897年

英国作家赫伯特·乔治·威尔斯 H. G. Wells 撰写了著名的科幻小说《世界

大战》，这本书讲述了火星人入侵地球的经典故事。

## ◎1903年

俄国科幻小说家康斯坦丁·埃德多维奇·齐奥尔科夫斯基（Konstantin Eduardovich Tsiolkovsky）撰写了《用反作用力装置探索太空》一书，他是历史上将火箭和太空旅行联系起来的第一人。

## ◎1918年

美国物理学家罗伯特·哈钦斯·戈达德（Rober Hutchings Goddard）撰写了《最后的迁徙》一书，这是一部意义深远的科幻作品。作者在书中假设：人类乘着一艘原子能宇宙飞船逃离了即将毁灭的太阳。由于怕被世人嘲笑，戈达德将这部科幻小说的手稿藏了起来。他于1945年去世，而这部小说直到1972年12月才得以出版。

## ◎1919年

被后人称为美国"火箭之父"的罗伯特·哈钦斯·戈达德在史密森杂志上发表了题为《到达极高空的方法》的专题论文。这篇论文向世人介绍了几乎所有当代火箭学领域的基础理论。戈达德在论文中提出：人类可以利用一个小小的靠火箭助推的航天器抵达月球表面。遗憾的是，杂志社的编辑们完全没有认识到这篇论文的科学价值，认为上述观点纯属笑谈。他们索性把戈达德的观点称为"疯狂的幻想"，并给戈达德起了个绰号，叫"月球人"。

## ◎1923年

在没有得到罗伯特·哈钦斯·戈达德和康斯坦丁·埃德多维奇·齐奥尔科夫斯基的任何帮助的情况下，德国太空之旅科幻作家赫尔曼·奥伯特（Hermann J. Oberth）出版了一部名为《探索星际空间的火箭》的作品，这部作品的问世令许多人大受启发。

## ◎1924年

德国工程学家沃尔特·霍曼（Walter Hohman）撰写了名为《天体的可达到性》的著作，这部重要的著作详细阐述了关于火箭运动和宇宙飞船运动的数学原理。书中叙述了如何在两个共面轨道之间完成效率最高的（即能量消耗最少的）轨道路径转换，这种宇宙飞船现在经常完成的动作被称为霍曼轨道切换。

## ◎1926年

1926年3月16日，在位于美国马萨诸塞州奥本市的一个白雪覆盖的农场里，美国物理学家罗伯特·哈钦斯·戈达德创造了太空科学的历史。他成功地发射了世界上第一枚液体动力火箭。尽管使用的汽油（燃料）和液体氧气（氧化剂）装置只燃烧了2.5秒钟便落在了60米开外的地方，从技术上讲，这个装置完全可以被看作是所有现代液体动力火箭发动机的鼻祖。

4月，一本名为《惊奇故事》的杂志问世，这是世界上第一本专门刊登科幻小说的刊物。众多科学事实和科幻小说将现代火箭与太空旅行密切地联系在了一起。结果，很多20世纪30年代的（以及以后的）人类科学梦想最终被写成了与星际旅行有关的科幻作品。

## ◎1929年

德国太空旅行科幻作家赫尔曼·奥伯特出版了一本名为《太空旅行之路》的获奖著作，此书使许多非专业人士了解了太空旅行的概念。

## ◎1933年

克利特（P. E. Cleator）建立了英国星际协会（BIS），这个协会后来成为世界上最著名的太空旅行倡导机构。

## ◎1935年

康斯坦丁·齐奥尔科夫斯基出版了他的最后一部著作——《在月球上》。在书中，他强烈主张将太空飞船作为在地月之间和其他星际之间进行旅行的交通工具。

## ◎1936年

英国星际协会的创办者克利特写了一本名为《穿越太空的火箭》的著作，这是英国学术界第一次将航空学上升到一定的理论高度。然而，几份权威的英国科学出版物嘲弄这本书为缺乏科学想象的不成熟的科幻作品。

## ◎1939—1945年

第二次世界大战中，各国纷纷使用了火箭和大小不等、形状不一的导向导弹。其中，在太空探测方面最具科研价值的是佩内明德的德军使用的V-2型液体动力火箭，该火箭是由冯·布劳恩研制的。

## ◎1942年

1942年10月3日，德国的A-4火箭（后被重命名为"复仇武器二号"或V-2火箭）在位于波罗的海沿岸的佩内明德火箭试验发射场第一次被成功发射。这一天可以被看作是现代军用弹道导弹的诞生之日。

## ◎1944年

9月，德国军队向伦敦和英国南部发射了数百枚所向披靡的V-2火箭（每一枚火箭都携带了一个重量为一吨的爆炸性极强的弹头），德军从此开始了对英国进行的弹道导弹攻击。

## ◎1945年

德国火箭科学家冯·布劳恩（Wernher von Braun）和研发团队的几个关键人物意识到德国大势已去，于5月初在德国罗伊特附近向美国军队投降。几个月内，美国的情报人员展开了代号为"别针行动"的特别行动。他们先后对许多德国火箭研究人员进行了盘问，并获得了大量的文件和装备。然后，他们对这些文件和装备进行了分类整理。后来，很多德国科学家和工程师也加入了冯·布劳恩在美国的研发团队并继续他们的火箭研发工作。美军将数以百计缴获的V-2火箭拆开，然后将零部件用船运回美国。

5月，苏联军队在佩内明德缴获了德军的火箭设备并将所有剩余的装备和研发人员带回了国内。在欧洲战场的战事即将结束的日子里，被缴获的德国火箭技术和被俘的德国火箭研发人员为巨型导弹和太空竞赛将来登上冷战的舞台打下了基础。

7月16日，美国上首次使用了核武器。这次代号为"三圣一"（Trinity）的试验发射是在位于新墨西哥州南部的一个地理位置比较遥远的试验发射场进行的，这次发射从根本上改变了战争的面貌。作为美国与苏联进行冷战对峙的表现之一，装有核装备的弹道导弹已经成为人类所发明的威力最大的武器。

10月，一位当时并不著名的英国工程师和作家——亚瑟·克拉克（Arthur C. Clarke）建议使用同步卫星来进行全球通信联系。他在《无线世界》杂志上发表的题为《地球的中继站》的文章标志着通信卫星技术的诞生。通信卫星技术实际上是应用太空技术促进信息革命的发展。

## ◎1946年

4月16日，美国军方在位于新墨西哥州南部的白沙试验基地火箭发射场发射了首枚经过美方改进的德国V-2火箭，这枚火箭也是在第二次世界大战中从德军那里缴获来的。

7月至8月间，苏联火箭工程师谢尔盖·科罗廖夫着手研发德国V-2火箭的改进版。科罗廖夫为了进一步完善火箭的性能，增加了发动机的推力和燃料槽的长度。

## ◎1947年

10月30日，苏联的火箭工程师们成功地发射了一枚经过改装的德国V-2火箭，这次发射是在卡普斯京亚尔附近的一个火箭发射场进行的，该发射场位于沙漠之中。这枚火箭沿着试验飞行方向进行飞行，并最终落在距离发射点320千米的一个地方。

## ◎1948年

9月出版的《英国星际学会》学报报告刊登了由谢泼德（L. R. Shepherd）和克利弗（A. V. Cleaver）共同撰写的4篇系列学术论文中的第一篇。这篇论文探索了将核能应用于太空旅行的可行性，并提出了核电推进力和核动力火箭的概念。

## ◎1949年

8月29日，苏联在哈萨克沙漠的一个秘密试验点进行了首枚苏制核武器的爆炸试验。这次试验的代号为"首次闪电"（Pervaya Molniya），它不但成功地打破了美国对核武器的垄断，同时也使世界陷入了大规模的核武器军备竞赛。当然，它的成功也加速了射程达几千千米的战略弹道导弹的研发进程。由于当时在核武器技术上还落后于美国，苏联领导人决定研发威力更大、推力更强的火箭。这些火箭可以被用来携带体积更大、设计更独特的核武器。这一决定为苏联在发射工具方面赢得了巨大的优势。为了向全世界证实其国力，两个超级大国决定在太空展开军备竞赛（开始于1957年）。

## ◎1950年

7月24日，美国使用其设计的WAC（武器瞄准计算机）下士二级火箭成功发射了一枚经过改造的德国V-2火箭。这枚火箭是美国空军在新建的远程导弹试验发射场发射的，该发射场位于佛罗里达州的卡纳维拉尔角。这枚混合多级火箭（也被称为"丰收八号"）成功开启了在卡纳维拉尔角进行的系列航天发射的大幕。此后，许多军事导弹和太空飞船在这个世界最著名的火箭发射场被发射升空。

同年11月，英国科幻作家亚瑟·克拉克发表了题为《电磁发射对太空飞行的主要贡献》的论文，他在文章中提出对月球的资源进行开采并利用电磁弹射器将开采到的月球物质弹射到星际空间。

## ◎1951年

科幻电影《地球停转日》震惊了电影院里的观众。这个经典的故事讲述了强大的外星人来到地球上，陪同他的还有一个机器人。他此行的主要目的是警告世界各国政府不要再继续进行愚蠢的核军备竞赛。在这部影片中，人类第一次将外星人描写成来帮助地球人的智慧使者。

荷兰裔美国天文学家杰拉德·彼得·柯伊伯提出在冥王星轨道的外侧存在许多冰冷的小行星体，由这群冰冷的天体构成的小行星带也被称为"柯伊伯带"。

## ◎1952年

沃纳·冯·布劳恩（Wernher von Braun）和威利·莱伊（Williey Ley）等太空专家在一本名为《科利尔》的杂志上发表了不同系列的配有精美插图的科技文章，这些文章使许多美国人开始对太空旅行感兴趣。其中一组有名的系列文章由8篇文章组成。它的第一篇文章发表于3月22日，这篇文章选用了一个大胆的标题——《人类即将征服太空》。这本杂志聘请了当时最有影响力的太空美术家切斯利·邦艾斯泰为其绘制彩色插图。这之后的系列文章向数百万美国读者介绍了与太空空间站、月球旅行和火星探险有关的知识。

冯·布劳恩还出版了《火星计划》一书。他在书中提议：让70名宇航员搭乘10艘宇宙飞船到达火星，并对火星进行为期一年左右的探测活动，然后返回地球。这是科学界第一次对人类火星探险进行专门的学术研究。

## ◎1953年

1953年8月，苏联研发出第一枚热核武器（一颗氢弹）。这一科学发展史上的伟大成绩使超级大国之间的核武器军备竞赛进一步升级，并进一步突出了刚刚问世的战略核武器弹道导弹的重要地位。

同年10月，美国空军组建了一个由约翰·冯·诺依曼（John von Neumann）领导的专家小组，对美国战略弹道导弹系统进行评估。1954年，这个小组建议对美国弹道导弹系统进行重大技术调整。

## ◎1954年

时任美国总统的艾森豪威尔（Eisenhower）采纳了约翰·冯·诺依曼的建议，给予发展战略弹道导弹全国最高的战略地位。当时，在美国政府的内部，人们普遍担心在战略弹道导弹方面美国已经落后于苏联。所以，在当时的世界舞台上，冷战带来的导弹军备竞赛愈演愈烈。卡纳维拉尔角成为著名的弹道导弹发射试验场，在这里先后试验发射的重要弹道导弹包括："雷神号""宇宙神号""大力神号""民兵号""北极星号"等。其中许多威力巨大的军用弹道导弹在研发成功以后，被当作美国的太空发射工具使用。在美国航天发展的关键时期，美国空军的伯纳德·施里弗将军曾经对"宇宙神号"弹道导弹的研发工作进行了全程指挥。这枚弹道导弹的成功研发是工程学和航天技术领域内取得的又一伟大成就。

## ◎1955年

华特·迪士尼（Walt Disney）（美国娱乐科幻作家）制作了激励人心的电视三部曲，片中描绘了著名太空专家沃纳·冯·布劳恩的形象，这部系列电视片向美国观众宣传了太空旅行。随着第一集《人类在太空》于1955年3月9日播出，这部系列片开始向数百万美国电视观众介绍太空旅行的梦想。接下来的两集分别被命名为《人类和月球》和《火星不是终点》。随着这些电视片的播出，冯·布劳恩这个名字和"火箭科学家"的称呼渐渐家喻户晓。

## ◎1957年

10月4日，苏联火箭科学家谢尔盖·科罗廖夫（Sergei Korolev）在苏联领导人赫鲁晓夫的允许下，使用威力十足的军事火箭成功地将"斯普特尼克一号"（世界第一颗人造卫星）送入绕地轨道。苏联成功的消息在美国的政治领域和科技领域引起了强烈的冲击波。"斯普特尼克一号"的成功发射标志着太空时代的开始，同时，它也标志着冷战时期的太空军备竞赛的开始。在冷战时期，人们通过各国在外太空取得的成就（或失败）来衡量它们的综合国力和国际声望。

11月3日，苏联发射了"斯普特尼克二号"——世界上第二颗人造卫星。这艘在当时看起来极为巨大的太空飞船携带了一只名为莱卡的小狗。在这次航天飞行结束的时候，莱卡被执行了安乐死。

美国对使用新设计的民用火箭发射第一颗卫星的计划进行了大规模的宣传。但是，人们在12月6日那一天等来的却是一场灾难。这枚"先锋号"火箭在从卡纳维拉尔角的发射台升起几英寸以后发生了爆炸。苏联的"斯普特尼克一号"和"斯普特尼克二号"的成功发射和美国的"先锋号"富有戏剧性的失败更加激起了很多美国人的愤怒。对外层空间的探索和利用明显成为冷战政治的宣传工具。

## ◎1958年

1月31日，美国成功发射了"探险者一号"，它是美国第一颗围绕地球飞行的卫星。一支由冯·布劳恩统一指挥，由美国军队弹道导弹协会（ABMA）和加利福尼亚理工学院喷气推进实验室的工作人员匆忙组建的队伍，完成了拯救国家声望的任务。这支队伍把一颗军用弹道导弹作为发射工具。"探险者一号"利用爱荷华大学詹姆斯·范·艾伦博士提供的科学设备发现了地球周围的辐射带——为了纪念詹姆斯·范·艾伦博士，这一辐射带现在被命名为"范艾伦辐射带"。

美国国家航空航天局于10月1日成为美国政府下属的官方民用航天机构。10月7日，新成立的美国国家航空航天局宣布启动水星探测计划。按照这一富有开拓性的计划，美国宇航员将第一次被送入绕地运行轨道。

12月中旬，宇宙神火箭从卡纳维拉尔角被发射升空并进入绕地运行轨道。火箭的有效负载实验舱内搭载了卫星自动操纵准备装置（即进行信号传输的轨道中继转播实验设备）。这个设备播放了一段提前录好的艾森豪威尔总统的圣诞节讲话录音，这是人类的声音第一次从外层空间传回地球。

## ◎1959年

1月2日，苏联将一艘重达360千克的大型宇宙飞船——"月球一号"送往月球。尽管"月球一号"与月球表面最终还有5 000~7 000千米的距离，它仍然是第一个摆脱地球引力并进入绕地运行轨道的人造天体。

9月中旬，苏联发射了"月球二号"。这艘重量为390千克的大型宇宙飞船成功地到达了月球的表面，并成为第一个在其他星球表面着陆（或撞击其他星球表面）的人造天体。此外，"月球二号"还将苏联的国徽和国旗带到了月球表面。

10月4日，苏联发射了"月球三号"绕月飞行。这个飞船不仅成功地环绕月球进行了飞行，而且拍下了第一张月球背面的照片。因为月球在围绕地球运行的同时还要进行同步自转，地球表面的观测者只能看到月球的正面。

## ◎1960年

美国在3月11日将"先驱者五号"宇宙飞船发射升空并使其进入绕日飞行的预定轨道。这个体积适中的球形太空飞船的质量为42千克，它成功地探测了介于地球和金星之间的星际空间的基本情况。地球和金星之间的距离约为3 700万千米。

在5月24日，美国空军从卡纳维拉尔角发射了一颗导弹防御警报系统卫星，这件事在美国历史上开创了利用特殊军事监视卫星探测敌方导弹发射的先河。该卫星主要观测火箭释放出的气体具有什么样的红外线（热量）特征。因为该任务的高度机密性，公众在此事发生后几十年里一无所知。导弹监视卫星的出现使美国政府针对苏联方面有可能发动的ICBM突袭建立起可靠的早期预警系统。监视卫星帮助美国政府在冷战期间执行的战略核威慑政策，并有效地预防了突发的核冲突。

美国空军成功地于8月10日在范登堡空军基地发射了"发现者十三号"宇宙飞船。这个宇宙飞船实际上是由美国空军和中央情报局共同负责的侦察计划的一部分，这个高度机密的侦察计划的代号为"日冕"。根据艾森豪威尔总统的特殊指令，这个由美国空军和中央情报局共同负责的间谍卫星计划开始进行实施，它们从太空拍摄了一些地区的重要图像资料，美国在当时还无法接近这些地区。8月18日，"发现者十四号"（也被叫作"日冕十四号"）向美国的情报机构提供了第一批卫星拍摄的关于苏联的照片。从此以后，人类社会进入了卫星侦察时代。国家侦查局依靠间谍卫星收集到的数据对美国的国家安全作出重大的贡献，而且它们也有助于在政治冲突频发的特定时期保持全球的稳定。

8月12日，美国国家航空航天局成功地发射了"回声一号"实验宇宙飞船。这个巨大航天器的直径为30.5米，它看上去就像一个膨胀的金属球，成为世界第一颗被动式通信卫星。在太空电信时代即将到来的时候，美国和英国的工程技术人员利用"回声一号"实验宇宙飞船在两国之间进行无线电信号的发射与接收实验。

苏联发射了围绕地球飞行的"斯普特尼克五号"宇宙飞船，这艘巨大的飞船实际上是即将把宇航员带入太空的"东方号"飞船的实验飞船。"斯普特尼克五号"还携带了两只分别被叫作斯特莱卡和贝尔卡的小狗。当飞船的返回舱在第二天正常工作时，这两只小狗成为第一批在成功进行轨道运行以后又成功返回地球的生命体。

## ◎1961年

1月31日，美国国家航空航天局从卡纳维拉尔角成功地发射了执行"水星计划"的"红石号"太空舱，这个太空舱将进行亚轨道飞行。在到达海拔250千米的高空时，太空舱里的黑猩猩乘客汉姆利用降落伞安全地降落在大西洋的安全区域内。灵长类动物所进行的太空之旅的成功是把美国宇航员安全送入太空的关键一步。

苏联第一次利用宇宙飞船成功地将人类送入了环绕地球运行的轨道，这次航天任务的成功完成在人类探索宇宙空间的历史上具有里程碑式的意义。宇航员尤里·加加林乘坐"东方一号"宇宙飞船进入了太空，他也因此成为第一个在绕地运行航天器中对地球进行观测的地球人。

5月5日，美国国家航空航天局从卡纳维拉尔角将"红石号"火箭发射升空，火箭将宇航员艾伦·谢泼德被送入太空，进行了15分钟具有历史意义的亚轨道飞行。在执行"水星探测计划"的"自由七号"太空舱内，谢泼德在海拔186千米的高空乘坐航天器进行飞行，他也因此成为第一个在太空旅行的美国人。

5月25日，时任美国总统肯尼迪在美国国会参众两院联席会议上发表了鼓舞人心的演讲，演讲主要涉及为了保证美国的国家安全利益当时急需完成的任务。这位刚刚上任的美国总统提出了美国在太空领域所要面对的巨大挑战。他当众宣布："在1970年之前，我们一定能成功地实现人类登月并保证宇航员安全返回地球。为了实现这一理想，我相信我们这个国家一定会全力以赴。"由于肯尼迪总统具有前瞻性的领导，美国最终被公认为是冷战时期太空军备竞赛的获胜者。1969年7月20日美国宇航员尼尔·阿姆斯特朗和埃德温·奥尔德林第一次踏上了月球的表面。

## ◎1962年

2月20日，宇航员约翰·赫歇尔·格伦（John Herschel Glenn, Jr.）成为第一位乘坐宇宙飞船围绕地球飞行的美国人。美国国家航空航天局用"宇宙神"火箭将执行"水星探测计划"任务的"友谊七号"太空舱从卡纳维拉尔角发射升空。在完成了3圈飞行任务以后，格伦乘坐的太空舱安全地降落在大西洋海域。

8月下旬，美国国家航空航天局从卡纳维拉尔角将飞往金星的"水手二号"宇宙飞船发射升空。1962年12月14日，"水手二号"到达了距离金星35 000千米的宇宙空间，从而成为世界上第一个成功的星际太空探测器。宇宙飞船的观测数据显示：金星的表面温度可以达到430℃。这些数据彻底地推翻了人们在太空时代到来以前对金星的假设。当时，许多人认为：金星的表面分布着许多茂盛的热带丛林；从某种意义上讲，金星就像地球的双胞胎兄弟一样。

在10月间，苏联在菲德尔·卡斯特罗领导的古巴境内部署了具有核武器性质的攻击性弹道导弹，从而使整个世界陷入了古巴导弹危机。两个超级大国之间的对峙导致整个世界格局充满了危险，核战争一触即发。幸运的是，经过肯尼迪总统和众多国家安全顾问的政治斡旋，苏联领导人赫鲁晓夫撤回了苏联的弹道导弹，古巴导弹危机也最终得以化解。

## ◎1964年

11月28日，美国国家航空航天局的"水手四号"宇宙飞船在卡纳维拉尔角被成功发射，它也成为第一艘从地球到火星探访的宇宙飞船。它于1965年7月14日成功地针对火星这颗红色行星进行了近天体探测飞行。当时，它与火星之间的距离是9 800千米。"水手四号"拍摄的近距离照片显示：火星的表面是一个贫瘠得如沙漠般的世界。人类对火星的早期认识也因此得到了纠正。在太空时代到来以前，许多人认为：火星的表面有许多古代的城市，还有一个巨大的人工运河网络。

## ◎1965年

3月23日，一枚大力神Ⅱ型火箭将载有维吉尔·伊万·格里森（Virgil Ivan "Gus" Grissom）和约翰·杨（John Young）这两名宇航员的宇宙飞船从卡纳维拉尔角发射升空。这两名宇航员乘坐的是能够容纳两名宇航员的"双子星号"太空探测项目的飞船。美国国家航空航天局的"双子星三号"所执行的飞行任务是这个新航天器第一次进行载人航天飞行，它标志着美国宇航员为了准备执行"阿波罗号"的月球探测任务已经开始进行更加高级的太空活动了。

## ◎1966年

1月31日，苏联将"月球九号"宇宙飞船发射升空，这个飞船的目的地是月球，它的质量为100千克。这个球形航天器于2月3日在月球表面的风暴洋地区实现了软着陆。在彻底停下来以后，这个航天器展开了4个像花瓣一样的盖子，然后从月球表面传回了第一组全景电视画面。

3月31日，苏联将"月球十号"宇宙飞船发射升空，这个飞船的目的地仍是月球。这个巨大的航天器的质量为1 500千克，它也成为第一个围绕月球飞行的人造天体。

5月30日，美国国家航空航天局向月球发射了一个着陆航天器，它的名字叫"勘察者一号"。这个全能型的机器人航天器于6月1日成功地在风暴洋地区实现了软着陆，然后从月球表面传回了10 000张照片，并为下一步完成阿波罗探测项目的人类登月任务进行了多次土壤动力实验。

8月中旬，美国国家航空航天局从卡纳维拉尔角发射了"月球轨道器一号"，这个航天器飞往月球。这次系列太空探测任务共要进行5次航天发射，这次航天发射是第一次。这些探测任务的主要目标是从月球轨道对月球进行全方位的拍摄，在每次拍摄任务结束以后，轨道环行器将会按照最初的设计落在月球的表面，以避免对未来的轨道活动产生干扰。

## ◎1967年

1月27日，一场灾难打乱了美国国家航空航天局的"阿波罗号"航天计划。当宇航员维吉尔·伊万·格里森、爱德华·怀特（Edward H. White）和罗杰·查菲（Roger B. Chaffee）正在位于34号航天器发射台的"阿波罗一号"宇宙飞船内进行训练时，突发的一场大火在飞船内蔓延开来，这三名宇航员不幸遇难。美国的月球登陆计划也因此延期了18个月，美国国家航空航天局还对执行"阿波罗号"航天计划的航天器在设计和安全性能方面进行了重大改进。

4月23日，苏联的航天项目也发生了悲剧。当时，苏联宇航员弗拉基米尔·科马洛夫（Vladimir Komarov）正在刚刚投入使用的"联盟一号"宇宙飞船内执行太空飞行任务。在执行轨道飞行任务期间，科马洛夫就已经遇到了许多困难。在执行重返地球大气层的任务时，由于降落伞无法正常展开而飞船又以极高的速度撞击到地球的表面，弗拉基米尔·科马洛夫不幸遇难。

## ◎1968年

12月21日，美国国家航空航天局的"阿波罗八号"宇宙飞船（只包括指挥舱和服务舱）在肯尼迪航天中心的39号航天器发射台发射升空。这是巨大的"土星五号"探测器进行的第一次载人航天飞行。宇航员弗兰克·博尔曼（Frank Borman）、詹姆斯·亚瑟·洛威尔（James Arthur Lovell, Jr.）和威廉·安德斯（William A. Anders）也因此成为第一批摆脱地球引力影响的人。他们进入了围绕月球运行的轨道，并拍摄到了下面一组画面：美丽得令人难以置信的地球从荒凉的月球地平线上徐徐升起。上百万人在看到这些画面以后发出了由衷的感叹。此后，他们就发起了保护地球环境的运动。在围绕月球飞行了10圈以后，他们乘坐的航天器于12月27日成功返回了地球。

## ◎1969年

7月16日，美国国家航空航天局的"阿波罗十一号"航天器在世人的注视下从肯尼迪航天中心起飞并飞往月球。宇航员是：尼尔·阿姆斯特朗（Neil A. Armstrong）、迈克尔·科林斯（Michael Collins）和小埃德温·奥尔德林（Edwin E. "Buzz" Aldrin, Jr）。这些宇航员实现了人类长期以来一直拥有的梦想。7月20日，美国宇航员尼尔·阿姆斯特朗小心翼翼地从月球舱的梯子上走了下来，并最终踏上了月球的表面。他在宇宙空间发出了下面的感叹："对于一个人来说，这是小小的一步；对于整个人类来说，这是一次巨大的飞跃。"他和奥尔德林成为最先在其他星球上行走的地球人。很多人把"阿波罗号"月球登陆计划看作是人类历史上最伟大的科学成就。

## ◎1970年

4月11日，美国国家航空航天局的"阿波罗十三号"航天器从地球起飞飞往月球。4月13日，在"阿波罗号"的服务舱内突然发生了危及宇航员生命的爆炸。此时，宇航员詹姆斯·亚瑟·罗威尔、约翰·莱昂纳德·斯威格特（John Leonard Swigert）和小弗莱德·华莱士·海斯（Fred Wallace Haise, Jr）必须把他们的月球旅行舱当作救生艇来使用。全世界的人们都在焦急地等待和关注他们的消息。宇航员们熟练地驾驶着已经部分失去控制的飞船继续围绕月球飞行。由于关键燃料的不足，飞船只能沿着自由轨道返回地球。在4月17日，他们选择了恰当的时机放弃了LEM的"水瓶座号"航天器，然后登上了"阿波罗号"宇宙飞船的指令舱，并在成功地返回地球大气层之后降落在太平洋海域。

## ◎1971年

4月19日，苏联发射了第一个宇宙空间站（它被叫作"礼炮一号"），这个宇宙空间站最初处于不载人的状态。这主要是由于"联盟十号"（于4月22日被发射升空）的3名宇航员曾经试图与空间站完成对接，但是他们无法成功地登上该空间站。

## ◎1972年

1月初，时任美国总统理查德·尼克松批准了美国国家航空航天局的航天飞机计划。这个决定为人们勾画出美国国家航空航天局在未来30年进行太空探索的蓝图。

3月2日，一枚宇宙神半人马座运载火箭在卡纳维拉尔角成功发射，该火箭将美国国家航空航天局的"先驱者十号"宇宙飞船送入太空。这个长距离飞行的机器人航天器成为第一个通过主要小行星带的航天器，它还是第一个针对木星进行近天体探测飞行的航天器（在1973年12月3日）。1983年6月13日，它穿过了海王星（当时被认为是离太阳最远的行星）的运行轨道。它被认为是第一个离开太阳系边界的人造天体。在星际空间的运行轨道内进行飞行的过程中，"先驱者十号"（和它的孪生兄弟"先驱者十一号"）向那些可能存在的外星人展示它们所携带的特殊装饰板。几百万年以后，也许这些外星人会发现这个在星际空间漂流的航天器。

11月7日，美国国家航空航天局的"阿波罗十七号"宇宙飞船从肯尼迪航天中心出发，开始进行20世纪最后一次月球探测之旅，它是由巨大的"土星五号"火箭发射升空的。当宇航员罗纳德·埃文斯（Ronald E. Evans）留守在月球轨道中时，他的同伴尤金·A. 塞尔南（Eugene A. Cernan）和哈里森·施密特（Harrison H. Schmitt）成为在月球上进行漫步的第十一位和第十二位地球人。他们利用月球漫游车探测了陶拉斯·利特罗山谷地区。他们于11月19日成功地返回了地球，将人类的太空探索历史带入了一个漫长而壮丽的新阶段。

## ◎1973年

4月初，由宇宙神半人马座火箭发射的美国国家航空航天局"先驱者十一号"宇宙飞船从卡纳维拉尔角开始了一次星际旅行。该宇宙飞船在1974年12月2日在太空中遇到了木星，并且利用木星的引力助推作用建立了针对土星进行近天体探测飞行的运行轨道。它是第一个对土星进行近距离观测的航天器（在1979年9月1日那一天它与土星之间的距离达到了最小值）。然后，它沿着运行轨道进入了星际空间。

5月14日，美国国家航空航天局发射了天空实验室——美国第一个太空空间站。巨大的"土星五号"火箭利用一次航天发射就将这个巨大的航天器送入了预定轨道。由于太空空间站在发射升空的过程中受到了一定程度的损坏，最初的3名美国宇航员在5月25日到达预定位置以后，马上对空间站进行了紧急维修。宇航员小查尔斯·（皮特）·康拉德［Charles (Pete) Conrad, Jr.］、保罗·维茨（Paul J. Weitz）和约瑟夫·科文（Joseph P. Kerwin）在空间站工作了28天。后来，宇航员艾伦·比恩（Alan L. Bean）、杰克·洛斯马（Jack R. Lousma）和欧文·加里欧特（Owen K. Garriott）接替了他们的工作。这一批宇航员于7月28日抵达空间站并在太空生活了59天。最后一批天空实验室的工作人员［宇航员吉拉德·卡尔（Gerald P. Carr）、威廉·波格（William R. Pogue）和爱德华·吉布森（Edward G. Gibson）］11月11日到达了空间站，并在那里一直居住到1974年2月8日，从而创造了在太空停留84天的记录。美国国家航空航天局后来放弃了对天空实验室的使用。

11月初，美国国家航空航天局从卡纳维拉尔角发射了"水手十号"宇宙飞船。它在1974年2月5日与金星在太空中相遇，并且利用金星的引力助推作用使自己成为第一个对水星进行近距离探测的航天器。

## ◎1975年

8月末9月初，美国国家航空航天局先后从卡纳维拉尔角向火星发射了一对卫星—登陆车组合式宇宙飞船："海盗一号"（8月20日）和"海盗二号"（9月9日）。它们在1976年到达火星表面。至此，所有执行"海盗号"太空探测计划的航天器（两个登陆车和两个人造卫星）均出色地完成了既定任务，但是利用显微镜在火星表面寻找生命的详细探究没有得出最后的结论。

## ◎1977年

8月20日，美国国家航空航天局从卡纳维拉尔角将"旅行者二号"发射升空，这个航天器将进行大规模的太空探索任务。在这期间，它会遇到太阳系的四大行星，然后沿着星际轨道离开太阳系。利用引力助推作用，"旅行者二号"在太空中先后遇到了木星（1979年7月9日）、土星（1981年8月25日）、天王星（1986年1月24日）和海王星（1989年8月25日）。这个有弹力的机器人航天器（和它的孪生兄弟"旅行者一号"）在进行远距离太空飞行的过程中，为人类带回了来自地球的特殊星际信息，那就是被称为地球之声的数字记录数据。

9月5日，美国国家航空航天局从卡纳维拉尔角发射了"旅行者一号"，这个航天器将通过快速运行轨道飞向木星、土星和太阳系以外的星际空间。它于1979年3月5日和1980年3月12日先后与木星和土星相遇，之后驶出了太阳系。

## ◎1978年

5月，英国星际学会发表了一篇关于"代达罗斯计划"（Project Daedalus）的研究报告。根据这项理论研究，为了对巴纳德恒星进行探测，人类将在21世纪末发射一个单行机器人航天器。

## ◎1979年

12月24日，欧洲航天局在位于法属圭亚那库鲁的圭亚那航天中心成功地发射了首枚阿丽亚娜火箭，即"阿丽亚娜一号"火箭。

## ◎1980年

印度空间研究所在7月1日成功将一颗35千克的实验卫星（被叫作"罗西尼号"）发射升空，并使其进入低地球轨道。这次发射采用的发射装置是印度生产的四级火箭，这枚火箭使用固体推进剂。SLV-3（标准发射器3号）的成功发射，标志着从此以后印度也可以独立地对外层空间进行科学探索了。

## ◎1981年

4月12日，美国国家航空航天局从肯尼迪航天中心的39-A发射台发射了首次进行航天飞行的"哥伦比亚号"航天飞机。宇航员约翰·杨和罗伯特·克里（Robert L. Crippen）平对这个新的航天器进行了全方位的测试。当这个航天器重新进入地球的大气层时，它在大气中滑行并像一架飞机一样降落在地球的表面。以前的航天器在返回地球时根本无法完成上述飞行操作。另外，以前的航天器只能使用一次，而"哥伦比亚号"航天飞机可以再一次进行航天飞行。

## ◎1986年

1月24日，美国国家航空航天局发射的"旅行者二号"与天王星相遇。

1月28日，"挑战者号"航天飞机从美国国家航空航天局肯尼迪航天中心起飞，开始了它的最后一次航天飞行。在进入STS51-L任务状态仅仅74秒钟的时候，一场致命的爆炸发生了。结果，航天飞机上的宇航员全部遇难，航天飞机也由于爆炸发生了解体。以时任美国总统罗纳德·里根为代表的全体美国人民对在"挑战者号"事故中遇难的7名宇航员表达了沉痛的悼念。

## ◎1988年

9月19日，以色列使用一个"彗星"三级火箭将这个国家的首枚卫星（被叫作"地平线一号"）发射到一个特殊的运行轨道上。在这条特殊轨道上运行的天体将会自东向西旋转，这与地球自转的方向正好相反，之所以这样做完全是出于发射安全方面的考虑。

9月29日，"发现号"航天飞机成功地被发射升空，这次航天飞行主要是为了完成STS-26航天任务。在"挑战者号"失事后，美国国家航空航天局在时隔32个月后再一次将"发现号"航天飞机投入使用。

## ◎1989年

8月25日，"旅行者二号"宇宙飞船与海王星相遇。

## ◎1994年

1月末，由美国国防部和国家宇航局联合建造的高科技航天器"克莱门汀号"，离开了范登堡空军基地向月球进发。这个航天器传回的一些数据显示：月球表面实际上拥有大量的固态水资源，分布在终年不见阳光的两极地区。

## ◎1995年

2月，"发现号"航天飞机在完成美国国家航空航天局的"STS-63号"航天任务时，到达了俄罗斯的和平（米尔）太空空间站，这也成为国际空间站发展的序曲。宇航员艾琳·玛丽·柯林斯（Eileen Marie Collins）成为有史以来第一位女航天飞行员。

3月14日，俄罗斯从拜科努尔航天发射基地向和平（米尔）空间站发射了联盟"TM-21号"宇宙飞船。宇宙飞船上的3名宇航员中还包括美国宇航员诺曼·萨加德（Norman Thagard）。诺曼·萨加德是首位乘坐俄罗斯火箭来到外层空间旅行的美国人，他还是第一位在和平（米尔）空间站工作的美国人。"联盟TM-21号"上的宇航员还替换了此前一直在和平（米尔）空间站进行工作的宇航员，其中包括宇航员瓦雷利·波利亚科夫（Valeri polyakov），他创造了在太空中停留长达438天的世界纪录，并于3月22日返回地球。

6月下旬，美国国家航空航天局的"亚特兰蒂斯号"宇宙飞船首次与俄罗斯的和平（米尔）空间站实现了对接。在执行"STS-71号"航天任务的过程中，"亚特兰蒂斯号"将第19组宇航员［阿纳托利·索洛维约夫（Anotoly Solovyev）和尼克莱·布达林（Nikolai Budarin）］送到和平（米尔）空间站，然后将此前一直在和平（米尔）空间站工作的第18组宇航员（包括美国宇航员诺曼·萨加德在内）接回地球。诺曼·萨加德在和平（米尔）空间站一共停留了115天。飞船与和平（米尔）空间站的对接项目是国际空间站第一个阶段的任务，在1995年至1998年间，飞船与和平（米尔）空间站一共进行了9次对接。

## ◎1998年

1月初，美国国家航空航天局从卡纳维拉尔角向月球发射了月球探测器。从飞船传回的数据进一步证实了人们的猜想：在终年见不到阳光的月球两极地区拥有大量的固态水资源，这些冰块中还有大量的尘埃。

12月初，"奋进号"航天飞机从美国国家航空航天局的肯尼迪航天中心被发射升空，从而开始了国际空间站的第一次组装任务。在执行"STS-88号"太空任务的过程中，"奋进号"与俄罗斯此前发射的"曙光号"太空舱相会合。两国的宇航员将这个太空舱与美国建造的"联合号"太空舱对接在一起。此前，"联合号"太空舱一直被放置在"奋进号"航天飞机的货舱里。

## ◎1999年

7月，在执行"STS-93号"航天任务时，宇航员艾琳·玛丽·柯林斯成为第一位女性航天指挥员，搭载了美国国家航空航天局的钱德拉X射线太空望远镜的"哥伦比亚号"航天飞机进入了预定轨道。

## ◎2001年

4月初，美国国家航空航天局发射了火星奥德赛2001火星探测器。同年10月，该飞船成功地实现了围绕火星飞行。

## ◎2002年

5月4日，美国国家航空航天局从范登堡空军基地成功发射了"水号"探测卫星。这个结构复杂的地球观测飞船将与"土号"宇宙飞船共同完成针对地球进行的系统科学研究。

10月1日，美国国防部成立了美国战略指挥中心，这个中心将控制所有美国的战略武器（核武器）。同时，它还负责进行太空军事行动、战略预警和情报评估。此外，它还负责美国全球战略计划的制定。

## ◎2003年

2月1日，在成功地完成了为期16天的（STS-107）太空探测任务以后，"哥伦比亚号"航天飞机开始返回地球。在返回途中，当飞行到美国西部上空海拔63千米处时，"哥伦比亚号"航天飞机遭遇了一次灾难性的事故。结果，这个航天器在18倍声速的高速状态下解体了。这次事故夺走了7名宇航员的生命。6名美国宇航员分别是：里克·赫斯本德（Rick Husband），威廉·麦库尔（William Mc Cool），迈克尔·安德森（Michael Anderson），卡尔帕娜·乔拉（Kalpana Chawla），劳雷尔·克拉克（Laurel Clark）和大卫·布朗（David Brown）；还有1名以色列宇航员伊兰·拉蒙（Ilan Ramon）。

6月10日，美国国家航空航天局利用德尔塔 II 型火箭将"勇气号"火星探测车发射升空。"勇气号"也被称为MER-A，它于2004年1月3日安全抵达了火星表面，并且在喷气推进实验室的技术人员的远程监控下开始针对火星表面进行探索活动。

美国国家航空航天局利用德尔塔 II 型火箭发射了第二个火星探测车。这个探测车也被称为"机遇号"。它于2003年7月7日从卡纳维拉尔角空军基地被发射升空。"机遇号"也被叫作MER-B，它在2004年1月24日成功地登陆了火星，并且在喷气推进实验室技术人员的远程监控下开始进行针对火星表面的探索活动。

10月15日，中华人民共和国成为继俄罗斯（苏联）和美国之后第三个使用自主开发的发射器把人类送入环地球轨道的国家。那天，"中国长征2F号"火箭从酒泉卫星发射中心起飞，把载有宇航员杨利伟的"神舟五号"飞船送入环地球轨道。10月16日，航天器重新进入大气层，杨利伟在中国的内蒙古自治区地区安全返回。


## ◎2004年

7月1日，美国国家航空航天局的"卡西尼号"航天器抵达了土星，并开始了长达4年的全方位土星科学研究。

10月中旬，"远征号"的第10组宇航员乘坐从拜科努尔发射基地起飞的俄罗斯航天器到达国际空间站。"远征号"的第9组宇航员安全地返回了地球。

12月24日，重达319千克的"惠更斯号"探测器成功地实现了与"卡西尼号"宇宙飞船的分离，并且飞向土星的卫星——土卫六。


## ◎2005年

1月14日，"惠更斯号"探测器进入了土卫六的大气层，并于大约147分钟后到达土卫六的表面。"惠更斯号"是第一个在外太阳系的卫星上着陆的宇宙飞船。

7月4日，美国国家航空航天局的深度撞击探测器到达了"坦普尔一号"彗星的表面。

7月26日，美国国家航空航天局从佛罗里达州肯尼迪航天中心成功发射了"发现号"航天飞机，"发现号"将执行"STS-114号"太空探测任务。在与国际空间站对接以后，"发现号"又返回了地球，并于8月9日降落在加利福尼亚州爱德华空军基地。

8月12日，美国国家航空航天局从佛罗里达州的卡纳维拉尔角发射了火星探测卫星。

9月19日，美国国家航空航天局宣布将设计一个新的航天器，把4名宇航员送往月球。同时，美国国家航空航天局还将利用这个航天器将宇航员和物资运往国际空间站。美国国家航空航天局还向人们介绍了两个由航天飞机发展而来的新航天发射器：一个载人火箭和一个载重量极大的载物火箭。

10月3日，"远征号"的第12组宇航员〔指挥官威廉·麦克阿瑟（William McArthur）和航天飞行工程师瓦列里·托卡雷夫（Valery Tokarev）〕，到达了国际空间站，并且替换了"远征号"的第11组宇航员。

10月12日，中华人民共和国成功地发射了第二艘载人飞船，即"神舟六号"。"神舟六号"的两名宇航员分别是费俊龙和聂海胜，他们在太空停留了将近5天的时间，并在围绕地球飞行了76圈以后安全地返回了地球。在降落伞装置的帮助下，返回舱在内蒙古自治区的北部实现了软着陆。

## ◎2006年

1月15日，美国国家航空航天局的"星尘号"宇宙飞船携带着装有彗星样本的样本包成功地返回了地球。

1月19日，美国国家航空航天局从卡纳维拉尔角发射了"新视野号"宇宙飞船，并成功将这个机器人航天器发射到较长的单行轨道中。这种设计主要是为了保证它在2015年与冥王星系统在太空相遇。同时，这也是为了探索更遥远的柯伊伯带的部分区域。

2月22日，根据美国国家航空航天局的哈勃太空望远镜提供的观测数据，科学家们得出结论：在冥王星的周围的确存在两颗新卫星。这两颗卫星暂时被称作

S/2005P1和S/2005P2。它们在2005年5月由哈勃太空望远镜发现。但是科研小组想要对冥王星星系做深入的研究，以便概括出这些新卫星的轨道特征，并最终证实此前的发现。

3月9日，美国国家航空航天局的科学家宣称："卡西尼号"航天器可能在土星的土卫二卫星上找到存在液态水的证据。这些水源就像黄石国家公园内的间歇泉一样不定期地向外喷水。

3月10日，美国国家航空航天局的火星探测器成功地抵达了火星，在对火星进行近距离拍摄之前，它首先要调整运行轨道的形状，这一工作会持续6个月的时间。

4月1日，"远征号"的第13组宇航员［指挥官帕维尔·维诺格拉多夫（Pavel Vinogradov）和航天飞行工程师杰夫·威廉姆斯（Jeff Williams）］到达了国际空间站，他们接替了"远征号"的第12组宇航员。在随第12组宇航员返回地球之前，巴西的首位宇航员马可斯·庞特斯（Marcos Pontes）在国际空间站逗留了几天。

8月24日，国际天文联合会（IAU）的会员国在捷克共和国的布拉格召开了该组织2006年度的大会。经过激烈的辩论，2 500名与会的天文学家（通过投票）决定：将冥王星从九大行星的行列清除，并将它列入矮行星这个新的级别当中。国际天文联合会的决定使太阳系成为包括八大行星和三个矮行星的星系。这三个矮行星分别是：冥王星（也叫原型矮行星）、谷神星（最大的小行星）和被称为2003 UB313（昵称为齐纳）的遥远的柯伊伯带天体。科学家预测：在太阳系的外围区域内会发现其他的矮行星。